V. +2710.
1.

(L'atlas est in-4° parmi l'in-f°. V. +2710.)

25487

LA SCIENCE
DES ARTISTES.

LYON. — Imprimerie de Bovusy fils, rue de la Poulaillerie, 19.

LA SCIENCE
DES ARTISTES

OU

LE VADE MECUM

Des Menuisiers, Charpentiers, Tailleurs de pierres, Serruriers, Marbriers, Tourneurs, etc., etc.,

CONTENANT

Des notions préliminaires sur la géométrie, la graphométrie, la stéréographie, la stéréotomie, la trigonométrie rectiligne, des notions des voûtes et de leur cintre, le raccord des moulures, la réduction des profils, la construction des colonnes, des escaliers, des plafonds en plein bois et d'assemblage, des chaires à prêcher, des pavillons en charpente, des plafonds, des calottes et voussures en plein bois et d'assemblage, etc., etc.,

Par des Professeurs
DE GÉOMÉTRIE, DE TRAIT ET D'ARCHITECTURE.

LYON.
DÉPÔT A L'IMPRIMERIE DE BOURSY FILS,
Rue de la Poulaillerie, 19.

1844.

AVANT-PROPOS.

Les auteurs qui traitent, après les premiers inventeurs, d'un art quel qu'il soit, étonnés de la fécondité de leur sujet et de la supériorité de leurs moyens, sont portés à croire, de bonne foi, qu'en reculant très-loin les limites de cet art, ils lui ont en quelque sorte assigné le dernier terme de perfection.

Cette confiance qui les berce de l'idée flatteuse que leurs œuvres utiles vivront dans la mémoire des hommes, se trouve contrariée par l'expérience ou le succès incomplet de ceux qui, suivant leur trace, s'égarent avec eux.

Loin d'être offensé de la présomption de ces prédécesseurs, un auteur leur doit au contraire un juste tribut de reconnaissance ; ils ont surmonté les plus pénibles obstacles ; ils ont frayé les premiers sentiers ; leurs erreurs mêmes ont été pour lui un phare lumineux qui l'a préservé de l'écueil.

Si l'on veut que les sciences marchent à grands pas vers

leur perfection, il faut en rendre la route aussi unie que possible, et être bien convaincu que, perfectionner une découverte, c'est presque en faire une nouvelle.

Il y a plus de vingt ans que nous avons formé le projet de donner un traité qui renfermât les éléments de tout ce qu'un artiste peut avoir besoin dans sa pratique; assurés de la faiblesse de nos moyens, nous avons toujours craint de nous exposer à la rigueur de la censure, dont les meilleurs écrits ne sont pas à l'abri. Cependant, comme bien d'autres auteurs, flattés et encouragés par quelques personnes que l'expérience que nous pouvions avoir acquise sur cette partie du dessin pouvait être de quelque utilité à nos compatriotes, nous nous sommes déterminés à reprendre ce projet abandonné plus d'une fois. Il y a environ quatre années, à peine eûmes-nous mis la main à l'œuvre, que nous entrevîmes toute l'étendue de la tâche que nous nous imposions néanmoins avec courage; nous avons fouillé de notre mieux dans cette mine inépuisable, qui nous paraissait d'autant plus riche qu'elle était plus exploitée. Nous assemblâmes des matériaux, nous les avons coordonnés pour en former un cadre monographique qui présentât toute la clarté possible.

Malgré tous nos efforts, nous n'aurions écrit qu'en tremblant sur cette partie du dessin, si nous n'avions l'espérance de voir le public juger nos intentions plutôt que notre témérité. Passionnés pour un art que nous avons professé pendant long-temps, dont nous voudrions inspirer l'amour à tout ce qui existe, nous avons le désir le plus ardent de seconder nos jeunes élèves dans l'étude d'une science qui a tant de rapport avec leurs occupations journalières. Ils trouveront dans ce traité des principes fondés sur la théorie des meilleurs auteurs, principes que nous avons analysés et vérifiés

AVANT-PROPOS. 7

dans une longue et infatigable pratique ; ils trouveront aussi des procédés simples, à l'aide desquels ils pourront se passer de maîtres pour tracer leurs plans et confectionner leurs travaux.

Il manquait aux artistes un livre élémentaire qui réunît dans un seul cadre les travaux qui offrent quelques difficultés à construire, et qui présentât sous un même point de vue tout ce que les anciens et les modernes ont fait et dit de mieux.

Néanmoins, on n'a pas prétendu traiter dans cet ouvrage de l'ensemble des connaissances utiles à tous ceux qui s'occupent de construction ; nous n'aurions pu suffire à la production d'un pareil travail, qui devrait contenir des traités sur presque toutes les sciences et sur un grand nombre d'arts et métiers.

On s'est borné à présenter une série de principes indispensables à tout constructeur et l'indication des connaissances pratiques qui, jointes aux résultats précieux fournis par la théorie, forment un ensemble de documents et de constructions capables d'éclairer et de guider celui qui se livre à l'art des constructions.

Le charpentier, le menuisier, le tailleur de pierre, le serrurier, le marbrier, le tourneur, etc., qui commence, y trouvera des leçons utiles, et celui qui est déjà expérimenté y puisera des renseignements qu'il serait obligé de chercher péniblement dans un grand nombre de volumes. C'est dans l'intention d'éviter ces recherches à cette classe intéressante d'ouvriers que nous avons formé un atlas composé des parties qui lui sont le plus nécessaires, telles que la géométrie, l'architecture et le trait.

En offrant notre ouvrage au public, nous n'avons pas la prétention d'avoir fait atteindre à la science ses dernières limites, nous n'avons fait que rassembler des éléments qui sans doute seront perfectionnés par des mains plus habiles. Cependant, dans l'état actuel, il renferme à peu près tout ce qui est nécessaire à celui qui est chargé de l'embellissement extérieur et intérieur des édifices.

LA SCIENCE DES ARTISTES.

PREMIÈRE PARTIE.

Notions élémentaires de Géométrie et de Trigonométrie.

CHAPITRE PREMIER.

Notions préliminaires sur la Géométrie pratique.

ARTICLE PREMIER.

DÉFINITION SOMMAIRE DE LA GÉOMÉTRIE.

La géométrie est la science qui a pour objet la mesure et le rapport de tout ce qui a de l'étendue, comme lignes, surfaces, solides. La géométrie se sert de figures pour démontrer la solution de ses problèmes.

La géométrie se divise de différentes manières; considérée sous le rapport élémentaire, on peut la diviser en géométrie des lignes droites et des lignes circulaires, géométrie des surfaces et géométrie des solides.

La géométrie se distingue en théorique et pratique.

La théorique s'occupe de la description, prépare les idées et démontre la vérité des propositions géométriques.

La géométrie pratique est celle qui conduit la main dans l'opération, et détermine la propriété des corps soumis à son empire.

ARTICLE 2.

La mesure en géométrie marque une certaine quantité qu'on prend pour unité, et dont on exprime les rapports avec d'autres quantités.

L'étendue est considérée sous les trois dimensions, longueur, largeur, hauteur ou profondeur.

Le point est regardé par les géomètres comme n'ayant aucune dimension ; Euclide le définit : ce qui n'a aucunes parties ou qui est indivisible.

La ligne est une étendue en longueur, sans largeur ni profondeur.

La surface est une grandeur qui n'a que deux dimensions, longueur et largeur.

Le solide est une portion d'étendue qui a les trois dimensions, longueur, largeur et profondeur.

ARTICLE 3.

DES POINTS.

On distingue deux sortes de points : le physique et le mathématique ; ce dernier n'a aucune dimension, il est purement intellectuel.

Le point physique ou central est le plus petit objet sensible à la vue ; on le marque avec une plume, la pointe d'un compas, ou autre corps comme le montre la figure 1re, planche 1.

ARTICLE 4.

DES LIGNES EN GÉNÉRAL.

On regarde une ligne comme formée par l'écoulement ou le mouvement d'un point.

Si le point B (*fig.* 2) se meut vers C, il fera par ce mouvement une ligne, et s'il va vers C par le plus court chemin, cette ligne sera une droite. Si le point qui décrit la ligne s'écarte d'un côté ou de l'autre, et qu'il décrive par exemple la ligne B D C, il donnera une ligne courbe.

Il y a donc deux espèces de lignes, les droites et les courbes. On définit la ligne droite la plus courte distance entre deux points donnés ; la ligne courbe est celle qui, amenée d'un point à un autre, parcourt une plus grande distance.

Il est une autre espèce de ligne que l'on appelle mixte, parce qu'elle est formée de la droite et de la courbe (*fig.* 19).

DES LIGNES DROITES.

Les lignes droites sont toutes d'une même espèce, mais les lignes courbes sont d'une infinité d'espèces différentes ; on peut en concevoir autant que l'on imaginera de mouvements composés (*fig.* 15 *et* 16).

Les lignes droites peuvent être divisées en lignes pleines et lignes ponctuées ; considérées par rapport à leurs positions respectives, elles sont droites, horizontales, perpendiculaires, parallèles, obliques, diagonales, tangentes, sécantes, etc.

Une ligne droite, comme il a été dit plus haut, est une étendue en longueur dont les extrémités sont les deux points qui la terminent, comme le montre la figure 3.

La ligne pleine est celle qui est faite d'un seul trait égal dans toute sa longueur (*fig.* 4).

On appelle lignes ponctuées celles qui sont formées de plusieurs points ronds ou allongés, séparés les uns des autres comme les figures 5 et 6.

La ligne horizontale est celle qui est parallèle à l'horizon ou à la terre (*fig.* 4).

Les lignes de niveau ou d'aplomb sont perpendiculaires à l'horizon, c'est-à-dire qu'elles ne penchent pas plus d'un côté que de l'autre, comme le montrent les figures 7 et 8.

La ligne verticale est celle qui tombe directement sur l'horizon, comme la figure 7.

Les parallèles droites sont des lignes qui sont partout à égale distance l'une de l'autre, et qui ne se rencontreraient jamais quand elles seraient prolongées à l'infini (*fig. 9*).

La diagonale est une ligne droite qui traverse un parallélogramme ou toute autre figure quadrilatère, et qui va du sommet d'un angle à celui opposé (*fig. 10*).

Une ligne oblique est celle qui ne tombe point d'aplomb, mais est inclinée à l'horizontale, et forme avec elle un angle aigu (*fig. 11*).

La figure 12 représente deux lignes obliques qui se croisent.

DES LIGNES DROITES QUI SONT EN RAPPORT AVEC LE CERCLE.

On appelle diamètre ou diamétrale une ligne droite qui passe par le centre d'un cercle et qui est terminée de chaque côté par la circonférence H G. (*fig. 13.*)

On appelle corde une ligne droite qui se termine par chacune de ses extrémités à la circonférence du cercle sans passer par le centre, et qui divise le cercle en deux parties inégales qu'on nomme segment (B, *fig. 13*).

La flèche ou sinus verse est une ligne droite qui tombe perpendiculairement sur le milieu de la corde (F, *fig. 13*).

Le rayon ou la rayonnante est une ligne droite tirée du centre du cercle à la circonférence (E, *fig. 13*).

On appelle tangente une ligne droite qui touche

la circonférence d'un cercle, c'est-à-dire qui la rencontre de manière qu'étant prolongée de part et d'autre, elle ne la coupera jamais (T, *fig.* 13).

La sécante est une ligne droite qui en coupe une autre, ou qui la divise en deux parties égales comme le montre la figure 12, ou celle qui, tirée du centre d'un cercle, le coupe en quelque point de la circonférence (E, *fig.* 13).

DES LIGNES COURBES.

Les lignes courbes se divisent en régulières et en irrégulières.

Les courbes régulières sont des lignes dont la courbure est uniforme, c'est-à-dire qu'elles n'ont ni point d'inflexion ni point de rebroussement.

On appelle courbes irrégulières celles qui ne suivent pas une route droite, c'est-à-dire qui ont un point d'inflexion ou de rebroussement.

Les lignes courbes régulières sont celles dont la courbure est uniforme, et qui sont formées d'un seul trait de compas (*fig.* 14).

La demi-circulaire ou concentrique est celle qui est formée du même point de centre (*fig.* 15).

Les parallèles excentriques sont celles qui sont tracées d'un autre point de centre que la concentrique (*fig.* 16).

La ligne courbe circulaire est celle qui forme le cercle (*fig.* 13).

DES COURBES IRRÉGULIÈRES.

Les courbes irrégulières sont des lignes qui ne sont pas uniformes, qui ont des points d'inflexion comme le montre la figure 17.

La figure 18 représente une ligne en S.

La spirale est une ligne courbe qui va toujours en s'éloignant de son centre et en faisant autour de ce centre plusieurs révolutions (*fig.* 20).

La ligne mixte, enfin, est celle qui se trouve formée de la droite et de la courbe ; par conséquent, elle est l'une et l'autre (*fig.* 19).

ARTICLE 5.

DES ANGLES.

On appelle angle un espace compris entre deux lignes qui se rencontrent ou se coupent en un point.

Les angles sont de différentes espèces et ont des noms différents quand on les considère par rapport à leurs côtés ; on les divise en rectilignes, curvilignes et mixtilignes : par rapport à leurs angles, on les distingue encore en droits, fermés et ouverts.

L'angle rectiligne est celui dont les côtés sont deux lignes droites (*fig.* 21).

L'angle curviligne est celui dont les côtés sont deux lignes courbes (*fig.* 22).

L'angle mixtiligne est celui qui est formé d'une ligne droite et d'une courbe (*fig.* 23).

L'angle droit est formé par le concours de deux

lignes droites, l'une perpendiculaire et l'autre horizontale (*fig.* 26).

La grandeur des angles ne dépend pas de la longueur des lignes qui les composent, mais bien de la quantité d'un arc de cercle qui passe entre elles; ce cercle ayant le point de l'angle pour centre, peu importe qu'on le fasse plus grand ou plus petit.

L'angle droit a pour mesure le quart du cercle ou 90 degrés.

L'angle fermé est celui qui est mesuré par un arc moindre que l'arc de 90 degrés (*fig.* 25).

L'angle ouvert, celui qui excède la mesure de 90 degrés (*fig.* 24).

L'art de prendre la valeur des angles est d'un grand usage pour la levée des plans.

ARTICLE 6.

DES TRIANGLES.

(Planche 2.)

Le triangle est une figure comprise entre trois lignes ou côtés, et qui, par conséquent, a trois angles.

Le triangle reçoit sa dénomination des angles ou des côtés dont il est formé.

Si les trois côtés d'un triangle sont des lignes droites, on l'appelle triangle rectiligne, comme les figures 1, 2 et 3.

Ainsi, triangle équilatéral, celui dont trois angles sont égaux (*fig.* 1).

Triangle isocèle celui qui a deux de ses côtés égaux ; par cela même les deux angles sont égaux sur la base (*fig.* 2).

Le scalène est un triangle dont les trois côtés et les trois angles sont inégaux (*fig.* 3).

Lorsque l'on considère le triangle par rapport à la forme de ses côtés, on le nomme mixtiligne, s'il est formé d'une ou de deux lignes droites et d'une courbe, ou bien de deux courbes et d'une droite (*fig.* 4 *et* 5).

Curviligne celui dont l'espace est formé par des lignes courbes (*fig.* 6).

Le triangle considéré par rapport à ses angles est appelé rectangle, quand il a un angle droit ou de 90 degrés (*fig.* 7).

Ouvert ou obtusangle celui qui a plus de 90 degrés (*fig.* 8).

Triangle ocutangle celui dont les trois angles sont égaux (*fig.* 9).

Pour mesurer un triangle, c'est-à-dire pour avoir la superficie, il faut multiplier la base par sa hauteur ; la moitié du produit est la superficie.

Si la superficie d'un triangle est divisée par la moitié de sa base, le quotient est la hauteur. Les angles d'un triangle quel qu'il soit valent deux angles droits, c'est-à-dire de 90 degrés.

ARTICLE 7.

DES QUADRILATÈRES.

Le quadrilatère est une figure rectiligne terminée par quatre côtés ; il prend différentes dénominations suivant la forme de ses angles et la valeur de ses côtés.

On l'appelle carré, parallélogramme, losange, rhomboïde, trapèze et trapézoïde.

Le carré est celui qui a ses quatre angles droits et ses quatre côtés égaux (*fig.* 10).

Le parallélogramme, rectangle, ou carré long, est celui qui a tous ses angles droits, et les côtés opposés parallèles et égaux (*fig.* 18).

Le losange, celui dont tous les côtés sont égaux et les angles inégaux (*fig.* 12).

Le rhomboïde, celui dont les côtés et les angles opposés sont égaux (*fig.* 13).

Le trapèze est terminé par quatre lignes droites inégales, et n'a que deux côtés égaux (*fig.* 14).

Le trapézoïde est une figure irrégulière ayant quatre côtés qui ne sont pas parallèles entre eux (*fig.* 15).

Le trapézoïde diffère du trapèze en ce que ce dernier peut avoir deux côtés parallèles, au lieu que le trapézoïde n'en a point.

ARTICLE 8.

DES POLYGONES.

On appelle polygone une figure de plusieurs côtés; si les côtés ou les angles sont égaux, la figure est appelée polygone régulier.

On distingue les polygones suivant le nombre de leurs côtés.

Celui qui en a cinq s'appelle pentagone (*fig.* 18).
Celui qui en a six s'appelle hexagone (*fig.* 17).
Celui qui en a sept, heptagone (*fig.* 16).
Celui qui en a huit, octogone (*fig.* 19).
Celui qui en a neuf, ennéagone (*fig.* 20).
Celui qui en a dix, décagone (*fig.* 21).
Celui qui en a onze, ondécagone (*fig.* 22).
Celui qui en a douze, dodécagone (*fig.* 23).

Les polygones irréguliers sont ceux qui ont tous leurs côtés et leurs angles inégaux (*fig.* 24).

Tout polygone peut être divisé en autant de triangles qu'il a de côtés.

ARTICLE 9.

DE L'OVALE ET DE L'ELLIPSE.

L'ovale est une figure curviligne oblongue dont les deux diamètres sont inégaux, ou une figure renfermée par une seule ligne courbe d'une rondeur non uniforme et qui est plus longue que large, à peu près comme un œuf *(ovum)*, dont lui est venu le nom d'ovale (*fig.* 25).

L'ovale proprement dit est vraiment semblable à un œuf ; c'est une figure irrégulière, plus étroite par un bout que par l'autre, en quoi elle diffère de l'ellipse, qui est un ovale mathématique également large à ses deux extrémités (*fig.* 26).

On appelle cercle une figure plane renfermée par une seule ligne courbe qui retourne sur elle-même, et au milieu de laquelle est un point situé de manière que les lignes qu'on en pourrait tirer à la circonférence seraient toutes égales (*fig.* 27).

ARTICLE 10.

DES CORPS SOLIDES EN GÉNÉRAL.

(Planche 3.)

On appelle corps ou solide une portion d'étendue qui a les trois dimensions, c'est-à-dire longueur, largeur et profondeur.

Comme tous les corps ont les trois dimensions, solide et corps sont employés comme synonymes.

On distingue les corps géométriques en réguliers et irréguliers.

Les corps réguliers sont ceux qui ont tous leurs côtés et tous leurs angles égaux, et par conséquent leurs faces régulières.

Les corps irréguliers, ceux dont les surfaces sont irrégulières et inégales.

La géométrie ne reconnaît que cinq corps réguliers, savoir : le tétraèdre, l'hexaèdre ou cube, l'octaèdre, le dodécaèdre et l'icosaèdre.

L'hexaèdre ou cube est composé de six faces carrées et égales (*fig.* 1).

Le tétraèdre est compris sous quatre triangles égaux et équilatéraux (*fig.* 2).

L'octaèdre, formé de huit triangles égaux et équilatéraux (*fig.* 3).

Le dodécaèdre, celui qui a sa surface composée de douze pentagones égaux et réguliers (*fig.* 5).

L'icosaèdre est terminé par vingt triangles équilatéraux et égaux entre eux (*fig.* 6).

La sphère est placée au rang des solides; on la considère comme un corps compris sous une seule surface dont toutes les parties sont également distantes du centre (*fig.* 4).

DES CORPS IRRÉGULIERS.

Il y a un nombre infini de corps irréguliers; mais les plus en usage dans la géométrie pratique sont : le cylindre, le prisme, la pyramide, le cône, le parallélipipède, le trapézoïde ou quadrilatère, le polygone, l'ellipsoïde, etc., etc.

Le cylindre droit ou oblique est un solide terminé par trois faces, dont deux sont planes et parallèles, et l'autre convexe et circulaire (*fig.* 7). Si l'axe de ce solide est incliné, on l'appelle cylindre oblique (*fig.* 8).

Le prisme est un corps dont les bases sont égales et parallèles entre elles (*fig.* 10).

On appelle prisme triangulaire celui dont les faces sont des triangles (*fig.* 9).

La pyramide est un solide à base rectiligne, bornée de plusieurs côtés triangulaires dont les sommets aboutissent au même point (*fig.* 12).

On appelle pyramide triangulaire celle qui a un triangle pour base (*fig.* 11).

Le cône est un solide dont la base est un cercle qui se termine par le haut en pointe que l'on appelle sommet (*fig.* 13 *et* 14).

On appelle en général axe du cône la ligne droite tirée du centre de la base au sommet, comme on le voit dans la figure 14.

Si l'axe est perpendiculaire à la base du cône, on l'appelle cône droit (*fig.* 13 *et* 14). Si cet axe est oblique, il prend le nom de cône oblique ou scalène (*fig.* 15 *et* 16).

Le parallélipipède est un solide compris sous six parallélogrammes, dont les opposés sont égaux et parallèles (*fig.* 17).

Le trapèze, celui qui n'a que deux côtés parallèles (*fig.* 18).

Le trapézoïde ou quadrilatère irrégulier est borné par des triangles et des côtés qui ne sont pas parallèles entre eux (*fig.* 19).

Le polygone ou pentagone irrégulier est un solide qui a cinq côtés et cinq angles inégaux.

L'ellipsoïde ou sphéroïde est un corps allongé qui tourne autour de son axe (*fig.* 20).

Tous ces corps droits ou inclinés sur leurs plan et base rectilignes peuvent avoir un polygone pour plan ; alors ils prennent leur dénomination de leur plan, ils sont appelés polygonales ou pentagonales, triangulaires, quadrilatères, etc., si leur plan appartient à une de ces figures.

CHAPITRE II.

De la Graphométrie.

ARTICLE PREMIER.

DES MESURES OU ÉCHELLES.

(Planche 4.)

On entend par mesure ce qui sert à faire connaître la grandeur, la quantité et l'étendue de quelques corps.

La mesure s'étend à une multitude d'opérations différentes, parmi lesquelles nous choisirons une des plus simples pour en déduire l'idée que l'on doit attacher à ce mot. Un ouvrier, par exemple, veut connaître la hauteur d'une colonne, et pour y parvenir il prend un mètre et l'applique sur cette colonne en suivant une ligne du bas en haut et en recommençant chaque fois à l'endroit où il vient de finir, et trouve qu'à la troisième application l'extrémité du mètre tombe juste sur celle de la colonne ; il en conclut que la colonne a trois mètres de hauteur. Dans cette opération, la longueur du mètre est la mesure qui a servi à trouver la hauteur de la colonne; ainsi, mesurer cette hauteur dans le cas présent, c'est lui comparer une certaine quantité connue, qui est la longueur du pied, pour trouver combien de fois l'une est contenue dans l'autre.

L'espèce d'étendue qui fait l'objet de l'exemple précédent est une simple ligne qui ne peut être considérée que dans un seul sens, relativement à la longueur. Nous appellerons mesures linéaires toutes celles qui serviront ainsi à mesurer une étendue en longueur; mais souvent on considère en même temps l'étendue à mesurer dans deux sens différents, comme en longueur et largeur, en largeur et hauteur; alors la mesure est aussi une certaine étendue de la même espèce, c'est-à-dire une surface à laquelle on suppose une figure très-simple, qui est celle du carré, et que l'on compare avec la première pour savoir combien de fois elle y est contenue. Les mesures employées à cet usage ont été appelées en général mesures de superficie; le carré, qui les représentait, avait pour côté l'une des mesures linéaires les plus usuelles.

Le pied paraît avoir été la première mesure qui ait servi de comparaison à l'homme en le comparant à sa propre stature. Les anciens pensaient que le corps de l'homme, pour être bien proportionné, devait avoir sept fois la longueur du pied; c'est ainsi qu'est définie la taille d'Hercule, dans l'histoire de ce héros, ou quatre coudées et un pied sur la mesure du pied grec, propre spécialement à la carrière d'Olympie, et qui est de 11 pouces 4 lignes (0,307) du pied de Paris, ce qui fournit une taille de 6 pieds 5 pouces. Cette hauteur de taille peut bien répondre à l'opinion qu'on avait en Grèce de la stature d'Hercule comme fort au-dessus de l'ordinaire.

Pour faire le dénombrement par écrit de chaque sorte d'ouvrage qui entre dans la construction d'un bâtiment ou tout autre genre de travail, on se sert encore aujourd'hui de deux espèces de mesures pour en évaluer la dépense. On peut estimer et régler l'esprit et les quantités de ces mêmes ouvrages, savoir : la toise ou le pied et le mètre.

DE LA TOISE.

La toise diffère de grandeur selon les lieux où elle est en usage; la toise de Paris, dont on se sert dans plusieurs villes du royaume, est de 6 pieds de roi. (On appelle pied de roi courant une mesure divisée en 12 pouces, et un des douze en 12 lignes.) Celle de Bourgogne est de 7 pieds et demi. Nous ne parlerons que de la première comme la plus généralement adoptée.

La toise est faite avec une règle droite, plate ou arrondie, sur laquelle on porte six fois la longueur du pied. D'après ce, on dit : la toise est divisée en six parties égales qu'on appelle pied ; le pied est divisé en douze parties égales, appelées pouces, et le pouce en douze parties aussi, appelées lignes. On désigne la toise sur trois dimensions différentes, savoir : en toise courante, toise carrée et toise cube.

La toise courante est employée à mesurer la longueur; elle contient six pieds de roi courants (*fig.* 1).

La toise carrée est de 36 pieds, c'est-à-dire qu'elle est composée de 6 pieds sur chaque face, ou six pieds en longueur et en largeur, et multipliant 6 par 6, le produit est de 36 pieds carrés.

La toise cube est la multiplication de la superficie de la toise carrée contenant 36 pieds carrés, de manière qu'étant mesurée en hauteur ou profondeur par 6 fois 36, le produit donnera 216 pieds cubes.

Il résulte de toutes ces mesures qu'il y a trois sortes de toisé : le courant, le carré et le cube.

DU MÈTRE.

Le mètre remplace toutes ces mesures, attendu qu'il offre des données plus sûres et plus en rapport avec tous les pays; son usage est d'autant plus universel que sa base est prise dans la nature; par conséquent, elle devient invariable puisqu'elle dérive de la grandeur de la terre.

C'est aux anciens que nous sommes redevables de cette belle idée. D'après eux, on a divisé le quart du méridien en dix, en cent, en mille et dix mille parties, etc. C'est au terme où le nombre des parties était de dix millions que l'on a eu la longueur d'environ trois pieds, qui a fourni l'unité de mesure, de manière qu'elle est la dix-millionième partie du quart du méridien; on lui a donné le nom de *mètre*, qui signifie *mesure*. Le mètre étant déterminé, on l'a aussi divisé en parties toujours dix fois plus petites, propres à tenir lieu de pouces et de lignes, laquelle division n'est qu'une continuation de la division du quart du méridien. La dixième partie du mètre a été nommée décimètre ; la dixième partie du décimètre, qui est en même temps la centième partie du mètre, s'appelle centimètre ; enfin la dixième partie du centimètre s'appelle millimètre, parce qu'il est la millième partie du mètre. On s'est arrêté à ce terme, qui suffit pour les usages ordinaires,

Le mètre, comparé au pied, vaut à peu près 3 pieds 0 pouce 11 lignes $^{44}/_{100}$.

Le double mètre, comparé à la toise, vaut 6 pieds 1 pouce 10 lignes $^{22}/_{25}$.

Pour remplacer la toise on a choisi le double mètre qui n'a pas deux pouces de plus en longueur ; ce à quoi il faut bien faire attention, que le double mètre n'est employé que pour mesurer plus commodément et d'une manière plus expéditive une grande longueur, de sorte qu'en l'appliquant successivement sur les différentes parties de cette longueur, on doit compter sur les nombres 2, 4, 6, 8, 10, etc., en regardant l'application du double mètre comme l'équivalent de deux applications successives d'un mètre unique.

Enfin, pour suppléer au pied et avoir aussi une mesure de poche que l'on peut toujours porter sur soi et employer au besoin, on a exécuté une mesure égale à 25 centimètres, que l'on a subdivisée en millimètres. Le principal usage de cette mesure est de déterminer de petites longueurs inférieures à celle du mètre.

On a encore imaginé différents procédés pour mesurer les corps, c'est-à-dire pour les réduire du grand au petit et du petit au grand; les moyens employés à cet usage sont les échelles.

On appelle échelle une ou plusieurs lignes droites divisées en parties égales qui représentent des toises, des pieds, des pouces, des lignes, des modules, des mètres, ou telle autre mesure que l'on veut.

On peut distinguer trois sortes d'échelles, savoir : échelle de toise, échelle de module et échelle de mètre.

La première est divisée en six parties égales appelées pieds, et l'une de ces six parties en douze appelées pouces, puis l'une de ces douze en douze autres parties appelées lignes (*fig.* 1).

La seconde est en rapport avec les membres d'architecture et se divise suivant l'ordre auquel elle appartient.

La troisième, ou le mètre, est divisée en dix parties égales appelées décimètres, le décimètre en dix appelées centimètres, et le centimètre en dix appelées millimètres, comme le montre la figure 2.

Toutes ces échelles ont été imaginées pour distribuer le plan d'un bâtiment, ou tout autre dessin, pour le mettre en rapport d'une manière régulière avec les objets plus grands ou plus petits qui lui sont comparés.

Il y a plusieurs méthodes de réduire les figures ; on se sert encore d'une échelle appelée échelle de réduction ou d'augmentation. Si l'on veut, par exemple, copier un plan, un dessin plus petit ou plus grand que l'original, en conservant toujours sa forme et sa position, et que les divisions de l'échelle précitée soient trop petites pour en exprimer les parties, on emploie l'échelle de réduction ou de proportion.

Pour établir une échelle de proportion ou de réduction, tirez la ligne A B (*fig* 3) et divisez-la en douze parties égales (si toutefois vous la voulez de deux toises), portez perpendiculairement la largeur d'une de ces divisions sur l'extrémité B C, tirez une ligne de l'extrémité A en C, et vous aurez un angle dans lequel seront comprises les moyennes proportionnelles 1, 2, 3, 4, 5, 6, etc., qui auront été élevées comme la première perpendiculaire sur la ligne A B. Pour la réduction métrique vous emploierez la même manière.

Autre méthode pour avoir des moyennes proportionnelles.

Pour avoir l'échelle de réduction et d'augmentation, et pour trouver les moyennes proportionnelles de la figure 4, il faut tracer une ligne de la longueur de l'objet que nous supposerons être contenu dans l'espace de H D et du point B comme centre au point N ; on décrit une portion de cercle, ensuite on prend celle de la longueur D E, que nous supposons de même être la diminution fixée ; on porte la pointe du compas sur C, dont on coupe avec l'autre pointe la portion du cercle par la section E; de là, du point B à la section E, l'on trace une ligne qui établit les mêmes rapports de diminution pour tous les objets contenus depuis B jusqu'à C. Cette diminution s'opère jusqu'à la ligne d'angle équilatéral H, qui est égale à B C par le même moyen. Après la ligne B H, l'échelle devient échelle d'augmentation, telle qu'en B C et E, qui, se portant au point D, double alors l'objet.

La figure 5 représente des lignes proportionnelles; la première est à la seconde ce que la seconde est à la troisième.

ARTICLE 2.

DES PERPENDICULAIRES.

La perpendiculaire est une ligne qui tombe directement sur une autre ligne, de façon qu'elle ne penche pas plus d'un côté que de l'autre, et fait par conséquent de part et d'autre des angles égaux et droits.

Ainsi, la ligne C E (*fig.* 6) est perpendiculaire à la ligne H N, c'est-à-dire qu'elle fait avec cette ligne des angles droits et égaux.

De cette définition de la perpendiculaire il suit : 1° que la perpendiculaire est mutuelle et réciproque, c'est-à-dire que si la ligne C E est perpendiculaire à la ligne H N, celle-ci l'est aussi à C E; 2° que d'un point donné on ne peut tirer qu'une perpendiculaire à une ligne donnée ; 3° que, si on prolonge une ligne perpendiculaire à une autre, de manière qu'elle passe de l'autre côté de cette ligne, la partie prolongée sera aussi perpendiculaire à cette même ligne (*fig.* 7) ; 4° que si une ligne droite qui en coupe une autre a deux points qui soient chacun à égale distance des extrémités de la ligne qu'elle coupe, elle sera perpendiculaire à cette ligne; 5° qu'une ligne perpendiculaire à une autre ligne est aussi perpendiculaire à toutes les parallèles qu'on peut mener à cette ligne ; 6° que la perpendiculaire est la plus courte de toutes les lignes que l'on peut tirer d'un point donné à une ligne droite donnée.

Pour élever une perpendiculaire sur une ligne donnée du point E sur la droite H N, portez l'une des pointes du compas sur E comme centre, faites à volonté les sections H N, et de ces points décrivez deux arcs qui s'entrecoupent en C, abaissez la ligne C E, vous aurez la perpendiculaire demandée (*fig.* 6).

Entre deux points donnés sur une droite, en faire passer une autre qui soit perpendiculaire.

Des points A B (*fig.* 7) décrivez deux arcs de cercle qui s'entrecoupent en D et en C, faites passer par leur intersection la ligne D C, et vous aurez la perpendiculaire demandée.

Pour élever une perpendiculaire sur une ligne, prenez un point à volonté, comme en D par exemple;

de ce point décrivez un arc de cercle qui puisse couper la droite A B (*fig.* 8) en deux endroits ; de ces points de section et d'une ouverture de compas quelconque, croisez deux arcs de cercle, faites passer par leur point de section la ligne D C, et vous aurez la perpendiculaire demandée.

Elever une perpendiculaire à l'extrémité d'une ligne droite.

Portez la pointe du compas sur E, extrémité donnée de la ligne E C (*fig.* 9); portez l'autre pointe à volonté, en F par exemple ; de cette ouverture et de ce point F, décrivez le demi-cercle E C D ; du point de section C, tirez la ligne C D jusqu'à ce qu'elle croise l'arc E C D en D, faites la ligne E D, et vous aurez la perpendiculaire sur la ligne E C.

Manière de faire passer une circonférence de cercle par trois points donnés, pourvu qu'ils ne soient point placés en ligne droite.

Soient les trois points pris à volonté, comme D E F (*fig.* 10), par lesquels on veut faire passer une circonférence, de chaque point faites les sections ponctuées A, A, A, A, et faites passer à leur intersection les lignes ponctuées; où elles se croiseront, en H par exemple, sera le point central d'où vous décrirez l'arc de cercle qui doit passer par les trois points donnés.

ARTICLE 3.

DES PARALLÈLES.

On appelle parallèles des lignes ou des surfaces qui sont partout à égale distance l'une de l'autre, et qui ne pourraient jamais se rencontrer quand on les prolongerait à l'infini.

Pour avoir une parallèle à la ligne droite A B (*fig.* 11), prenez sur cette même ligne deux points à volonté, desquels vous décrivez d'une même ouverture de compas des arcs de cercle, faites-y toucher la tangente C D, vous aurez la parallèle à la ligne A B.

Les lignes parallèles sont d'un très-grand usage dans la géométrie, soit spéculative, soit pratique. En tirant des parallèles à des lignes données, on forme des triangles semblables, qui servent merveilleusement à résoudre des problèmes de géométrie. Dans les arts, il est presque toujours question de parallèles. Les bords opposés d'une règle, d'une table, d'une porte, d'un plafond, d'une croisée, etc., sont aussi parallèles.

Le géomètre démontre que deux lignes parallèles à une troisième ligne sont aussi parallèles l'une à l'autre, et que, si deux parallèles A B et C D sont coupées par une ligne transversale C C, les angles alternes et internes sont égaux. On décrit des lignes parallèles en abaissant des perpendiculaires égales sur une même ligne, et en tirant ces lignes par l'extrémité de ces perpendiculaires.

ARTICLE 4.

DE LA FORMATION DU CERCLE, DE SA DIVISION ET DE SES USAGES.

Le cercle est équivalent à un triangle dont la base est la circonférence et la hauteur le rayon ; les cercles sont donc en raison composés de celle de circonférence et de celle des rayons.

Tout cercle est supposé divisé en trois cent soixante degrés, chaque degré se divise en soixante minutes, chaque minute en soixante secondes, en tierces, etc. On a divisé le cercle en trois cent soixante parties à cause du grand nombre de diviseurs dont le nombre trois cent soixante est susceptible.

De la division du cercle en trois cent soixante parties égales.

Divisez le cercle (*fig.* 12) en quatre parties égales par les deux diamètres A B et E D, prenez la distance du point 360 au centre C que vous porterez sur la circonférence pour avoir les points G 60, portez cette même ouverture de compas au point 180 pour avoir les points de section K P, au point H pour avoir ceux F L, enfin au point 90 pour avoir N 30 : par cette opération, le cercle se trouve divisé en douze parties égales ; divisez maintenant chacune d'elles en trois autres parties, vous aurez 36 ; divisez chacune de ces 36 en dix autres parties, vous aurez le nombre de degrés marqué sur la circonférence de ce cercle. On n'a divisé de cette figure que le quart du cercle, qui

PREMIÈRE PARTIE.

donne, comme on peut l'apercevoir, un angle de 90 degrés; la ligne ponctuée P C forme un angle de 45 degrés.

On se sert, dans la géométrie, de la division du cercle pour mesurer la valeur des angles (voyez les figures 24, 25 et 26 de la planche 1).

Décrire des lignes concentriques ou un cercle double, triple, quadruple, etc., à un cercle donné.

Décrivez le cercle donné (*fig.* 13); divisez-le en quatre parties égales par deux diamètres, tels que B E et D 4, qui se croiseront au centre C ; prenez la distance E 4 et la transportez sur la perpendiculaire D F et de C comme centre, décrivez la concentrique ou un cercle 3, il sera double du cercle donné. Pour en avoir un triple du cercle donné, prenez la distance de E à 3 et la transportez de C au point 2; faites la demi-circulaire, et vous aurez la ligne demandée. Pour obtenir un cercle trois fois plus grand que le donné, prenez la distance de E 2, et portez-la de C à 1, décrivez la concentrique, et vous aurez la ligne cherchée. La concentrique, ou partie de la circulaire F, se fait de la même manière, c'est-à-dire en prenant la distance de E 1, et du point C on décrit la ligne F. Il est aisé de concevoir que l'on peut, par ce procédé, l'augmenter à l'infini.

Méthode de tracer géométriquement un cercle, c'est-à-dire sans se servir du compas pour en déterminer la circonférence.

Faites le quadrilatère ou carré (*fig.* 14); divisez-le en deux parties égales pour avoir les lignes diamétrales A B et E F, qui formeront entre elles deux parallélogrammes réunis ; espacez à volonté en parties égales les côtés C N, B D, et la diamétrale A B ; tirez des lignes obliques de E en A, de E en 1, de E en 2, de E en 3, de E en 4, de E en 5, de E en C, et les opposées de la même manière, c'est-à-dire A N de F à A, B D de E en D, etc.; espacez en même nombre la moitié de la corde ou diamétrale A L et B L, que l'un des côtés A C ou B D, des points E F comme centre; faites passer des lignes par les divisions 2, 3, 4, 5, 6, où ces lignes croiseront les obliques qui leur correspondent, comme 1, 2, 3, 4, 5, 6, seront les points par lesquels vous ferez passer une ligne avec une règle pliante ou à la main, et vous aurez le cercle demandé.

Inscrire plusieurs triangles dans un demi-cercle.

Faites le demi-cercle A C B (*fig.* 15) ; marquez un point à volonté, sur la demi-circonférence par exemple ; de ce point tirez une ligne oblique jusqu'en B, et du point pris à volonté en A vous aurez un triangle. Pour avoir le second, marquez encore une ligne à volonté sur la demi-circonférence; de là, tirez de ce point en B et en A, vous aurez le triangle demandé. Il faut opérer de la même façon pour avoir les deux autres. On peut donc trouver un angle droit dans une demi-circonférence, quand cet angle touche la circonférence et que ses côtés se terminent aux extrémités du diamètre. Ce procédé est très-simple pour trouver un triangle de quelque grandeur qu'il soit, avec toute la justesse possible.

Diviser un triangle en plusieurs autres triangles égaux.

Soit le triangle D E F (*fig.* 16) à diviser en cinq autres égaux : divisez premièrement le grand côté en cinq parties égales, de manière que la cinquième partie marquée par C soit jointe avec D ; divisez le côté qui est le plus grand des deux restants en quatre parties égales, dont l'une, qui est marquée par H, soit réunie avec N ; divisez maintenant F C en trois parties égales, et tracez H N ; enfin, divisez H F en deux parties égales au point K ; menez la ligne à N : vous aurez cinq triangles égaux, savoir : D C E, D C H, H C N, H N K et K N F. Cette opération est juste et très-facile pour avoir des triangles égaux.

ARTICLE 5.

DE LA CONSTRUCTION DES POLYGONES, DU QUADRILATÈRE, DU TRIANGLE ÉQUILATÉRAL, ET DU CERCLE.

(Planche 5.)

Le cercle est une figure plane, renfermée par une seule ligne qui retourne sur elle-même, et au milieu de laquelle est un point situé de manière que les lignes qu'on en peut tirer à la circonférence sont toutes égales.

Par conséquent (*fig.* 1), A B C F est un cercle dont A B, A C, A D, A E, sont des rayons qui sont tous égaux entre eux.

Toute partie de la circonférence est appelée arc ; toute ligne droite, menée de part et d'autre à la circonférence, est appelée corde ou sous-tendante; si la corde passe par le centre, comme dans la figure 3, on la nomme diamètre, telle que F E H, L E K ; si du même centre on décrit plusieurs circonférences, elles sont appelées concentriques. Dans un cercle, tous les diamètres et tous les rayons sont égaux entre eux. Dans le cercle (*fig.* 1), les cordes égales B A, A C, sous-tendent des arcs égaux B A, A C, et réciproquement des arcs égaux sont sous-tendus par des cordes égales. Tout rayon D A, perpendiculaire à la corde B C, la partage en deux parties égales au point E, et divise l'arc sous-tendu en deux parties égales au point F. La perpendiculaire B E sur le diamètre F A est moyenne proportionnelle entre les deux segments B A et E F. Tous les angles qui ont leur sommet en un point quelconque, F, de la circonférence, comme B F C, et qui s'appuient sur le même arc B A C, sont égaux, et l'angle au centre B D C est le double de tout angle ayant son sommet sur un des points de la circonférence et s'appuyant sur le même arc B A C.

On trouve l'aire d'un cercle en multipliant la circonférence par le quart du diamètre ou la moitié de la circonférence par le rayon ; on peut avoir l'aire à peu près en trouvant une quatrième à mille, à sept cent quatre-vingt-cinq et au carré du diamètre. L'aire d'un secteur de cercle a pour mesurer la moitié du produit de l'arc par le rayon. L'aire d'un segment s'obtient en retranchant de l'aire du secteur celle du triangle correspondant.

Les cercles et les figures semblables qu'on peut y inscrire sont toujours entre elles comme le carré des diamètres, ou les cercles sont entre eux, en raison, doublés du diamètre, ou, comme les géomètres s'expriment, les cercles sont entre eux, en raison, doublés des diamètres, et, par conséquent aussi, des rayons.

Le cercle est équivalent à un triangle dont la base est la circonférence et la hauteur le rayon ; les cercles sont donc, en raison, composés de celle des circonférences et de celle des rayons. Le rapport du diamètre à la circonférence est, selon Archimède, à peu près de 7 à 22.

Manière de circonscrire les figures géométriques.

On appelle figure circonscrite à un cercle celle dont tous les côtés sont tangents à la circonférence.

Circonscrire un carré autour d'un cercle.

Pour circonscrire un carré à un cercle, tirez deux diamètres perpendiculaires entre eux, comme F H, L K (*fig. 3*), et par les quatre points de rencontre F K, H L, menez des perpendiculaires aux diamètres : ces quatre perpendiculaires, par leur intersection, détermineront le carré circonscrit A B C D.

Sur une ligne droite donnée construire un triangle équilatéral.

Qu'on suppose la ligne A B pour base du triangle (*fig.* 2), décrivez des points A et B, les arcs de cercle A C et B C du point d'intersection C, tirez les lignes droites A C et B C : vous aurez le triangle équilatéral proposé.

Des polygones.

Tout polygone peut être divisé en autant de triangles qu'il a de côtés, ce qui se fait en prenant un point comme G (*fig.* 6), en quelque endroit que ce soit, au dedans du polygone, d'où l'on tire à chaque angle les lignes G D, G B, G A, G C, G E.

Les angles d'un polygone pris ensemble font deux fois autant d'angles droits moins quatre que la figure a de côtés, ce qui est aisé à démontrer, car tous les triangles font deux fois autant d'angles droits que la figure a de côtés, et il faut retrancher de cette somme les angles autour du point G, qui valent quatre angles droits. Par conséquent, si le polygone a cinq côtés, en doublant on a 10, d'où ôtant 4 il reste six angles droits. Tout polygone circonscrit à un cercle est équivalent à un triangle rectangle, dont un des côtés est le rayon, et l'autre est le périmètre ou la somme de tous les côtés du polygone. Tout polygone circonscrit à un cercle est plus grand que le cercle, et tout polygone inscrit est plus petit que le cercle par la raison que ce qui contient est toujours plus grand que ce qui est contenu. Il suit encore que le périmètre de tout polygone circonscrit à un cercle est plus grand que la circonférence de cercle, et que le périmètre de tout polygone inscrit à un cercle est plus petit que la circonférence du cercle.

Pour trouver l'aire d'un polygone régulier O L K H N, multipliez un côté, comme O L, par la moitié du nombre des côtés, par exemple le côté d'un hexagone par 3 ; multipliez encore le produit par une perpendiculaire abaissée du centre au cercle circonscrit sur le côté O L : le produit est l'aire que l'on demande. Ainsi, supposons O L $= 54$ et la moitié du nombre des côtés $= 2\ ^1/_2$: le produit ou le demi-périmètre $= 135$. Supposant alors que la perpendiculaire soit 29, le produit 39 15 de ces deux nombres est l'aire du pentagone.

Pour trouver l'aire d'un polygone irrégulier ou d'un trapèze, résolvez-les en triangles, déterminez les différentes aires de ces divers triangles, la somme de ces aires est l'aire du polygone proposé.

Pour trouver la somme de tous les angles intérieurs d'un polygone, multipliez le nombre des côtés par 180 degrés, ôtez de ce produit le nombre 360, le reste est la somme cherchée.

Ainsi, dans un pentagone, 180 degrés multipliés par 5 donnent 900, d'où soustrayant 360 il reste 540, qui est la somme des angles d'un pentagone ; d'où il suit que si l'on divise la somme trouvée par le nombre des côtés, le quotient sera l'angle intérieur du polygone régulier.

On trouve la somme des angles d'une manière

plus expéditive comme il suit : multipliez 180 par un nombre plus petit de deux fois que le nombre des côtés du polygone, le produit est la quantité des angles cherchés ; ainsi, 180 multipliés par 3, qui est un nombre plus petit de 2 que le nombre des côtés, donne le produit 540 pour la quantité des angles, ainsi que ci-dessus.

Pour inscrire un polygone régulier dans un cercle, divisez 360 par le nombre de côtés du polygone proposé ; afin d'avoir la quantité de l'angle N H G, prenez cet angle au centre G (*fig.* 6) et portez-en la corde N H sur la circonférence autant de fois qu'elle pourra y aller : de cette manière on aura le polygone inscrit au cercle. Pour circonscrire un cercle à un polygone régulier, coupez deux des angles du polygone donné comme O (*fig.* 6) en deux également par les lignes droites O G et N G qui concourent en G, et du point de concours avec le rayon N G décrivez un cercle.

Pour circonscrire un polygone régulier à un cercle, divisez 360 par le nombre de côtés requis ; afin d'avoir l'angle G C D, formez cet angle au centre G, et tirez la ligne G 1, qui la divise en deux également ; tirez ensuite la tangente C 2 E, et sur cette ligne construisez un polygone, ainsi qu'on l'enseigne dans le problème suivant.

Sur une ligne donnée construire un polygone régulier quelconque.

Cherchez l'angle de ce polygone et construisez-en

un angle qui lui soit égal, en traçant C E = C A par les trois points A C E; décrivez un cercle, appliquez-y la ligne droite donnée autant de fois qu'elle pourra y aller : par ce moyen vous aurez décrit la figure requise.

Pour décrire trigonométriquement un polygone régulier, trouvez le sinus de l'arc qui vient en divisant la demi-circonférence 180 par le nombre de côtés du polygone : le double de ce sinus est la corde de l'arc double, et par conséquent le côté O N (*fig.* 6) qui doit être inscrit au cercle. C'est pourquoi, avec le rayon donné, décrivez ce cercle et portez sur la circonférence de cercle le côté du polygone autant de fois que vous le pourrez ; vous aurez de cette manière un polygone inscrit au cercle.

Ayant un polygone inscrit régulier (*fig.* 6), si l'on voulait avoir un polygone circonscrit semblable, tirez du centre au milieu des arcs 2 3, etc., sous-tendus par les côtés du polygone inscrit des droites, G 1 2, G 2 3, etc., et par les points 2 3, etc., menez à ces droites des perpendiculaires qui formeront le polygone inscrit demandé.

Réciproquement, connaissant ce dernier polygone, si l'on voulait avoir un polygone inscrit semblable ou du même nombre de côtés, tirez des angles E D B A C du polygone circonscrit, des lignes E G, D G, etc., aboutissant au centre du cercle inscrit, et joignez deux à deux les points d'intersection O, L, K, H, N, de ces lignes avec la circonférence, ce qui donne le polygone inscrit demandé.

La figure 5 représente un pentagone régulier inscrit ; c'est la forme de la plupart des citadelles. La propriété la plus saillante de cette figure, c'est que le carré du côté E F est égal à la somme des carrés du rayon du cercle circonscrit C H et du côté du décagone régulier inscrit au cercle ; ce dernier côté est lui-même égal au plus grand segment du rayon du cercle circonscrit, divisé en moyenne et extrême raison.

Le côté du décagone étant trouvé, on peut aisément connaître le côté du pentagone, puisqu'il n'y a qu'à doubler l'angle au centre du décagone et prendre la corde qui sous-tend cet angle. On peut aussi le trouver, mais moins commodément, par la proportionnelle ci-dessus, en cherchant l'hypoténuse d'un triangle rectangle, dont le rayon et le côté du décagone soient les deux côtés de l'angle droit.

Pour tracer un pentagone régulier sur une ligne droite donnée, faites la ligne B A, prolongez-la vers C (*fig. 4*), élevez du point A la perpendiculaire A 2, égale à B A, divisez ensuite la droite donnée B A en deux également, portez ensuite une des pointes du compas sur ce point, et avec une ouverture de ce point en 2 décrivez avec l'autre pointe l'arc G 2 ; prenez la distance B C, et des points B A décrivez deux arcs en L ; reprenez ensuite la distance B A et faites des points L B deux arcs qui s'entrecoupent en K, de même des points A L avec la même grandeur B A ; décrivez deux arcs qui s'entrecoupent aussi en H ;

faites passer par les points d'intersection H L K B A des lignes droites: vous aurez le pentagone demandé.

Pour tracer un hexagone dans un cercle donné (*fig.* 7), du point G, comme centre, divisez le cercle, et de la même ouverture de compas portez six fois autour de la circonférence la distance du rayon G F, faites passer par les points F E D C B A les droites: vous aurez l'hexagone demandé. Si vous voulez décrire un hexagone sur une ligne donnée, formez le triangle équilatéral G F E (*fig.* 7): le sommet G sera le centre du cercle circonscriptible à l'hexagone que l'on demande.

Pour tracer un heptagone dans un cercle donné (*fig.* 8), faites le cercle B F C, tirez le rayon E F, du point F et de l'ouverture de compas E F, comme centre, décrivez l'arc C E B, et des intersections de l'arc avec le cercle tirez la ligne C B, la moitié C 2 ou 2 B sera un des côtés de l'heptagone que vous porterez sur la circonférence sept fois : vous aurez l'heptagone demandé.

Faire un octogone dans un cercle donné (*fig.* 9); faites le cercle D E F au centre G, son diamètre E F, et des extrémités du diamètre, avec une ouverture de compas plus grande que le rayon, décrivez les arcs qui s'entrecoupent au point L, de leur intersection tirez la ligne ponctuée L G perpendiculaire au diamètre E F, des points E F, avec une ouverture de compas plus grande que la moitié de cette distance, décrivez des arcs comme il a été fait pour le point L, et du point de leur intersection tirez la ligne G C, cette distance sera un des côtés que vous porterez huit fois sur la circonférence, et vous aurez l'octogone demandé.

Pour avoir un ennéagone (*fig.* 10), dans un cercle donné A E B tracez le diamètre A B ; du point C, comme centre, élevez la perpendiculaire au diamètre par des arcs faits de A et B en G, de E B tirez la ponctuée, prenez la distance de B à E, de la même ouverture de compas faites les arcs H, et de leur point d'intersection tirez la ligne ponctuée H C, elle croisera E B en D ; prenez la distance de E D, qui est un des côtés de l'ennéagone, portez-la neuf fois sur la circonférence, faites passer les droites par les points, et vous aurez l'enneagone donné.

Circonscrire un décagone dans un cercle donné (*fig.* 11) ; faites le cercle E F D B, son diamètre E D du point C, comme centre, élevez la perpendiculaire C B, divisez le rayon en deux parties égales en L, de ce point portez l'autre pointe du compas sur B de la même ouverture, décrivez l'arc H B, la distance de C H forme l'un des côtés du décagone, que vous porterez dix fois autour de la circonférence, et vous aurez le polygone demandé.

Pour tracer un ondécagone dans un cercle donné (*fig.* 12), soit le cercle L K N G, son diamètre L N du centre C, élevez la perpendiculaire de C à K, et descendue en G du point G et de la distance C G, décrivez l'arc P D, du point D au point K, tirez la ligne ponctuée qui coupera le diamètre L N en un point, de ce point au point D : on a un des côtés de l'ondécagone, que l'on porte onze fois sur la circonférence, et on a le polygone demandé.

REMARQUES.

Dans la pratique, le plus court et le plus sûr est de chercher à diverses reprises, avec le compas, une ouverture qui convienne à la division que l'on veut faire. Il est bon d'observer que dans un polygone inscrit les angles peuvent être égaux sans que les côtés le soient, et que dans un polygone circonscrit les côtés peuvent être égaux sans que les angles le soient. Il faut toujours que deux angles et deux côtés qui se suivent soient égaux pour que le polygone soit régulier.

ARTICLE 6.

DES OVALES ET DES ELLIPSES.

(Planche 6.)

L'ovale est une figure renfermée par une ligne courbe, d'une rondeur non uniforme, et qui est plus longue que large, à peu près comme un œuf; par conséquent les deux diamètres sont inégaux.

Nous allons faire connaître différentes méthodes pour tracer l'ovale.

Manière de tracer l'ovale ordinaire.

Faites à volonté la ligne A B (*fig.* 1); divisez cet intervalle A B en trois parties égales A C, C D, D B; de la même ouverture de compas d'une de ces divisions faites de A et de B les sections E G et E F, et des points C et D, tracez les petits cercles du grand diamètre de l'ovale A B jusqu'aux sections E G et E F ; ensuite prenez la distance d'une section à une autre, c'est-à-dire de G à E ou de E à F ; faites les sections L K, et des mêmes points tracez la portion de cercle du petit diamètre de E à G et de F à E : vous aurez l'ovale demandé.

Autre manière de tracer l'ovale.

Tirez la ligne B C à volonté (*fig.* 2), comme la précédente ; divisez-la en trois parties égales, B D, D E, E C, d'une ouverture de compas égale à une de ces divisions, et des points D et E, comme centres, décrivez deux cercles entiers de la même ouverture de compas ; tracez des points B et C les portions de cercle F E K et G D H, où ils se joignent avec la circonférence des deux cercles sera le point de départ de la ligne qui doit terminer l'ovale ; pour cela, portez une des pointes du compas sur les points où se croisent les deux courbes en L et N, et l'autre pointe sur H allant en K, tracez de la même manière l'arc G F, et vous aurez l'ovale cherché.

Autre manière de tracer l'ovale.

Faites la ligne du grand diamètre E D (*fig.* 3), divisez-la en quatre parties égales, E C, C A, A B, B D ; de chaque point de division, comme centre, tracez un cercle, tirez à E D une perpendiculaire pour le petit diamètre F E ; faites passer par les points où se croi-

PREMIÈRE PARTIE. 49

sent les cercles avec les lignes diamétrales D E et E F, les obliques G N, H P, et des points N P, comme centre, décrivez les portions de cercle J E H et F F G : vous aurez l'ovale désiré.

Tracer un ovale utile à la construction des caves.

Soit A B la longueur donnée (*fig.* 4), divisez-la en six parties égales, A 2, 2, 3, 3, 1, 1, 3, 3, 2, 2 B, de la distance A 3 ou 3 B, et des points 3 et 3 comme centre ; décrivez de chaque côté un cercle entier ; du point 1 et de la distance 2 et 2, décrivez le demi-cercle 2, 2, 2 ; des intersections des cercles 4 et 2, faites passer la verticale 4, 2, elle se croisera avec le demi-cercle 2, 2, 2, et des points 2, 2 de la ligne A B, tirez deux obliques 2, 2 et 2, 2, prolongées des points 2, 3 et 2, 3 ; tirez les obliques 2 C et 2 D, pour avoir la portion de l'arc de cercle C D ; placez une pointe de compas sur le point 2, et l'autre pointe de C en D ; faites l'arc ; faites de la même manière pour l'autre côté, et vous aurez l'ovale demandé. Pour avoir l'ovale surbaissé, décrivez l'arc du point 2 comme centre, de A à 7, et 2, de B à 5, de 2, le grand arc, 7 à 5 : vous aurez la courbe A, 7, 4, 5 B de l'ovale demandé.

Des ovales bornés en longueur et en largeur.

Soit la longueur du grand diamètre fixée à C D, et la largeur du petit en N, qui se croisent en leur milieu au point B (*fig.* 5), tirez l'oblique de N à D, sur laquelle vous porterez la moitié du grand diamètre, c'est-à-dire la distance de C à B ; des points D et 1 décrivez les arcs 2 et 2, et à leur intersection faites passer une ligne qui croisera la diamétrale en un point et la verticale aussi : les deux points doivent décrire les arcs qui doivent former l'ovale. Ainsi, du point sur la diamétrale, décrivez la portion de cercle jusqu'à la rencontre de la ligne 2, 2 et du point H, l'arc C N jusqu'à la rencontre de la ligne 2, 2; vous en ferez de même pour l'autre partie, et l'opération sera terminée.

Autre ovale borné.

Les deux diamètres K L et P N étant donnés (*fig.* 6), où ils se croisent en leur milieu A, de ce point et de K, comme centre, décrivez les arcs K B et A B, à leur intersection B placez le sommet du triangle équilatéral B K A du point A, avec une ouverture de compas égale à K G, décrivez l'arc G C F de cette même ouverture, décrivez du point L l'arc O D H, ensuite tracez l'oblique G en C et prolongez-la jusqu'à la rencontre de la transversale P N : P sera le point central duquel vous décrirez l'arc G N O, et le point C sur la diamètrale K L sera celui par lequel passera le petit arc G K F. Les autres côtés des diamètres se traceront de la même manière, et vous aurez l'ovale cherché.

Autre ovale borné.

Les lignes diamétrales A B et E D étant fixées (*fig.* 7), des extrémités E et B tirez une oblique, du point C, comme centre, décrivez le quart du cercle

A à 3, et du point E la portion de cercle N 4 ; des points B et 4 décrivez les sections 5, et à leur intersection faites passer une perpendiculaire à E B, où cette ligne croisera la diamétrale en 2 et E D en H seront les points desquels les arcs seront décrits ; faites 2 C égal à C 2 et C 3 égal à C H ; du point 2 décrivez l'arc B, et de la même ouverture de compas celui A ; de H décrivez l'arc I E I, et du point 3 l'arc D : vous aurez l'ovale demandé.

Autre ovale borné.

Les deux diamètres P Q et L F (*fig.* 8) étant donnés, prenez la distance du point 3 au point F et portez-la de P en G ; divisez 3 G en deux parties égales, portez une de ces parties en D, ensuite divisez G D en deux également au point I ; de ce point, comme centre, décrivez le petit cercle C 2 D ; prenez la distance de D en 2, portez cette longueur sur la ligne P Q de D en H : H sera le point central duquel vous décrirez l'arc K Q de la même ouverture de compas ; du point G faites l'autre arc N P ; des points de section K N tirez des obliques passant par les points G H, jusqu'à ce qu'elles croisent le diamètre L F et du F comme centre ; décrivez l'arc N L K, et opérez la même chose pour l'autre arc : vous aurez l'ovale cherché.

Autre ovale borné.

Soit les diamètres fixés en A B et E D (*fig.* 9), du point O, comme centre, prenez la distance O E et portez-la de B en G ; décrivez des points O et G les arcs de cercle 2 O et 2 G ; faites passer à leur intersection une perpendiculaire traversant le diamètre A B au point 3 ; de ce point, comme centre, prenez la distance de 3 en 2, et tracez le petit arc partant du diamètre A B au point I : le point sur le diamètre servira à décrire l'arc B K L ; de la même ouverture de compas tracez l'arc A H F, de A et de B décrivez les arcs H F et K L, des points de section H K faites les obliques H P et K P passant par les points d'intersection sur le diamètre A B et prolongés jusqu'à la rencontre du diamètre E D en P : ce point sera celui qui servira à décrire le grand arc H E K de la même ouverture de compas ; et du point N décrivez l'autre arc F D L qui doit terminer l'ovale demandé.

DES ELLIPSES.

L'ellipse est un ovale mathématique également large à ses extrémités. Le vulgaire confond assez souvent l'ovale proprement dit avec l'ellipse ; néanmoins il y a de la différence, attendu que cette dernière a ses courbures plus agréables à la vue, mais elle exige plus d'opérations pour la décrire.

Tracer mécaniquement une demi-ellipse ou ovale qu'on appelle ordinairement de jardinier.

Pour tracer une ellipse ou ovale de jardinier (*fig.* 10), tracez sur une table, sur le parquet d'une chambre ou sur le sol une ligne de la longueur que vous voudrez donner au grand diamètre de l'ovale, comme C B par exemple ; divisez cette ligne en deux également au point de cette division ; élevez la perpendiculaire 2 D, dont la longueur doit avoir le même rapport avec la ligne B C que la hauteur de la voûte dans œuvre qu'on se propose de faire aura avec sa largeur ; ensuite tirez les lignes 2, 4 et 2, 1, en sorte qu'elles soient chacune égales à la moitié du diamètre B C, afin d'avoir les perpendiculaires 4, 1 qui seront les foyers de l'ellipse : après cela on aura de la ficelle bien fine et bien unie, ou un cordon de soie, et on prendra dans cette ficelle ou cordon une longueur égale au diamètre B C ; on attachera les deux extrémités de cette longueur aux deux foyers, c'est-à-dire aux points 1 et 4, on se servira du poinçon pour tenir la ficelle tendue, on tracera en même temps la courbe B C 2 en allant du point B au point 2 et du point 2 au point C ; car l'on entend bien que cette ficelle doit glisser autour du poinçon et qu'elle doit être toujours également tendue. Cette manière de tracer l'ellipse est très-commode ; nous avons cru devoir la rapporter quoiqu'elle soit très-connue.

Autre méthode de tracer l'ovale du jardinier.

Pour décrire une ellipse, ou l'ovale du jardinier, (*fig.* 10), tracez sur une table ou sur le sol le grand axe B C et le petit 2 D coupant le grand axe en deux également ; prenez une ficelle bien fine et bien unie, ou un cordon de soie, dont la longueur soit égale au grand diamètre B C ; ployez cette ficelle ou ce cordon en deux également ; tirez le pli sur le point 2 pendant que l'on étendra les deux extrémités sur la ligne du grand axe aux points B C, où l'on placera deux clous ou deux piquets auxquels on attachera les extrémités de cette ficelle; ensuite faites marcher une pointe qui tiendra toujours la ficelle bien tendue, comme on le voit en 3 et 4 et 3 et 1, et cette pointe tracera l'ovale qui passera par les points B 2, D C. On remarque que l'ellipse est d'autant plus oblongue que les deux piquets ou clous sont plus éloignés l'un de l'autre.

Autre manière de tracer l'ellipse.

Fixer à volonté la longueur du grand axe A B et la largeur du petit H E (*fig.* 11); du point C comme centre décrivez deux circonférences de cercle, dont une petite ayant pour rayon la moitié du petit diamètre C H ou C E, et l'autre ayant pour rayon la moitié du grand axe de l'ellipse A C ou C D; divisez la grande circonférence en autant de parties égales que vous voudrez, en seize par exemple, comme dans cette figure que vous tendrez au centre C pour éviter de faire la même division sur le petit cercle qui doit avoir les mêmes divisions d'où ces mêmes divisions coupent la grande circonférence aux points 1, 2, 3, 4, 3, 2, 1, etc.; descendez perpendiculairement et parallèlement à la diamétrale A D les mêmes divisions de la petite circonférence 2, 3, 4, etc.: où ces lignes se croiseront avec les verticales de la grande circonférence aux points 3, 4, 5 H, 5, 4, 3 sont les points par lesquels vous ferez passer la courbe A H D E, et vous aurez l'ellipse cherchée.

Méthode pour tirer une ellipse d'un demi-cercle ou de la moitié d'un cylindre.

Tirez la ligne diamétrale A B, et de son milieu 1, comme centre, tracez le demi-cercle A 2 B (*fig.* 12); divisez la demi-circonférence en autant de parties égales que vous voudrez, en huit par exemple, comme dans cette figure; de chaque point de division, élevez perpendiculairement sur la ligne A B les lignes 1, 2, 3, 4, A B; coupez toutes ces lignes par l'oblique A B (*fig.* 13), qui sera la longueur du grand axe de l'ellipse; tracez d'équerre à cette même oblique toutes les perpendiculaires qui se croisent avec elle aux points 1, 2, 3, 4; portez sur chacune d'elles la distance qu'elles ont en plan, comme de 1 à 2 sur la correspondante 1 à 2, de 2 à 3, de 3 à 4, de 4 à 5, et ainsi de suite; les extrémités du diamètre A B du plan donnent aussi les extrémités du grand axe de l'ellipse; faites passer une courbe par les points B, 5, 4, 3, 2, 3, 4, 5, A : vous aurez la forme du sphéroïde au cylindre coupé obliquement et l'ellipse demandée.

Méthode pour tracer les cintres surbaissés, anses de panier ou demi-ellipses, sans le secours du compas pour en déterminer la courbure.

On emploie ordinairement, pour raccorder les deux côtés d'un angle, comme A B 8 par exemple, dont le tracé consiste à partager les deux côtés de l'angle en un même nombre de parties égales et à joindre les points de division par des lignes qu'on regarde comme des tangentes à la courbe, et qui, en les supposant infiniment rapprochées, déterminent chacun de ces points par leurs intersections successives, et faisant la même opération pour l'angle B C 8, on aura une portion de courbure égale à la première et qui achèvera la description de l'anse de panier ou demi-elliptique.

EXEMPLE.

La longueur et la hauteur étant déterminées, formez le parallélogramme A B C D (*fig.* 14); de 8, comme point du milieu, divisez chaque côté, 8 D et 8 C, en autant de parties égales que vous voudrez, en huit par exemple, comme dans cette figure, 1, 2, 3, 4, 5, 6, 7, 8; faites le même nombre de divisions sur les côtés D A et C B; de chaque point de division tirez une ligne qui leur corresponde, comme de A à 1, de 2 à 2, de 3 à 3, etc.; où toutes ces lignes se croisent faites passer une ligne avec une règle pliante, la même opération du côté C B, et vous aurez l'anse de panier ou l'ellipse que vous désirez.

Méthode pour tracer les cintres surbaissés ou bombés, sans le secours du compas pour déterminer les courbures.

(Voyez la planche 4 (*fig.* 14), où se trouve la manière de tracer un cercle sans le service du compas.)

EXEMPLE.

Ayant déterminé la longueur et la hauteur que doit avoir le cintre surbaissé (*fig.* 15), faites suivant la longueur et la hauteur le parallélogramme A B C D, du milieu divisé au point E ; tirez de ce point les diagonales A E et E B que vous diviserez en autant de parties égales que vous voudrez, en cinq par exemple, comme dans cette figure; divisez de même en cinq parties égales la ligne des côtés A D et C B; menez au point E autant de lignes que vous avez de divisions; ensuite élevez sur les diagonales autant de perpendiculaires que vous aurez de points de division; où ces perpendiculaires 2, 3, 4, 5 se croisent avec les lignes 1, 2, 3, 4 aux points 3, 4, 5, 6 au centre E, faites passer une courbe par tous ces points, et vous aurez le cintre surbaissé demandé.

ARTICLE VII.
DE L'ARC RAMPANT, DE L'HÉLICE, DU CÔNE, DE L'HYPERBOLE, DE LA PARABOLE, DU CYLINDRE, DE LA SPIRALE, DE L'ELLIPSE ET DE LA VIS.

(Planche 7.)
De l'arc rampant.

L'arc rampant ou allongé est une courbe très-usitée dans la pratique; il forme une voûte ou arcade dont le diamètre est incliné à l'horizon et dont la clef est oblique sur ce diamètre : tels sont ceux qu'on pratique sous les rampes des escaliers et dans les arcs-boutants des temples ou autres édifices. Les arcs rampants ne peuvent être d'une portion de cercle, mais de plusieurs, ou plutôt ils sont une portion d'ellipse ou de parabole.

L'arc rampant peut s'obtenir par la coupe oblique

d'un cylindre ou tout autre corps sphérique et par le secours du compas. Pour bien entendre la construction de cette courbe rampante, il faut la considérer comme prise dans un cylindre creux, de manière que toutes les parties qui composent les surfaces internes et externes de cette courbe soient exactement comprises dans celle du cylindre ou demi-cercle qui en est le plan.

EXEMPLE.

Faites la ligne A B; de son milieu 5, comme centre du diamètre de l'arc (*fig.* 1), décrivez le demi-cercle A B 6; divisez la circonférence ou le diamètre en autant de parties que vous voudrez, en dix par exemple, comme dans cette figure, B, 1, 2, 3, 4, 5, etc.; élevez ces points de division perpendiculairement à la diamétrale A B et prolongez au-delà de la ligne oblique A B (*fig.* 2); prenez la distance de 1 à 10, de 2 à 9, de 3 à 8, de 4 à 7, de 5 à 6, etc., pour les porter au-dessus de l'oblique A B (*fig.* 2) sur chaque ligne correspondante; ensuite faites passer une courbe par A, 2, 3, 4, 5, 6, 7, 8, 9, 10, B, vous aurez l'arc rampant désiré.

De l'hélice.

On appelle hélice une ligne tracée avec inclination et en forme de vis autour d'un cylindre ou tout autre corps sphérique qui est toujours également distant de son arc.

EXEMPLE.

Pour avoir une hélice autour d'un cylindre droit comme la figure 3, décrivez du point C, comme centre, le demi-cercle D E F qui représente la moitié du plan du cylindre; divisez la circonférence en autant de parties égales que vous voudrez, en huit par exemple, comme dans cette figure; de chaque point de division élevez perpendiculairement à la diamétrale D E les lignes D, 1, 2, 3 F 5, 6, 7, E jusque sur F C G qui est la hauteur donnée; divisez cette hauteur à volonté, mais en nombre pair, comme en 8, en 16, en 32, suivant que vous voudrez l'hélice plus ou moins rampante; tirez de chaque point de division une ligne parallèlement à D E : où ces lignes se rencontreront avec les perpendiculaires D 1, 2, 3 F 5, 6, 7, E sont les points par lesquels vous ferez passer une courbe avec une règle pliante, et vous aurez l'hélice cherchée.

De la vis.

Le tracé de la vis ne diffère en rien de celui de l'hélice; par conséquent, nous nous servirons du même plan pour la décrire.

La vis est un cylindre droit, creusé sur sa face par une cannelure en forme de spirale ou d'hélice comme la figure 3. La vis est une des cinq puissances mécaniques, dont on se sert principalement pour serrer, presser ou étreindre les corps fortement, et quelquefois aussi pour élever des poids ou des fardeaux.

On distingue la vis en mâle et femelle : la vis mâle est celle dont la surface creusée est convexe ; celle qui est concave est appelée vis femelle, ou plus communément écrou, et alors on appelle simplement vis la vis mâle. On joint toujours la vis mâle à la vis femelle quand on veut exécuter quelque mouvement avec cette machine.

La cloison mince qui sépare les tours de la gorge de la vis est appelée filet ou arête de la vis, et la distance qu'il y a du filet ou d'une arête à l'autre se nomme pas de vis.

La forme des filets se donne selon la matière dont on fait la vis et les efforts qu'elle a à soutenir ; le plus souvent ils sont angulaires ou carrés. Les filets carrés se pratiquent ordinairement aux grosses vis de métal qui servent aux presses et aux étaux, parce qu'ils en ont moins de frottement. Les filets angulaires se pratiquent presque toujours aux vis de bois pour leur conserver plus de force, car par cette figure ils ont une base plus large sur le cylindre qui les porte.

Manière de tracer la vis de bois.

Il faut commencer par bien mettre d'équerre la pièce de bois que vous devez employer pour faire la vis ; ensuite mettre cette pièce de bois à huit pans, à seize, etc., afin que vous puissiez l'arrondir aussi exactement que possible, comme le montre le demi-cylindre (*fig.* 3); cette préparation faite, tracez les quatre majeures, entre lesquelles vous en tracerez quatre autres, de manière que vous en ayez huit à égale distance l'une de l'autre; tracez autour du cylindre un trait carré à ces huit lignes; divisez le pas de l'écuelle ou de la gorge en huit parties égales, par exemple; portez à partir du centre une de ces parties égales sur la première de ces huit lignes, deux sur la seconde, trois sur la troisième, quatre sur la quatrième, ainsi de suite jusqu'à la huitième sur laquelle les huit parties doivent être portées; faites passer une ligne par tous les points avec une règle pliante, et vous aurez la spirale qui trace le filet et le pas de la vis.

Lorsque cette gorge ou écuelle est tracée, prenez la grandeur du pas et la rapportez de l'écuelle sur toutes les lignes qui sont sur la vis, avec cette attention que les pointes doivent être mises pour tourner à droite ou à gauche, suivant la nature de l'écrou. Quant aux écrous ou vis femelles, il faut, lorsque le trou est percé, tracer les huit lignes comme à la vis, faire un trait carré dans le trou et rapporter de ce trait les huit points de la manière qu'on vient d'expliquer.

Les gorges ou écuelles se font avec des gouges coudées; mais celui qui aurait beaucoup de presses ou pressoirs à faire ou à entretenir ferait mieux d'avoir à sa disposition une fausse vis pour exécuter les écrous et les tarauder, ce qui serait mieux et plus tôt fait.

Le principe pour tracer la fausse vis est le même que pour tracer la vraie ; lorsque la fausse vis est tracée, on scie sur son trait spiral jusqu'à profondeur de trois quarts de pouce à peu près, en suivant la direction de ce trait qui conduit à la fausse vis.

Pour faire les écuelles ou gorges des écrous, il faut que la fausse vis ait une tête à deux lumières ; on trace comme à un rouleau, pour pouvoir y placer deux leviers qui servent à tourner la vis.

Il est à remarquer que dans le bout de la fausse vis il doit y avoir un fer taillé en grain d'orge, d'une forme semblable à celle que doit avoir la gorge, et sur le bord du trou de l'écrou il faut attacher un petit morceau de métal plat que l'on fait entrer dans le trait de la fausse vis, que nous avons dit devoir être sciée ; c'est là ce qui conduit la fausse vis, et ce qui empêche que le fer qui est dans le bout ne se dérange ; par cette précaution, ce fer prend toujours au même endroit, de manière qu'en continuant ainsi et en poussant à chaque tour que l'on fait, les gorges ou écuelles se trouvent continuées et terminées comme celles de la vis.

Tracer une hélice autour d'un cône droit.

Cette hélice diffère de celle du cylindre droit en ce qu'elle décrit une courbe autour de la surface du cône qui s'approche continuellement de son axe.

EXEMPLE.

Décrivez du point C, comme centre, la base du

cône A 5 B (*fig. 4*) ; divisez la circonférence en autant de parties égales que vous voudrez, en dix par exemple ; relevez tous ces points de division 1, 2, 3, 4, 5, 6, etc., perpendiculairement jusqu'à la diamétrale C B ; de là, menez obliquement toutes ces lignes au sommet donné H ; ensuite, pour trouver les hauteurs qui doivent déterminer la diminution de l'hélice en rapport avec le cône, décrivez du point C., comme centre, et du sommet H du cône, l'arc de cercle H G, que vous diviserez en vingt parties égales ; de ces points de division, menez parallèlement à la diamétrale C B les lignes G, 2, 3, 4, 5, 6, etc. ; ces lignes diviseront la hauteur du cône en parties à peu près proportionnées avec les diamètres qui y correspondent ; où ces parallèles se croiseront avec les perpendiculaires du plan aux points C, 2, 3, 4, 5, 6, etc., vous ferez passer une ligne avec une règle pliante, et vous aurez l'hélice demandée.

Des sections du cône droit, le développement et la parabole.

Le cône est considéré par les géomètres comme une pyramide dont la base est un polygone d'une infinité de côtés qui ont un même plan et un sommet commun ; par conséquent le développement est le même que celui de la pyramide. Les diverses sections que l'on fait dans le cône produisent des courbes différentes, telles que le cercle, le triangle, l'ellipse, la parabole et l'hyperbole, de sorte que, si un plan coupe un cône droit parallèlement à sa base, il forme sur sa surface une ligne courbe qui est un cercle aussi bien que la base ; de même, si du sommet du cône on fait une section perpendiculairement à sa base, la section présentera un triangle. (Les sections coniques sont l'ellipse, la parabole et l'hyperbole ; le cercle et le triangle ne sont guère comptés parmi les sections coniques, quoique, rigoureusement parlant, ils doivent en faire partie, car le cercle est la section du cône par un plan parallèle à la base, et le triangle en est la section par un plan qui passe par le sommet ; on peut, par conséquent, regarder le triangle comme une hyperbole dont l'axe traverse au premier axe est égal à zéro.) Si on coupe le cône obliquement à sa base, on aura une ellipse ; si on fait la section parallèle à un de ses côtés, la courbe que cette section donnera sera une parabole ; enfin, si le plan coupe le cône obliquement au côté, il produira une hyperbole.

EXEMPLE.

Pour trouver les diverses coupes d'un cône il faut en faire le plan : ainsi du point C, comme centre, décrivez le demi-cercle A D B (*fig.* 5) ; tracez de A et de B les obliques de l'élévation A E B, sur les côtés desquelles vous ferez autant de divisions que vous voudrez, par exemple J, O, P, Q ; de ces mêmes points de division, descendez des lignes perpendiculaires sur la diamétrale A B, pour en faire autant d'arcs de cercle ; du point C, élevez parallèlement au côté A E la ligne de la parabole C N ; des points où cette ligne se croise avec les parallèles ou ordonnées (en géométrie, on appelle ordonnées des lignes d'adoucissement ou de division, qui servent à tracer la parabole, l'hyperbole, l'ellipse, etc.) J, O, P, Q ; descendez des perpendiculaires, jusqu'à ce qu'elles se croisent avec les arcs de cercle du plan aux points G H K L N ; ensuite faites d'équerre à la parabole G N les lignes 1, 2, 3, 4, C ; prenez de la diamétrale A B la distance de C D, que vous porterez de G à F ; la distance de G à C, sur la ligne de la parabole, de 4 à G ; de C H, de 3 à H, et ainsi de suite ; après, faites passer une ligne courbe par tous les points F G H K L et N, vous aurez la section parabolique demandée.

De l'hyperbole.

L'hyperbole est une ligne courbe formée de la section d'un cône par un plan non parallèle à un de ses côtés, ou bien par un plan parallèle à son axe. Comme la parabole est formée par un plan parallèle à un des côtés du cône, et qu'un plan parallèle est unique, il n'y a qu'une espèce de parabole ; mais il y a une infinité d'espèces d'hyperboles différentes, parce qu'il peut y avoir une infinité de plans différents non parallèles à un autre.

EXEMPLE.

Comme pour la parabole, avant d'obtenir cette courbe, il faut avoir le plan du cône. Du point E, comme centre, décrivez le demi-cercle C F D (*fig.* 7) ; les côtés de la hauteur C L D, sur lesquels vous ferez autant de divisions que vous voudrez, comme 1, 2, 3, 4, par exemple, que vous mènerez parallèlement à la diamétrale C D, de chaque côté du cône ; de ces mêmes points de division, descendez des lignes perpendiculairement sur le diamètre C D, pour en faire autant de portions de cercle ; faites la ligne hyperbolique K H, prolongez-la jusque sur le cercle en G, elle coupera les portions de cercle sur les rayonnantes à 2, à 3, à 4, à 5 ; ensuite prenez la distance sur la diamétrale C D de H à G, que vous porterez de H à G ; la distance de H à 2, que vous porterez de 2 à 2 ; de H à 3, de 3 à 3 ; de H à 4, de 4 à 4 ; enfin la distance de H à 5, que vous porterez de 5 à 5 ; faites passer une courbe par les points K, 5, 4, 3, 2, G, vous aurez l'hyperbole cherchée.

La figure 8 représente l'hyperbole entière dans son plan.

Développement du cône et de la parabole.

Après avoir tracé le plan et l'élévation du cône, comme la figure 5, prenez la distance du côté B E du cône, portez l'une des pointes du compas sur E par exemple (*fig.* 6), et de là, comme centre, décrivez l'arc de cercle D B D, sur lequel vous porterez autant de divisions qu'il y en a au demi-cercle du plan de la base du cône (*fig.* 5), telles que D, 2, 3, 4, 5, 6, 7, 8, A.

Pour avoir la ligne qui forme la parabole, prenez en plan la distance de chaque rayonnante, D X V S R B, portez-la sur l'arc de cercle D B D (*fig.* 6) ;

prenez la distance de B R sur la figure 5, et portez-la de B à R (*fig.* 6); celle de R S, de R à S; la distance S V, de S à V; la distance de V-X, de V à X; enfin la distance X D, de X à D; tendez toutes ces lignes au centre E, ensuite prenez sur l'élévation (*fig.* 5) la distance qu'il y a de B N, que vous porterez sur la figure 6 de B à N; la distance B J, de R à J; celle B O, de S à O; celle B P, de V à P; enfin celle B Q, donnera X Q; faites passer une ligne par les points D, Q, P, O, J, N, J, O, P, Q, D, vous aurez la ligne du développement de la parabole. Le développement de l'hyperbole se faisant de la même manière, il est est inutile d'en donner un détail.

De l'ellipse dans un cylindre et de son développement.

Avant d'avoir l'ellipse il faut faire le plan et l'élévation du cylindre; décrivez la demi-circonférence A B 3 (*fig.* 10), sur laquelle vous ferez des divisions à volonté, que vous élèverez perpendiculairement à la diamétrale A B; tracez la ligne de l'ellipse A 7, qui coupe le cylindre obliquement; où elle croisera les perpendiculaires aux points A, 2, 3, 4, 5, 6, 7, vous tirerez des parallèles à A B, que vous prolongerez jusques sur le développement (*fig.* 11), et ferez les transverses de l'ellipse 2, 3, 4, 5, 6; ensuite vous prendrez en plan la distance qu'il y a de 5 à la diamétrale, que vous porterez sur l'oblique A 7 de 6 à 5, celle de 4, de 5 à 4, celle de 3, de 4 à 3, ainsi de suite; vous ferez passer une ligne par tous ces points, et l'ellipse sera décrite. Pour avoir son développement, rapportez sur la ligne A B (*fig.* 11) autant de divisions qu'il y en a dans le demi-cylindre (*fig.* 10), de même B, 5, 4, 3, 2, 1, A ; remarquez où les perpendiculaires croisent le demi-cercle du plan et vous les rapporterez dans le même ordre sur la ligne A B, savoir : la distance de A à 1 donnera celle de A 1, celle de 1 à 2 donnera 1, 2, celle de 2 à 3 donnera 2, 3, ainsi de suite, et par tous les points ; où les perpendiculaires se croiseront avec les parallèles menées de l'ellipse, 2, 3, 4, 5, 6, 7, sont les points par lesquels vous ferez passer une courbe, qui sera le développement de l'ellipse cherchée.

De la spirale.

On appelle spirale une ligne courbe qui va toujours en s'éloignant autour de son centre et en faisant autour de ce centre plusieurs révolutions.

EXEMPLE.

Faites la ligne diamétrale de la base du cône D E G F, et divisez la circonférence en autant de rayons que vous voudrez, en six par exemple ; sur l'un des rayons choisis comme point de départ, tracez une ligne inclinée telle que de 1 à 2, en continuant la même inclinaison pour chaque ligne de rayon ; pour cela, du point 1, comme centre, décrivez l'arc de cercle 2, C, et du point 2, vous décrirez le même arc ; ensuite prenez la distance du premier arc de 2 à C, que vous porterez sur le deuxième rayon sur l'arc 2 à 2, du point 2 à celui C ; tirez la ligne inclinée jusqu'à la rencontre du troisième rayon au point 3 ; de ce même point, comme centre, faites un arc semblable au premier ou au deuxième, sur lequel vous porterez la même distance de C 2, et vous tirerez la droite inclinée de 3 à C jusqu'au point 4, sur lequel vous faites la même opération, ainsi que sur tous les autres rayons jusqu'au centre C où la spirale termine ; où toutes ces lignes inclinées rencontrent le rayon, ce sont les points fixés où doit passer la courbe ; le point de centre de chaque courbe se trouve par des sections faites de l'extrémité de chaque inclinée, telles que d'une ouverture de compas égale de 1 à 2 ; des points 1 et 2 vous faites des sections, et du point des sections, c'est-à-dire de leur intersection, vous décrivez la portion de la spirale de 1 à 2, et vous faites de même pour toutes les autres lignes inclinées, jusqu'à ce que vous soyez arrivé à zéro ou au point C (*fig.* 9).

On peut tracer la spirale par d'autres moyens ; tels que de C, comme centre, on décrit un demi-cercle qui a pour diamètre la distance de chaque spire, que l'on augmente toutes les fois que la révolution se fait, d'un des points, etc.

CHAPITRE III.

De la stéréographie ou développement des corps.

ARTICLE PREMIER.
(Planche 8.)
DE L'HEXAÈDRE.

L'hexaèdre est un solide composé de six faces carrées et égales, et dont tous les angles sont droits, et par conséquent égaux (*fig.* 1).

On peut considérer l'hexaèdre comme engendré par le mouvement d'une figure plan carré, le long d'une ligne égale à un de ses côtés, à laquelle cette figure est toujours perpendiculaire dans son mouvement ; d'où il suit que toutes les sections de l'hexaèdre parallèles à sa base sont égales en surface et conséquemment sont égales entre elles.

Pour trouver le développement de ce solide, faites le plan à volonté (*fig.* 1); ensuite tirez les lignes droites de la figure 1, sur lesquelles vous porterez quatre fois le côté de l'hexaèdre, vous aurez 1, 2, 6, 4; ajoutez une même largeur de chaque côté en forme de croix, 5 et 6 et 3, vous aurez le développement du cube.

Si l'on veut déterminer la surface et la solidité d'un hexaèdre, on prendra d'abord le produit d'un des côtés multiplié par lui-même, qui donnera à l'aire d'une des surfaces carrées, et en multipliant cette aire par six pour avoir l'aire de l'hexaèdre. Après ce, on multipliera l'aire de ses faces par les côtés, pour avoir la solidité.

ARTICLE 2.

DU TÉTRAÈDRE.

Le tétraèdre est un des cinq corps réguliers compris sous quatre triangles égaux et équilatéraux; on peut concevoir le tétraèdre comme une pyramide triangulaire dont les quatre faces sont égales. Pour dessiner ce solide, faites le triangle équilatéral H F E (*fig.* 3); du centre 1, tirez les lignes 1 H, 1 F et 1 E; l'élévation géométrale s'obtient en élevant le sommet G du plan (*fig.* 3) perpendiculairement à 1 E jusqu'au point G qui aura été donné par la distance du côté 2 C.

Il n'est rien d'aisé comme de trouver le développement de la surface de ce solide; il ne s'agit que de faire quatre triangles équilatéraux, comme K H L, H F E, H L E et L E N (*fig.* 4), tous égaux à celui H F E de la figure 3, et vous aurez le tétraèdre développé.

ARTICLE 3.

DE L'OCTAÈDRE.

L'octaèdre est un corps régulier composé de huit faces égales, dont chacune est un triangle équilatéral représentant deux pyramides quadrangulaires qui s'unissent par leur base.

Pour avoir le développement de la surface de ce

solide, faites le plan carré (*fig.* 9), les diagonales B C D E.

Pour avoir l'élévation géométrale de ce plan, élevez les perpendiculaires de C et E, et faites la ligne K N parallèle à C E du plan; élevez aussi d'où les diagonales se croisent au point H la verticale G L (*fig.* 10); ensuite prenez la distance de C H du plan que vous porterez sur l'élévation de O à L et à G; vous ferez les côtés K L, K G, L N, N G, l'élévation géométrale sera terminée.

Pour avoir le développement de l'octaèdre, tracez une ligne à volonté où vous voudrez; prenez la distance K L, pour tracer une parallèle à cette ligne; portez sur une de ces parallèles trois fois la largeur d'un des côtés du plan, de C à E, par exemple, et de la même ouverture de compas faites huit triangles équilatéraux, comme le montre la figure 12, et vous aurez le développement de l'octaèdre.

La solidité de l'octaèdre peut se trouver en multipliant la base carrée d'une de ces pyramides par le tiers de la hauteur, et en doublant ensuite le produit.

ARTICLE 4.

DU DODÉCAÈDRE.

On donne le nom de dodécaèdre à l'un des cinq corps réguliers, qui a sa surface composée de douze pentagones égaux et semblables.

Le dodécaèdre peut être considéré comme formé de douze pyramides quinquangulaires, dont les

PREMIÈRE PARTIE.   73

sommets sont au centre du dodécaèdre, c'est-à-dire de la sphère qu'on peut imaginer circonscrite à ce corps.

Pour dessiner ce solide, inscrivez dans la petite circonférence de la figure 5 le pentagone 1, 2, 3, 4, 5, et du point H, comme centre, décrivez la grande circonférence ; de H, tirez les lignes pentagonales 1, 2, 3 4 et 5, et la grande circonférence se trouvera de même en cinq parties égales aux points 2, 3, 4, 5, 6 ; divisez chacune de ces parties en deux, vous aurez dix côtés dans cette figure.

Pour représenter ce polyèdre, vu par une de ses arêtes horizontales, faites à 1, 2, la parallèle 6, 7 (*fig.* 6) ; descendez perpendiculairement du centre H, et les angles 1, 2, 3, 4, 5, et 2, 3, 4, 5, 6 ; faites N 5 et N 4 égaux à N 6 et N 7 ; faites 8 et 9 (*fig.* 6) égaux à 1, 2 (*fig.* 5) ; faites les lignes 4, 9, 8, 5, et les autres comme l'indique la figure.

La figure 7 représente la figure 5 comme ayant tourné de 90 degrés sur son axe ; la planche seule suffit pour la tracer.

Pour avoir le développement du dodécaèdre, faites où vous voudrez une circonférence semblable à celle de la figure 5, dans laquelle vous inscrirez le même pentagone 1, 2, 3, 4, 5, qui sera le centre autour duquel tous les autres pentagones viendront se réunir, comme le montre L ou la figure 8. Pour tracer avec facilité les pentagones L D P, etc., prolongez des lignes de chaque côté du pentagone L ; des points où elles se croiseront vous placerez la pointe du compas, et d'une ouverture égale à un des côtés du pentagone L, vous ferez des sections, comme il est démontré, qui donneront la mesure des pentagones. Vous opèrerez de la même manière pour tous les autres, et vous aurez la moitié du dodécaèdre que vous demandez; l'autre moitié se fera de même en plaçant un pentagone sur le côté que vous voudrez, comme sur la figure 8, par exemple, suivant la manière que nous venons de pratiquer en décrivant des arcs de chaque côté du pentagone, et vous aurez terminé le développement du dodécaèdre demandé.

Pour trouver la solidité du dodécaèdre, il ne s'agit que de trouver celle d'une de ses pyramides et de la multiplier ensuite par 12; or, la solidité d'une des pyramides se trouve en multipliant la base par le tiers de la distance de cette base au centre, et, pour trouver cette distance, il faut prendre la moitié de la distance entre deux faces parallèles.

ARTICLE 5.

DE L'ICOSAÈDRE.

L'icosaèdre est un corps régulier compris sous vingt triangles équilatéraux et égaux entre eux.

Pour dessiner ce solide, décrivez du point C, comme centre, le cercle de la figure 13, dans lequel vous inscrirez un pentagone dont les côtés 1, 2, 3, 4, 5, seront la longueur de la base des triangles de ce corps; divisez cette même circonférence en dix également, tirez les lignes, et vous aurez un décagone inscrit dans un cercle et un polyèdre posé sur un de ses angles.

Pour le représenter sur un de ses côtés, descendez la ligne du milieu du point C et les angles 2, 1, 5, 4 ; faites sur cette ligne du milieu le triangle équilatéral 2, 8, 7 (*fig.* 14), de même base que l'un de ceux de la figure 13 ; de son centre E à ses angles prolongés 2, 1, 7, 6, D, 9, décrivez de E 9 une circonférence sur laquelle vous porterez six fois son rayon aux points 9, 6, 5, 3, etc. ; marquez des lignes de l'un à l'autre de ces points, ainsi qu'aux angles des triangles, la figure sera terminée.

Pour avoir le développement de l'icosaèdre, faites la ligne A B (*fig.* 15) et sa parallèle F L de la distance 1 C *(fig.* 13); prenez ensuite la longueur d'un des côtés du pentagone, de 1 à 2, par exemple, que vous porterez cinq fois sur les lignes A B, F L ; de ces points et de la même ouverture de compas vous faites des sections pour avoir les triangles au-dessus de la ligne F L et au-dessous de la ligne A B; vous tirerez les lignes obliques qui donneront les vingt triangles équilatéraux, et vous aurez le développement de l'icosaèdre cherché.

ARTICLE 6.

DE L'HEXAGONE INSCRIT A UN CERCLE.

Pour inscrire un hexagone régulier dans un cercle, du point O, comme centre, décrivez la circonférence de la figure 16, sur laquelle vous ferez de la même ouverture de compas six divisions desquelles vous tirerez les droites 1, 2; 2, 3; 3, 4; 4, 5; 5, 6; et l'hexagone sera inscrit dans le cercle.

Pour en avoir le développement, faites la ligne D G et sa parallèle K L *(fig. 17)*; de la distance de N C *(fig. 16)*; ensuite prenez la longueur d'un des côtés de l'hexagone, comme de 3 à 4, par exemple, que vous porterez six fois sur la ligne G D; pour avoir la base des triangles, avec la même ouverture de compas vous ferez des sections pour chaque sommet des triangles; vous ferez passer les obliques D, 1, 2, 3, 4, 5, G, qui décriront les six triangles de développement de l'hexagone; après faites les diagonales L G, L 5, L 4, L 3, L 2, L 1, vous aurez la moitié du développement de l'hexagone demandé.

Il suit de ce développement que tout polygone régulier est égal à un triangle dont un des côtés est le périmètre du polygone, et l'autre côté une perpendiculaire tirée du centre sur l'un des côtés du polygone.

ARTICLE 7.

DU CÔNE DROIT.

(Planche 9.)

On appelle cône droit celui dont l'axe est perpendiculaire à sa base.

Pour le dessiner, décrivez la base *(fig. 6)*, sur la circonférence de laquelle vous ferez autant de divisions que vous voudrez, dix par exemple, que vous tracerez en forme de décagone; faites la ligne C D *(fig.* 7) parallèle à 1 et 6; élevez sur elle les points de division 1, 2, 3, 4, 5, 6, et le centre prolongé jusqu'au sommet E *(fig.* 7) qui sera le point où vous mènerez toutes ces lignes de division, et l'élévation C D E sera terminée.

Pour avoir le développement de ce corps, prenez la distance d'un des côtés de l'élévation, comme C E, que vous porterez où vous voudrez, au point E *(fig.* 8) par exemple, et de la même ouverture de compas, décrire l'arc de cercle C 6 D; ensuite tirez la perpendiculaire 6 E, de chaque côté de laquelle vous porterez cinq fois la longueur d'un des pans du décagone *(fig.* 6), comme 1, 2 ou 2, 3; vous tendrez ces lignes au centre E, et vous aurez le développement du cône droit.

Le développement du cône enseigne d'une manière positive comment il faut s'y prendre pour construire une pyramide ou une colonne, ou tout autre susceptible de circonférence; car il ne s'agit que de tailler des pièces de bois ou de pierre, suivant les rayons du décagone.

ARTICLE 8.

DU CÔNE OBLIQUE OU SCALÈNE.

On donne le nom de cône oblique à celui dont l'axe est incliné à sa base.

Pour dessiner ce cône, faites la ligne de base A B et du point X, comme centre, le demi-cercle A 4 C *(fig.* 3), puis déterminez l'inclinaison de X à C par exemple et de B ; élevez une perpendiculaire au sommet C qui fera angle droit avec la ligne A B du sommet C; faites les lignes C A et C C et celle de l'axe C X, vous aurez le triangle C A C du cône de l'angle B aux points de division de la demi-circonférence; décrivez des arcs jusqu'à la rencontre de la diamétrale A B, et de là menez des lignes au sommet C, elles donneront la longueur des côtés des triangles qui composent la surface de ce cône.

Pour avoir la section de l'hyperbole, faites la ligne K N parallèle à l'axe du cône X C ; divisez-la en parties égales ou non, et de ces points de division descendez des perpendiculaires jusque dans le plan (*fig.* 3), et des mêmes points prolongés des parallèles à A B, sur les côtés du cône C C en 3, 4 T 2, 3 V, et de là descendez des perpendiculaires sur la base A B aux points C D E; d'après ce, d'où ces mêmes perpendiculaires croisent l'axe X C, descendez verticalement sur A B, et de ces points décrivez les arcs de cercle jusqu'à la rencontre des perpendiculaires descendues de l'hyperbole K N ; ensuite mettez d'équerre à N K les lignes K 3 F G H; prenez la distance H en plan que vous porterez sur la ligne K N à H, celle de G X à G, de F à F, enfin celle de K L de K à 3 ; faites passer une ligne par les points 3 F G H N, et la courbe de l'hyperbole sera tracée.

Pour avoir le développement du cône, prenez la longueur du côté C C que vous porterez de C à X (*fig.* 5), ensuite la distance C Q que vous porterez de même de C à 7 en faisant deux demi-sections, et d'une ouverture de compas égale à une des divisions du plan, comme de 1 à 2 ou de 2 à 3, et du point X, comme centre, faites deux sections à la rencontre des deux premières, formeront les deux triangles C X 7 dont la surface de chacun d'eux est égale à celle du triangle C B C (*fig.* 4). On fera les autres points de développement la même chose que pour ceux-ci, c'est-à-dire que vous prendrez la distance C P que vous porterez de C à 6, puis celle de 2, 3 de 7 à 6, ensuite la distance de C X de C en 5, et celle de 2, 3 de 6 à 5, de même la distance C K que vous porterez de C à 4, et celle de 2, 3 de 5 à 4, etc. ; vous menez toutes ces lignes en C ; vous faites pour toutes la même opération jusqu'à A, et le développement du cône est terminé.

On a le développement de l'hyperbole de la manière suivante. Prenez sur la demi-circonférence du plan la distance A V que vous porterez de A à V (*fig.* R) ; ensuite la distance de V J que vous porterez de V à J, celle de J L de J à L, enfin celle L 3 que vous porterez de L à 3 ; de ces points, menez des lignes au centre C, puis prenez la distance de A N (*fig.* 4) que vous porterez sur la ligne C A de A en N, celle C V que vous porterez de C à 2, celle de C 3 que vous porterez de C à 3, de C 2 de C à 4, enfin celle de C A de C à L ; vous ferez passer une courbe par les points N 2, 3, 4 L, et vous aurez la demi-hyperbole.

ARTICLE 9.

DÉVELOPPEMENT DE L'ELLIPSE DANS UN CÔNE OBLIQUE.

L'ellipse est une coupe faite à volonté dans le cône, observant toutefois qu'elle ne soit point parallèle au côté ni à l'axe du cône sur lequel elle est développée.

Après avoir tracé le plan de la base du cône et son élévation *(fig.* 1 *et* 2), B 5 D C, faites à volonté la section elliptique P K, mais oblique à l'axe C X, puis divisez le cône en autant de parties que vous voudrez par des lignes parallèles à la base B D, où ces lignes croiseront l'oblique K P aux points 1, 2, 3; vous abaisserez des perpendiculaires à la base du cône B L, prolongées jusqu'à ce qu'elles rencontrent les portions de cercle qui leur correspondent. Pour avoir ces parties de circonférence, descendez d'où les parallèles croisent l'axe et le côté C E B du cône des perpendiculaires au point zéro, de même celle de K E des points zéro, comme centre, décrivez des arcs jusqu'à ce qu'ils rencontrent, comme il a été dit, les perpendiculaires descendues de l'oblique K P qui donneront les points par lesquels vous ferez passer la courbe L F G H N qui représentera celle de l'ellipse; ensuite tracez perpendiculairement à l'oblique K P les lignes H G F, sur lesquelles vous porterez la distance de la courbe L N du plan comme la distance de H à 1, celle G O à G, enfin F 4 à F; faites passer une ligne par tous ces points K H G F P, vous aurez la coupe de l'ellipse.

Le développement de l'ellipse se fait à peu près de la même manière que celui de l'hyperbole et de la parabole ; ainsi prenez la longueur de C K que vous porterez de C à K, enfin les distances de C au point de toutes les perpendiculaires élevées sur la ligne K N que vous porterez sur la figure 5, de C à E, de C à F, de C à G et de C à P, en espaçant ces lignes par les distances prises sur le demi-cercle de la base du plan, par exemple de L F, comme pour le développement du cône; décrivez deux sections qui croiseront les deux premières, celle de F G du plan à G, et ainsi de suite ; vous ferez passer une ligne par tous ces points P G F E K, vous aurez le développement de l'ellipse du cône oblique demandé.

ARTICLE 10.

DÉVELOPPEMENT DU CYLINDRE OBLIQUE ET DE L'ELLIPSE.

Pour dessiner ce cylindre, faites à volonté l'obliquité de la ligne C D, et du milieu 4, comme centre, décrivez la base (*fig.* 9), sur la demi-circonférence de laquelle vous ferez autant de divisions que vous voudrez, huit par exemple, que vous éleverez d'équerre à la ligne C D aux points 1, 2, 3, 4, 5, 6, 7; ensuite de ces mêmes points vous éleverez des lignes perpendiculaires à l'horizon jusqu'à une hauteur déterminée, comme A B, et de la ligne G à la rencontre de celle A B ; comme centre vous décrirez le cercle A B G.

Pour avoir le développement du cylindre et de l'ellipse, tirez horizontalement à la perpendiculaire B D des lignes de l'oblique C D, des points C, 1, 2, 3, 4, 5, 6, 7, D; ensuite prenez la distance de chaque division de la figure 9 que vous porterez dans le même ordre sur la ligne C C; ensuite procédez comme pour les figures 10 et 11, planche 7, et vous obtiendrez le résultat que l'on demande.

ARTICLE 11.

DU CYLINDRE COUPÉ TRIANGULAIREMENT.

Soit A G B la section du cylindre, tirez horizontalement des lignes de G 3, 2, 1, jusqu'à ce qu'elles rencontrent les perpendiculaires de la figure 10 aux points G 3, 2, 1, E; vous faites passer une courbe par ces points, et vous avez le développement de la coupe triangulaire du cylindre. On peut, dans un cylindre comme dans un cône, tracer autant de courbes que l'on voudra de formes différentes.

ARTICLE 12.

DÉVELOPPEMENT DU CYLINDRE DROIT POLYGONIQUE.

Pour dessiner ce cylindre, faites à volonté le cercle (*fig.* 14), et de sa circonférence un octogone; des points de division 1, 2, 3, 4, 5, 6, 7, 8 élevez des perpendiculaires le long du cylindre, lesquelles diviseront la surface en autant de parallélogrammes, de manière que la surface convexe d'un cylindre droit peut être considérée comme un parallélogramme qui a pour base la circonférence d'un cercle.

Pour avoir le développement de l'octogone cylindrique et de la coupe oblique B C, faites le parallélogramme (*fig.* 15), sur lequel vous porterez huit fois la longueur d'un des côtés de l'octogone que vous éleverez perpendiculairement à la ligne E F ; ensuite tirez parallèlement à E F les lignes de base 1, 2, 3, 4, 5, jusqu'à ce qu'elles rencontrent les perpendiculaires de la figure 15 aux points 2 A 4, 5, 6, 7, 8, 1 ; vous ferez passer une ligne par ces points que vous tracerez de 1 à 2, de 2 à A, de A à 4, de 4 à 5, de 5 à 6, de 6 à 7, de 7 à 8, de 8 à 1, et la base cylindrique sera développée.

Le développement de la coupe oblique B C se fait de la même manière par des parallèles tirées des points C 1, 2, 3 B, et prolongées jusqu'à la rencontre des perpendiculaires de la figure 15 ; ou bien on porte la distance de chaque point suivant la hauteur de coupe à la base ; ainsi, de la diamétrale 7 A, comme base, prenez la distance de A à C que vous porterez de A à C sur la figure 15 ; ensuite prenez la distance de la ligne 1 à la base, que vous porterez pareillement au point 1 en prenant de la ligne A, celle 2 également au point 2 toujours la même chose, celle 3 portée aussi à 3, celle 4 sur 4, et enfin celle 7 B que vous porterez de 7 à F ; la même opération continuée jusqu'à G, et, faisant passer une ligne courbe par tous les points, on a le développement de la coupe oblique du cylindre droit.

ARTICLE 13.

DÉVELOPPEMENT DU CÔNE DROIT.

Faites la base du cône (*fig.* 6); divisez la circonférence en autant de parties égales que vous voudrez, comme ici en dix par exemple, 1, 2, 3, 4, 5, 6, etc.; faites son élévation en menant sur C D les divisions du plan pour les mener ensuite au sommet E (*fig.* 7).

Pour trouver le développement, prenez un des côtés du cône comme E D (*fig.* 7); faites de cette ouverture de compas, d'un point pris à volonté, l'arc C 6 D (*fig.* 8); portez sur cet arc les dix divisions du plan 1, 2, 3, 4, 5, 6, etc., que vous conduirez au centre E (*fig.* 8), et vous aurez le développement du cône droit.

ARTICLE 14.

DÉVELOPPEMENT DE LA SPHÈRE.

La sphère est un solide que l'on peut considérer comme composé d'une infinité de cônes tronqués placés au-dessus les uns des autres; de sorte que, pour avoir le développement de la surface d'une sphère, on est obligé de la réduire à la figure d'un polyèdre, c'est-à-dire en un corps qui a une infinité de faces. Pour abréger l'explication, nous avons réduit ce solide en la forme d'un octaèdre par conséquent une circonférence divisée en huit parties

PREMIÈRE PARTIE.

égales qui par sa révolution supérieure lui fait prendre le nom de sphéroïde.

Pour avoir le plan du sphéroïde, faites la circonférence A C B 3 *(fig.* 11), sur laquelle vous tracerez l'octaèdre divisé en deux parties égales par la diamétrale A B ; puis, des points de division de la partie inférieure, tendez des rayons au centre dans la partie supérieure qui est la représentation de ce corps vu de face ; vous ferez des angles de l'octaèdre la parallèle 2, 4, et de ces points 2, 4 abaissez des perpendiculaires sur le plan qui donneront les bases de ces cônes tronqués, A 2 4 B; ensuite vous prolongerez les côtés de ces cônes tronqués jusqu'à ce qu'ils se rencontrent avec la perpendiculaire C D, c'est-à-dire que pour le premier de A 2, continué jusqu'au point D, et pour le second, de 2 au point 3, au point D.

On peut avoir le développement de la surface de ce solide par deux méthodes différentes, soit par bandes circulaires, soit par fuseaux. Pour la première, prenez la distance de A B *(fig.* 11) que vous porterez où vous voudrez, de D à 4, par exemple *(fig.* 12) ; et du point D, comme centre, décrivez l'arc de cercle A 4 B, sur lequel vous porterez huit fois la longueur d'un des côtés du sphéroïde, comme A 2 ou 2, 3, et la même distance A 2 sur la ligne A B de A C et d'une ouverture de compas égale à C D, et du point D, pour centre, vous décrirez l'arc C H, et vous aurez le développement du premier cône tronqué A, 2, 4, B, de la figure 11. Il faut s'y prendre de la même manière pour avoir le développement du second cône tronqué, c'est-à-dire prenez la distance de 2, 3, que vous porterez sur la perpendiculaire 4 de la figure 12 ; de ce point, comme centre, décrivez le cercle N 8, sur lequel vous porterez huit fois la distance C 2 (*fig.* 12), ou 2, 3, qui est la même chose ; puis tendez toutes ces divisions par des rayons au centre, et vous aurez le développement du second cône, qui, joint au premier cône tronqué, donnera l'entier développement de la moitié de l'octaèdre, et par conséquent du sphéroïde.

Pour le développement de la seconde méthode, faites l'horizontale A B (*fig.* 13), sur laquelle vous porterez huit fois la longueur d'un des côtés du sphéroïde, et chacune de ces longueurs divisées en deux donnera les points pour marquer les ponctuées 1, 2, 3, 4, 5, 6, 7, 8 ; de l'un et l'autre côté de l'horizontale A B, vous porterez deux fois une de ces divisions sur chaque ponctuée pour en fixer la longueur, comme A H K de la première division ; ensuite, prenez la moitié de la distance de 1, 7, que vous porterez de 1 à 7 sur la figure 13, et sur toutes de la même manière ; vous ferez passer des courbes par les points de division donnés de la distance d'un des côtés de l'octaèdre, et de 1 et 7 du plan, vous aurez le développement du sphéroïde, suivant la méthode appelée *fuseau*.

CHAPITRE IV.
De la Stéréotomie.

DE LA PÉNÉTRATION DES CORPS.

On appelle pénétration des corps l'action par laquelle ces mêmes corps entrent l'un dans l'autre, s'y insinuent ou se pénètrent par des coupes faites dans leur solidité ou surface.

La science de la pénétration des corps est étroitement liée avec celle du trait, par conséquent indispensable à ceux qui veulent faire des progrès dans cet art ; c'est à l'aide de ces principes que l'on peut se rendre compte des effets que produit la rencontre de deux corps, comme de l'angle de deux voûtes qui se confondent, des courbes qui se pénètrent en angles saillant et rentrant, des trompes sur l'angle, etc. ; enfin c'est dans la connaissance de la pénétration des corps que l'on puise toute la théorie de l'art du trait pour en faire l'application à la pratique.

ARTICLE PREMIER.
PÉNÉTRATION D'UN CYLINDRE DANS UNE SPHÈRE.
(Planche 10.)

Pour avoir la pénétration de ces deux corps (*fig.* 2), faites la ligne C D qui est l'axe de la sphère, et celle

6..

E F, l'axe du cylindre, parallèle à la première, puis divisez en deux parties égales la distance 3, 2, qui est la rencontre de l'axe du cylindre avec le cercle de la sphère ; de ce point 5, comme centre, décrivez l'arc 3, 4, et où cet arc rencontrera le côté du cylindre en K, ce sera le point de rencontre avec la sphère ; de ce même point K, menez une ligne jusqu'à l'axe du cylindre au point 8 ; ce dernier donné est le point fixe d'attouchement du dessus et du dessous du cylindre sur le cercle de la sphère.

Pour terminer le passage du cylindre dans la sphère, divisez à volonté la sphère et le cylindre par des lignes parallèles et perpendiculaires à leur axe, comme celle N I, G I, L I ; puis de chaque ligne ou tranche de la sphère, et de l'axe C D, comme centre, décrivez les demi-cercles N I, G I, 3 I ; faites la même opération pour le cylindre, c'est-à-dire décrivez de l'axe du cylindre autant de demi-cercles qu'il y a de tranches parallèles, comme les demi-cercles S L X et V P, et de chaque point d'intersection des deux cercles correspondants, vous élèverez ou descendrez une perpendiculaire qui sera une ordonnée à la courbe, formée par la pénétration des deux corps, telles que sont les lignes 7, 1, S, 6, V X ; faites passer une courbe par les points N, 1, 6, 8, 9, P, vous aurez l'axe de pénétration de ces deux corps. On apercevra facilement que ce que nous venons de dire n'est en rapport qu'avec la moitié de la courbe décrite par la pénétration, omission faite à dessein pour ne pas trop compliquer la figure ; mais pour peu qu'on y fasse attention, on verra que pour avoir la totalité de cette courbe, il faut continuer l'opération jusqu'au bas.

Pour mieux comprendre cette opération, faites la sphère (*fig.* 5) vue par-dessus, avec le plan du cylindre qui la pénètre ; après avoir tracé sur la sphère les différents cercles 1, 1 ; 1, 6 ; 1, 9, d'un diamètre égal à ceux de la figure 2, pris sur les lignes N, 1, etc. ; aux points où ces cercles rencontreront la circonférence du cylindre (*fig.* 5), élevez des perpendiculaires, 7, 1 ; 8, 6 ; V 9, parallèles à l'axe D C de la sphère, jusques à la ligne A B, qui est le plus grand diamètre de la sphère ; chacune de ces perpendiculaires sera une ordonnée à la courbe de pénétration, à laquelle la ligne P, 9, 6, 1, sert d'axe, ainsi que dans la figure 2. Cette manière est très-commode pour tracer la courbe de pénétration, tant sur la sphère que sur le cylindre ; c'est pourquoi on doit s'appliquer à bien la comprendre, chose qui ne sera pas difficile, attendu que les figures 2 et 5 sont marquées des mêmes lettres et chiffres.

ARTICLE 2.

PÉNÉTRATION D'UN CÔNE DANS UNE SPHÈRE.

Lorsqu'une sphère est pénétrée par un cône et que leurs axes sont parallèles, on peut faire la même opération que pour la sphère pénétrée par un cylindre, comme la figure 2, attendu que les résultats sont les mêmes, comme on va le voir par l'abrégé de la démonstration suivante.

Après avoir tracé l'axe Q de la sphère et celui D B du cône (*fig.* 3), soit la ligne F G sur laquelle on veut opérer des points donnés par les deux axes, décrivez les demi-cercles P F et 2, G, et de leur intersection E, vous élèverez une perpendiculaire jusqu'à la rencontre de la ligne F G au point 1 ; de ce point et de ceux où le cône traverse la sphère, vous tirerez la ligne L N qui donnera les extrémités de l'entrée de la pénétration du cône ; vous ferez la même opération sur la ligne V M ; c'est-à-dire que des points où les deux axes traversent la ligne V M, comme centre, vous décrirez les demi-cercles V M, et à leur intersection 4 ; vous élèverez une perpendiculaire jusques sur la ligne de tranche V M, aux points 4, 3, et de là à 6, 3, 5 ; vous tirerez une ligne qui désigne par ces trois points 6, 3, 5, le passage de la sortie du cône de la sphère, qui suffit pour faire concevoir cette figure, sans qu'il soit besoin d'autre démonstration.

Néanmoins, on peut faire autant que l'on voudra de parallèles ou tranches semblables à celle F G pour avoir plus de points pour tracer la pénétration plus juste ; toutes formeront des cercles tant dans la sphère que dans le cône, de manière que les lignes de tranche qui seront plus près de la base A D du cône donneront des cercles plus grands et proportionnellement plus petits dans la sphère ; au contraire, si les lignes s'éloignent de la base A D du cône, les cercles deviendront plus petits en raison de la sphère, comme le montrent les deux cercles sur la ligne F G.

ARTICLE 3.

PÉNÉTRATION D'UN CÔNE DANS UNE SPHÈRE PAR DES TRIANGLES ET DES DEMI-CERCLES.

Soit le cône A D B F et la sphère C (*fig. 4*), divisez la base A D B en autant de parties que vous voudrez, en quatre par exemple, que vous élèverez perpendiculairement sur la ligne A B aux points 1, 2, 3, et de là, menez sur l'élévation géométrale du cône, jusqu'au sommet F, les lignes 1 F, 2 F et 3 F qui couperont la sphère en trois endroits différents, qui donneront autant de cercles; puis, d'où la ligne 8 K fait une tranche à la sphère, aux points 8 K, divisez cet espace en deux parties égales au point H, et de ce point, comme centre, décrivez la demi-circonférence K, P, 5, 8, qui représente celle que formerait la tranche faite à la sphère sur la ligne 8 K; ensuite élevez perpendiculairement à 1 F la ligne 1 Q, sur laquelle vour porterez la distance de 1 C du plan, et du point Q vous mènerez une ligne au sommet F, d'où cette ligne rencontrera la demi-circonférence K, P, 5, 8 ; aux points P 5, vous tracerez perpendiculairement à 1 F les lignes P S et 5, 4 ; et 5, 8 seront les points fixes par lesquels le cône pénétrera dans la sphère.

Nous ne nous étendrons pas davantage sur cette figure, attendu que les points 5 et 8 suffisent pour la faire connaître, sans qu'il soit besoin de continuer la démonstration. Seulement que de l'axe du cône D 2, et aussi la ligne 3 E, on exécutera de la même manière ; les demi-cercles étant tracés, ainsi que les triangles, il en est résulté les points de rencontre Y, X, 7, 6 ; ces points étant tracés, on opérera pour le rapport des pénétrations comme le côté P N (*fig.* 2), en prenant les arcs 5, 8 et P K, qu'on rapportera comme il a été déjà démontré.

Cette manière de développer la pénétration d'un cône dans une sphère est aussi simple que celle de la figure 3 ; nous l'avons placée ici parce qu'il arrive quelquefois qu'on est obligé d'opérer par triangles.

ARTICLE 4.

PÉNÉTRATION D'UN CYLINDRE DANS UN CÔNE.

Quand un cône est pénétré par un cylindre et que les axes de ces deux corps sont parallèles, cette pénétration n'a rien de difficile ; on s'y prend de la même manière que pour la sphère pénétrée par un cylindre.

Ainsi, soit le plan du cône A B et l'élévation géométrale au point C (*fig.* 7), l'axe du cylindre G F, parallèle à celui du cône C, on voit, par la position de l'axe du cylindre, que l'entrée de sa pénétration dans le cône est aux points E D ; entre l'espace de ces deux points E D, faites autant de lignes parallèles à la base A B du cône que vous voudrez, trois par exemple ; où ces parallèles 5, 6, 7 croiseront l'axe du cylindre et celui du cône aux points 5, 6, 7 et du cylindre 2, 4, G, sont les centres desquels vous décrirez les demi-cercles, et de leur point d'intersection 2, 4, vous élèverez des perpendiculaires jusqu'à la rencontre des lignes correspondantes aux points 1, 2, 3, 4 ; à ces points 2, 4 et aux deux extrémités E D, vous ferez passer une ligne courbe à tous ces points, et vous aurez l'angle de pénétration comme à ces solides.

ARTICLE 5.

PÉNÉTRATION D'UN CYLINDRE OBLIQUE DANS UN CÔNE DROIT.

La pénétration oblique d'un cylindre dans un cône droit est un peu plus difficile que la précédente, parce qu'on est obligé, à chaque tranche parallèle du cylindre, de décrire une demi-ellipse pour avoir les intersections avec les demi-cercles du cône.

Soit le plan I O N et l'élévation géométrale du cône (*fig.* 8), fixez à volonté l'axe du cylindre oblique S R ; les points 1, 4 ; 7, 6, sont les angles de pénétration du cylindre ; faites dans l'espace autant de lignes que vous voudrez parallèles à la base du cône I N, trois par exemple ; où ces parallèles croiseront l'axe du cône, seront les points desquels vous décrirez des demi-cercles, et sur l'axe du cylindre des demi-ellipses, dont le grand axe soit égal à l'espace de la parallèle K L ou J H et le petit à celui R, au point de la base du cylindre ; la manière d'opérer pour ces ellipses est la même que pour celles de la planche 6. Ainsi, où le grand axe de l'ellipse formée par la parallèle K L croisera les obliques du cylindre au point 3, descendez une perpendiculaire de la distance de la base du cylindre, c'est-à-dire du point R au diamètre; vous opérerez de la même manière pour la parallèle J H, et des points 4, C, 5, V, vous ferez passer une courbe qui sera la demi-ellipse demandée. Vous n'aurez qu'à opérer de la même manière sur tous les autres; des points d'intersection de l'ellipse avec les demi-cercles, vous élèverez une perpendiculaire jusqu'à la parallèle correspondante, ensuite vous ferez passer une courbe par les points 4, 3, 2, 1 ; 7, 5, 6, et vous aurez la pénétration du cylindre oblique dans un cône droit.

ARTICLE 6.

PÉNÉTRATION D'UN CÔNE OBLIQUE DANS UN CÔNE DROIT.

Soit le plan A C B et l'élévation du cône D pénétré par celui B H G F E et K le sommet (*fig.* 9), divisez la circonférence de la base B E en autant de parties égales que vous voudrez, en quatre par exemple, que vous élèverez perpendiculairement sur la ligne E B, et de là menez ces mêmes lignes jusqu'au sommet K; ensuite, pour avoir les points sur l'axe K G, il faut faire l'ellipse 13, 11, 9, donnée par la distance 13, Y de l'axe K G, où la ligne B K, qui est le côté du cône, rencontrera l'ellipse aux points 11 et 9; on élèvera les lignes 11, 3 ; 7, 9, perpendiculairement à l'axe K G, ce qui donnera les points 7 et 3 sur ce même axe ; ces points sont ceux du milieu des courbes V, X, Y, Z, &; 5, 4, 3, 2, 1 ; cela est sensible, parce que si l'on élève M G, axe du cône perpendiculaire, sur M, la ligne droite menée du point G à celui K formerait le même triangle K M B ; donc le côté K B rencontrerait l'ellipse faite sur 7, 13, aux points 9 et 11 ; ces points sont fixes pour la pénétration du cône K E B.

Pour déterminer les points sur l'ellipse que fait la ligne K N sur le cône D A C B, faites ladite ellipse 12, 10, &, pour former à la figure 6, afin de ne pas trop compliquer la figure 9 ; on la transportera pour qu'elle soit en même rapport qu'elle est avec la ligne K N (*fig.* 9).

Faites l'ellipse (*fig.* 6), la même que celle 12, 10, & (*fig.* 9) ; et pour avoir la ligne A B (*fig.* 6) semblable à celle de la figure 9, il faut prendre la distance N, 12, pour la porter de B à E (*fig.* 6) ; on prendra ensuite la distance N K, que l'on portera du point B à A (*fig.* 6), de manière que l'ellipse et la ligne A B seront les mêmes que la figure 9 ; c'est-à-dire que K, & (*fig.* 9) est égal à A I (*fig.* 6), et que & 12 (*fig.* 9) est égal à E I (*fig.* 6) ; de même que N, 12 (*fig.* 9) est égal à B E (*fig.* 6). Pour avoir les deux points de rencontre dans la figure 6, on élèvera du point B la perpendiculaire B C, sur laquelle on portera la distance N H (*fig.* 9) ; et de ce point C, on conduira une ligne en A, dont les rencontres dans l'ellipse sont les points 2, 3 ; descendant ces points perpendiculairement à la ligne B A, ils donneront les points 4, D, que l'on portera sur la figure 9, sur la ligne N K, du point N à ceux 2 et 8, qui seront les points fixes pour le passage du cône K, E, G, B.

Pour se procurer les points sur la ligne K L (*fig. 9*), on fera l'ellipse X, O, 14; parce que si l'on coupe le cône K, B, G, E, sur la ligne X, 14, la section sera une ellipse; cela posé, on fera l'ellipse X, O, 14, ensuite du point L on élévera une perpendiculaire à la ligne K L, sur laquelle on portera la distance L F en Q, d'où l'on conduira la ligne K Q, qui rencontrera l'ellipse X, O, 14 aux points R T, desquels on abaissera les lignes R, 4 et T, 6 parallèles à celles L Q, qui donneront les points 6 et 4 sur la ligne K L, qui sont les points fixes du passage du cône. Ensuite vous n'avez qu'à faire passer une courbe par les points 5, 4, 3, 2, 1; V, 6, 7, 8, 9, et vous aurez le passage d'un cône oblique dans un cône droit décrit.

CHAPITRE V.

De la Trigonométrie rectiligne.

ARTICLE PREMIER.

(Planche 11.)

On appelle trigonométrie cette partie de la géométrie qui enseigne à connaître les côtés et les angles d'un triangle dont on connaît déjà deux angles et un côté, ou deux côtés et un angle, ou enfin les trois côtés.

Comme dans un triangle il y a trois côtés et trois angles qui dépendent les uns des autres, il est évident que trois de ces grandeurs étant connues, les autres se peuvent connaître par des raisonnements que la trigonométrie enseigne, pourvu que trois de ces six quantités connues déterminent les trois autres, en sorte qu'elles ne puissent être que d'une certaine grandeur, ce que feront toujours deux angles et un côté, ou bien deux côtés et un angle, ou bien encore les trois côtés.

La trigonométrie est de la plus grande nécessité dans la pratique; c'est par son secours qu'on vient à bout de la plupart des opérations de la géométrie pratique. Elle est fondée sur la proportion mutuelle qui est entre les côtés et les angles d'un triangle; cette proportion se détermine par le rapport qui règne entre le rayon d'un cercle et certaines lignes que l'on appelle *sinus, cordes, sécantes* et *tangentes*.

Le principe fondamental de la trigonométrie consiste en ce que les sinus des angles sont entre eux dans le même rapport que les côtés opposés.

Le sinus d'un arc est une ligne tirée de l'extrémité de cet arc perpendiculairement sur le rayon ou le diamètre qui passe par l'autre extrémité du même arc; cette ligne est aussi le sinus de l'angle mesuré par l'arc. Ainsi, la perpendiculaire E F abaissée de l'extrémité de l'arc E C (*fig.* 1) sur le rayon C A, qui passe par l'autre extrémité C de cet arc, s'appelle le sinus de l'arc E C ou de l'angle A C E.

La partie C F du rayon, comprise entre le sinus et

l'extrémité de l'arc, s'appelle sinus verse, et la ligne I N est aussi sinus verse.

La corde est une ligne droite tirée de l'une des extrémités de l'arc à l'autre extrémité ; ainsi, la ligne E F H est corde ou sous-tendante de l'arc E C H ou de l'angle E A H.

La tangente est la ligne droite élevée perpendiculairement sur l'extrémité du diamètre de l'arc, et continuée jusqu'à ce qu'elle rencontre le rayon du centre A, qui, passant par l'autre extrémité du même arc, est aussi prolongée ; ainsi, la ligne C D est la tangente de l'arc E C ou de l'angle E C A.

La ligne ou rayon A D, qui passe par l'extrémité E, continuée jusqu'à la rencontre de la tangente au point D, s'appelle sécante de l'arc E C ou de l'angle E C A.

Les sinus des compléments sont appelés cosinus ; pour avoir en nombre la valeur des sinus, on prend le rayon pour l'unité, et on détermine la valeur du sinus des tangentes, des sécantes, en partie du rayon.

Les géomètres ont établi des tables des sinus et des tangentes en nombres naturels et logarithmiques, qui répondent à tous les arcs de cercle.

Dans les tables des sinus, on conçoit le rayon comme divisé en 10,000,000 parties égales ; on ne va pas plus loin pour déterminer la quantité de ces sinus et de ces tangentes. Cette supposition suffit pour assurer que les logarithmes des sinus des angles qu'on rencontre dans la pratique soient toujours positifs ; ainsi, comme le côté d'un hexagone sous-tend la sixième partie d'un cercle et est égal au rayon, de même aussi le sinus de 30 degrés est 500,000.

Puisque le rayon de tout cercle est divisé dans le même nombre de parties égales, il faut que les parties d'un petit rayon soient moindres que les parties d'un grand ; c'est pourquoi les tables des sinus, dans lesquelles on trouve combien chaque sinus contient de parties à proportion du rayon, ne font pas connaître la grandeur absolue de ces sinus, mais seulement leur grandeur relative, c'est-à-dire le rapport qu'ils ont entre eux; par exemple, quoique l'on trouve que le sinus d'un angle de 30 degrés soit de 500,000 parties, en supposant le rayon divisé en 10,000,000 parties, on n'en connaît pas pour cela la grandeur réelle du sinus. On connaît, par exemple, que le sinus de 30 degrés est la moitié du sinus de l'angle droit, puisque le premier est de 500,000 et l'autre de 10,000,000. Il en est des sinus comme des arcs : on ne connaît pas la grandeur absolue des arcs, quoique l'on connaisse le nombre des degrés qu'ils contiennent; ainsi, quoique l'on sache qu'un arc est de 20 degrés, on ne sait pas pour cela combien il y a de mètres ou de centimètres, à moins qu'on ne connaisse d'ailleurs la grandeur absolue de la circonférence.

Mais quoiqu'on ne connaisse pas la grandeur absolue des sinus, cela n'empêche pas de trouver la grandeur absolue des côtés d'un triangle dont on connaît un côté et les angles ; car, si dans un triangle on connaît deux angles et un côté, on trouvera les sinus des angles par les tables qui traitent des sinus, des tangentes et des sécantes. Or, les sinus sont proportionnels aux côtés opposés aux angles ; par conséquent, si le sinus de l'angle opposé au côté connu est le double de l'autre sinus, le côté connu sera aussi le double du côté cherché ; ainsi, si le côté connu est de cinquante toises, le côté qu'on cherche sera de vingt-cinq toises, soit le triangle C A P (*fig. 6*), dans lequel C A $= 15^m$, A P $= 8^m$, et soit le triangle semblable C D E, dans lequel C D $= 25^m$; on aura le côté D E $= \frac{DC \times AP}{AC} = \frac{25 \times 8}{15} = 13^m 33$; de même, si l'arc A B est connu, on aura la longueur de l'arc D G $= \frac{\text{arc A B} \times 25}{15}$. Il faut dire la même chose des tangentes et des sécantes. Ces réflexions suffisent pour faire connaître l'usage des sinus. On ne se sert plus guère des sinus proprement dits, des tangentes et des sécantes pour les calculs de la trigonométrie ; on leur a substitué les logarithmes des nombres, qui expriment les parties de ces lignes, ce qui facilite et simplifie beaucoup les calculs ; néanmoins, nous donnerons quelques notions sur la manière d'opérer par le secours de ces lignes.

La sous-tendante d'un arc est double du sinus de la moitié du même arc ; soit la ligne C D (*fig. 2*), sous-tendante de l'arc C E D, est double du sinus de l'arc C E, qui est la moitié ; car le rayon B E, divisant C D en deux également, la coupera aussi perpendiculairement (par le 3 du 3), dont C, à l'intersection de la ligne E B, sera le sinus de l'arc C E ; mais C D en sera double, et l'arc C E D est double de C E ; donc C D sera double du sinus d'un angle qui sera la moitié de celui dont elle est la sous-tendante.

Il s'ensuit que, la sous-tendante d'un arc étant connue, l'on aura le sinus d'un arc qui sera la moitié de l'arc proposé; ainsi, la sous-tendante d'un arc de 60 degrés, qui est égal au rayon du cercle, étant donnée, savoir 100000, le sinus de 30 degrés sera 50000.

Le carré du sinus droit d'un arc et le carré du sinus droit de son complément sont égaux aux carrés du rayon.

Soit le quart de la circonférence A C *(fig. 3)*, dont le rayon est B D; D J perpendiculaire à la ligne A B, sinus de l'arc D A; D E perpendiculaire à B C, sinus du complément D C; les carrés de ces deux sinus sont égaux au carré du rayon B D.

Puisque A C est un quart de circonférence, A B est perpendiculaire à B C et D E est aussi perpendiculaire à B C par la définition du sinus; donc D E et A B sont parallèles, et par la même raison, F G, D E sont aussi parallèles; par conséquent, F G, H B est un parallélogramme, comme D E, B J, dont le côté D J est égal à son opposé; le carré B G est égal au carré de B J et de B C ou de son égal D E; de sorte que le carré de D J, sinus droit de l'arc A D, et le carré D E, sinus droit de son complément D C, sont égaux au carré du rayon B D. La tangente est la ligne droite élevée perpendiculairement du point A, extrémité du diamètre de l'arc A C B. La ligne ou rayon B E, qui passe par l'extrémité F, continuée jusqu'à la rencontre de la tangente de l'arc au point E, s'appelle sécante de l'arc A C.

Il résulte de là que, le sinus droit d'un arc étant donné, l'on aura le sinus droit de son complément au quart du cercle ; car, si l'on ôte le carré du sinus donné du carré du rayon, il restera le carré du sinus de son complément, dont la racine carrée sera le sinus cherché.

Ainsi, l'arc de 36 degrés, le sinus droit étant 58,779, si l'on ôte son carré qui est 3,454,970,841, du carré du rayon qui est 10,000,000,000, il restera 6,545,029,159 pour le carré du sinus de 54 degrés, dont la racine carrée est 80,901. Quand ce qui reste excède 50,000, on ajoute une unité dans les tables ; c'est pourquoi l'on y trouve 80,901, par le sinus de 54 degrés.

La tangente d'un arc est au rayon comme le sinus droit de cet arc est au sinus droit de son complément.

Soit le quart de cercle A B D (*fig. 4*), et A F, tangente de l'arc A E, dont E G est le sinus droit, et E C, sinus droit de son complément B D ; alors il y a même raison de la tangente A F au rayon A B comme de E C à E G ou à C B son égale.

Pour le prouver, aux deux triangles F A B, E C B, les deux angles C et A sont droits et égaux, et l'angle B commun ; par conséquent, ces deux triangles sont équiangles, et ont les côtés autour des angles égaux C et A proportionnaux ; c'est-à-dire que comme F A est à A B, ainsi E C est à C B ou à E G son égale.

On peut convertir ainsi cette proposition, en disant qu'il y a même raison de E G, sinus d'un arc donné, à E C, sinus de son complément, qu'il y a du rayon A B à la tangente de ce même complément A F.

De manière qu'étant donnés le sinus droit d'un arc et celui de son complément avec le rayon, on trouvera la tangente de ce même complément; car, puisque ces quatre choses sont proportionnelles, il est évident que deux moyens connus étant multipliés l'un par l'autre et le produit divisé par l'extrême connu, il viendra l'autre extrême cherché.

Soit par exemple B C ou son égale E G $= 6$, E C $= 8$, A B $= 10$, A F sera 13 et $2/6$ ou $1/3$, car 8 multiplié par 10 égale 80, lequel divisé par 6 donnera 13 et $2/6$ ou $1/3$ pour la tangente cherchée.

Le rayon est moyen proportionnel entre le sinus droit d'un arc et la sécante de son complément.

Soit par exemple C b, sinus droit de l'arc C E (*fig.* 5), et A G, sécante de son complément, le rayon A C ou A H est moyen proportionnel entre C b et A G; c'est-à-dire, comme C b est à A H, ainsi C b est à A G.

Pour le prouver, aux deux triangles A G H, A C b, les deux angles B H sont droits et égaux, et l'angle A commun; par conséquent, ces deux triangles sont équiangles et ont les côtés autour de l'angle commun A proportionnaux; c'est-à-dire, comme A B ou C b

son égale est à A C, ainsi A C ou A H son égale est A G, C b, B H.

Ainsi, le sinus droit d'un arc étant donné avec le rayon, on trouvera la sécante de son complément ; car, puisqu'il y a même raison du sinus droit de cet arc au rayon que du rayon à la sécante de son complément, le carré du rayon étant divisé par le sinus droit connu, il viendra la sécante que l'on cherche ; ainsi, si A b ou C B son égale est 6 et le rayon A C, 10, la sécante A G sera 16 $1/5$.

ARTICLE 2.

CALCUL DES TRIANGLES RECTILIGNES.

Du triangle rectangle.

L'angle droit étant toujours donné dans ce triangle, on ne parle que de deux autres parties données entre les cinq qui restent.

Lorsque dans un triangle la base est prise pour le rayon du cercle, les côtés sont les sinus des angles opposés.

Soit le triangle H K L (*fig.* 7), dont l'angle droit H est comme l'angle K que nous supposons de 35 degrés (lequel peut être connu par le secours de quelques instruments, tels que demi-cercle, compas de proportion, etc.), et le côté L K de 52 mètres. Pour connaître le reste, il faut le soustraire de 90, le restant sera la valeur de l'angle L ; et pour connaître les deux autres côtés, on prendra le nombre sinus de l'angle H opposé au côté L K qu'il faut mettre au premier terme d'une règle de trois, au second 52 mètres le côté connu, et au troisième le sinus de l'angle K. Si l'on veut connaître le côté H L, ou le sinus de l'angle L pour avoir le côté H K, on écrira la règle de la manière suivante :

Si 90 d. — L K — si 35 d. — H L, M^{es}.
Si 100000 d. 52 M^{es}. comb. 57357. V. 29.

viendra un quatrième terme, 29 mètres pour la longueur de côté L H demandé, suivant la règle proposée.

Connaissant un côté et un angle aigu d'un triangle rectangle, connaître le reste.

Soit le triangle A B C (*fig.* 8), le côté B A est supposé de 43 mètres, l'angle B de 33 degrés; pour avoir l'angle C, retranchez l'angle A de 90, le restant sera la valeur de l'angle C, 57 ; puis, si l'on veut connaître l'hypothénuse, on mettra au premier terme d'une règle de trois le sinus de l'angle opposé au côté B A qui est, suivant les tables, 83867, au second 43 mètres, au troisième le sinus de l'angle qui est opposé à l'hypothénuse qui est 100,000, la règle étant faite, viendra pour la longueur de l'hypothénuse 51 mètres, et par la même manière, si l'on veut avoir l'autre côté C A, on mettra au premier et au second de la règle comme ci-dessus, et au troisième le sinus de l'angle opposé à cette jambe, viendra au quatrième la longueur de 28 mètres.

Deux côtés et l'angle droit d'un rectangle étant connus, trouver les autres termes.

Soit le triangle D K C (*fig.* 9), dont l'hypothénuse C K et le côté D K sont accessibles, et l'angle D est censé connu. Je suppose le côté D K de 43 mètres, l'hypothénuse de 51 mètres; pour trouver le reste, il faut mettre au premier terme d'une règle de trois la longueur de l'hypothénuse, au second le sinus de l'angle connu 100000, puisqu'il est droit, au troisième la longueur du côté D K, la règle terminée viendra un nombre sinus de 57 degrés 28^m pour l'angle C qu'il faut retrancher de 90 degrés pour avoir l'angle K, lequel étant connu, l'on aura le côté D C, suivant la première proposition; mais si les deux côtés connus étaient les deux jambes, il faudrait mettre au premier terme les mètres d'un des côtés connus, au second 100000, et au troisième les mètres du second côté connu.

EXEMPLE.

Si l'on veut connaître l'angle N (*fig.* 10), on mettra au premier terme le côté N P de 25 mètres, au second 100000, et au troisième côté P L, 43 mètres; la règle terminée viendra 76000 tangentes de 60 degrés, 24 pour valeur de l'angle N, et si l'on désire connaître l'angle L, il faut retrancher l'angle N de 90 degrés, le restant sera la valeur de l'angle L demandé, et pour avoir l'autre côté inconnu, on opérera suivant la seconde proposition.

PREMIÈRE PARTIE. 107

Manière de calculer les triangles rectangles sans avoir recours aux tables.

Pour résoudre, sans table de sinus, tangentes, sécantes et logarithmes, un triangle rectangle, sans avoir besoin d'en connaître les angles, il faut supposer connu un côté et l'hypothénuse, multiplier chaque côté connu par lui-même et retrancher le côté du carré de l'hypothénuse, le reste et le carré de l'autre côté inaccessible, de sorte que, tirant la racine carrée de ce nombre, cette racine est la longueur du côté demandé.

EXEMPLE.

Soit le côté R (*fig.* 11) de 30 mètres, l'hypothénuse de 50, les règles faites vient pour la longueur P Q, 40 mètres; mais si c'étaient les deux côtés qu'on connût, la racine carrée de la somme des deux carrés des côtés serait la longueur de l'hypothénuse inaccessible.

Des triangles rectangles obliquangles.

Étant donné un triangle obliquangle dont on connaît un côté et deux angles, pour trouver le reste, il faut additionner ensemble les deux angles accessibles pour avoir le troisième.

EXEMPLE.

Soit le côté A C du triangle A B C (*fig.* 12) de 41

mètres, l'angle B de 40 degrés, et l'angle C de 38 degrés, l'autre angle sera de 102, dont il faut prendre le sinus (il est à remarquer que les sinus des angles obtus sont les mêmes que ceux des angles aigus dont ils sont les suppléments à la ligne droite) pour mettre au premier terme d'une règle de trois, au second le côté accessible B C de 41 mètres, au troisième le sinus de l'angle B ; si l'on veut connaître la longueur du côté A C ou le sinus de l'angle C, pour avoir le côté A B, le quatrième terme donnera la solution demandée.

Les trois côtés étant connus, trouver les trois angles.

Soit par exemple le triangle V T X (*fig.* 13), duquel on veut connaître les trois angles, la longueur des côtes connus, supposez le côté V X de 46 mètres, le côté V T de 50 mètres, et T X de 41 mètres ; pour avoir l'angle V, il faut multiplier les côtés V T, V X, qui forment cet angle l'un par l'autre, et mettre le double du produit au premier terme d'une règle de trois qui est 4600, au second le restant du carré du côté T X, opposé à l'angle de la somme des carrés des deux autres côtés, qui sera 2936, et au troisième 100000 ; la règle faite, viendra le sinus d'un nombre de degrés qu'il faudra ôter de 90, le restant sera la valeur de l'angle V demandé, de manière qu'ayant un angle, on connaîtra les autres par la proposition de la figure 7, qui enseigne le moyen d'avoir le reste d'un triangle.

Nous terminerons l'exposé des triangles par les problèmes qui enseignent la manière de trouver les côtés et les angles d'un triangle rectangle par le moyen des logarithmes ; cette méthode est plus expéditive que la précédente, puisqu'au lieu de multiplier et de diviser, il n'est besoin que d'additionner et de soustraire, ce qui donne beaucoup de facilité dans la pratique.

Soit le triangle A B C (*fig.* 14), dont le côté A B est de 28 mètres, le côté A C de 44 mètres, et l'angle A de 90 degrés; comme le triangle est rectangle, on dira, par une règle de proportion : Si le logarithme des nombres de 28 mètres, côté A B, donne le logarithme sinus de 90 degrés, combien le logarithme de 44 mètres, du côté A C, ajoutant le dernier terme avec le second et du total en ôtant le premier ? Le restant sera le logarithme tangente de l'angle B, opposé au côté A C, dernier terme qui se trouve de 57 degrés 32 ^{m}. Puis, pour avoir l'hypothénuse B C, on prendra le logarithme sinus de l'angle B que l'on vient de connaître pour mettre au premier terme, au second le logarithme du côté opposé A C de 44 mètres, au troisième le logarithme sinus de l'angle A 90 degrés, la règle faite par l'addition et soustraction, viendra un logarithme de 52 mètres pour le côté B C.

L'on peut avoir la connaissance de tel triangle rectangle que ce soit par les logarithmes suivant les mêmes règles et moyens enseignés par les sinus, tangentes et sécantes.

EXEMPLE.

Soit le triangle A B C (*fig.* 15), dont l'angle droit A est comme l'angle aigu C avec le côté A C ; on demande la valeur du côté B C ; il faut procéder de la manière suivante : Comme le sinus total 100000000 est à la tangente de l'angle A de 49 degrés dont le logarithme est de 100608369, ainsi le logarithme du côté A C de 20 mètres, qui est de 13010300, est au logarithme du côté B C cherché. A présent, pour trouver le côté B C, il faut additionner le second terme avec le troisième, c'est-à-dire, 100608369 avec 13010300, leur somme sera 113618669, d'où ayant retranché le premier terme qui est 100000000, le restant ou la différence sera 13618669, pour le logarithme du côté B C. Si l'on cherche dans la seconde table le nombre qui approche le plus de celui-ci, il correspondra un nombre qui se trouve de 23, qui est la valeur du côté B C.

Si, dans le même triangle A B C, on ne connaissait que l'angle droit A avec les côtés A C et C B, et que l'on voulût connaître l'angle B, il faudrait chercher le logarithme du côté B C, aussi bien que celui du côté A, et puis dire : Comme le logarithme du côté B C est au logarithme du côté A C, ainsi que le sinus total de 100000000 et la tangente de l'angle B, le logarithme de cette tangente étant trouvé, il correspondra à un angle de 41 degrés, qui est la valeur de l'angle B et en même temps le complément de l'angle A.

ARTICLE III.

DE L'ALTIMÉTRIE.

On appelle altimétrie cette partie de la trigonométrie et de la géométrie qui enseigne à mesurer les hauteurs, soit accessibles, soit inaccessibles.

Il y a trois moyens de mesurer les hauteurs : on peut le faire géométriquement, trigonométriquement et par l'optique. Le premier moyen est le plus direct et demande peu d'apprêt, le second se fait avec le secours d'instruments destinés à cet usage, et le troisième par les ombres.

Les instruments dont on fait principalement usage pour mesurer les hauteurs sont le quart de cercle, le graphomètre, etc.

EXEMPLES.

Pour mesurer géométriquement une hauteur accessible comme la figure 16, plantez un piquet E D perpendiculairement à la surface de la terre, représentée par la ligne C A, assez long pour s'élever à la hauteur de l'œil ; ensuite étendez-vous par terre, les pieds contre le piquet. Si les points B E se trouvent dans la même ligne droite avec l'œil C, la longueur C A est égale à la hauteur A B; si quelque autre point plus bas se trouve dans la même ligne que le point B E et l'œil, approchez le piquet de l'objet ; au contraire, si la ligne menée de l'œil rencontre quelques points au-dessus de la hauteur cherchée, il faut éloigner le piquet jusqu'à ce que la ligne C E rase le vrai point que l'on demande; alors, mesurant la distance de l'œil C au pied de l'objet A, vous aurez la véritable hauteur cherchée, puisque C A = A B.

On peut encore trouver la hauteur de la manière suivante à la distance de 10 à 12 mètres ou même plus de l'objet (*fig.* 17): plantez un piquet D E, et, à la distance de ce piquet au point C, plantez-en un autre plus court, de manière que l'œil étant placé en F, les points E A puissent être dans la même ligne droite avec F; ensuite mesurez la distance entre les deux piquets D C et la distance entre le plus court piquet, et l'objet H A, de même que la différence des hauteurs des piquets E N aux lignes D C, A H; cherchez une quatrième proportionnelle à laquelle on ajoutera la hauteur du plus court piquet E C, et la somme sera la hauteur cherchée A F.

Mesurer géométriquement une hauteur inaccessible.

Supposons que B C (*fig.* 18) soit une hauteur inaccessible et qu'on ne puisse pas même approcher de sa base pour y appliquer une mesure, choisissez deux stations C E qui soient dans le même alignement que la hauteur A H cherchée et à une distance C E l'une de l'autre, en sorte que l'angle A C B ne soit point trop petit, ni l'autre station E trop près de l'objet A B; prenez avec un instrument convenable la quantité des angles A C B, A E B, mesurez ainsi l'intervalle C E. Alors, dans le triangle E A C, on connaît l'angle E donné par l'observation et l'angle C qui s'obtient en retranchant l'angle observé A C B de deux angles droits, et on connaît en outre le côté E C qu'on mesurera. On pourra donc calculer A C par les formules de trigonométrie, et on aura A B = A C, sinus A C B, qui fera connaître A B, et en ajoutant B H ou E D, vous aurez la hauteur A H cherchée.

Mesurer trigonométriquement une hauteur accessible.

Supposons qu'il s'agisse de trouver la hauteur A B *(fig.* 20), choisissez une station, et observez, avec un graphomètre, un quart de cercle ou tout autre instrument convenable, l'angle C D A, en plaçant le rayon visuel D C bien horizontal ; mesurez D C que vous multiplierez par la tangente de l'angle, C D A, le rayon étant supposé pris pour unité, et ajoutez au produit trouvé la longueur E B, la somme donnera la hauteur cherchée A B.

Mesurer trigonométriquement une hauteur inaccessible.

Pour mesurer une hauteur inaccessible trigonométriquement, supposons qu'on ne puisse approcher du pied B de l'arbre *(fig.* 19), faites deux observations en D et en C, qui donneront les angles D et C, on aura A C = tang. A D C.

et A C = C F tang. A F C d'où $\frac{CD}{CF} = \frac{\text{tang. A F C}}{\text{tang. A D C}}$

d'où C D = F D $\times \frac{\text{tang. A F C}}{\text{tang. A F C} - \text{tang. A C D}}$;

Ainsi, en mesurant D C, on connaîtra C D, ensuite A C qui est égal à C D × tang. A D C ; on ajoutera C B et on aura la hauteur cherchée.

Pour éviter des erreurs, il faut choisir une station à distance moyenne, de manière que l'angle de hauteur soit à peu près la moitié d'un angle droit ; les erreurs que l'on peut faire sont plus considérables dans une grande hauteur, et plus l'angle sera petit, plus l'erreur sera grande.

Mesurer une hauteur inaccessible par le moyen de l'ombre ou carré géométrique.

Supposez de ne pouvoir arriver au pied de la figure 21 ; choisissez deux stations en E B ; observez quelle partie de l'ombre droite ou verse est coupée par le fil. Si les ombres droites sont coupées par les deux stations, dites : La différence des ombres droites dans les deux stations est au côté du carré comme la distance des stations B A est à la hauteur C A. Si le fil coupe l'ombre verse aux deux stations, dites : La différence des ombres verses marquées aux deux stations est à la plus petite ombre verse comme la distance des stations B E est à l'intervalle ; cela étant connu, on trouve aussi la hauteur A C par le moyen de l'ombre verse, comme dans le problème pour les hauteurs accessibles. Enfin, si le fil dans la première station coupe les ombres droites, et que dans la dernière il coupe les ombres verses, dites : Comme la différence du produit de l'ombre droite par l'ombre verse retranchée du carré du côté du carré géométrique est au produit du côté de ce carré par l'ombre verse, ainsi la distance des stations E B est à la hauteur cherchée A B.

CHAPITRE VI.

NOTION DES VOUTES ET DE LEURS CINTRES.

Nous allons nous entretenir d'une manière succincte de l'effort que fait le poids d'une voûte contre les murs sur lesquels elle est bâtie. Dans les voûtes, cet effort est celui que font les voussoirs à droite et à gauche de la clef contre les pieds-droits. Il est de la dernière importance de connaître cette poussée, afin d'y opposer une résistance convenable pour que la voûte ne s'écarte pas. Ce n'est certainement pas une chose aisée que de déterminer cette poussée, qui dépend de la direction des voussoirs, c'est-à-dire de la convexité de la voûte.

Une voûte ou un arc demi-circulaire étant posé sur les deux pieds-droits, et toutes les pierres ou voussoirs qui composent cet arc étant faits et posés entre eux de manière que leurs joints prolongés se rencontrent tous au centre de l'arc, il est évident que tous les voussoirs ont une figure de coin plus large par le haut que par le bas, en vertu de laquelle ils s'appuient et se soutiennent les uns les autres et résistent réciproquement à l'effort de leur pesanteur qui les porterait à tomber. Le voussoir du milieu de l'arc, qui est perpendiculaire à l'horizon, et qu'on appelle clef de voûte, est soutenu de part et d'autre par les deux voussoirs voisins, précisément comme par des plans inclinés, et, par conséquent, l'effort qu'il fait pour tomber n'est pas égal à sa pesanteur, mais en est une certaine partie d'autant plus grande que les plans inclinés qui le soutiennent sont moins inclinés; de sorte que s'ils étaient infiniment peu inclinés, c'est-à-dire perpendiculaires à l'horizon aussi bien que la clef de voûte, elle tendrait à tomber par toute sa pesanteur, ne serait plus soutenue et tomberait effectivement, si le ciment, qu'on ne considère pas ici, ne l'en empêchait. Le second voussoir qui est à droite ou à gauche de la clef de voûte est soutenu par un troisième qui, en vertu de la figure de la voûte, est nécessairement plus incliné à l'égard du second que le second ne l'est à l'égard du premier, et, par conséquent, le second voussoir, dans l'effort qu'il fait pour tomber, exerce une moindre partie de sa pesanteur sur le premier; par la même raison, tous les voussoirs, à compter depuis la clef de voûte, vont toujours en exerçant une moindre partie de leur pesanteur totale, et enfin le dernier, qui est posé sur une surface horizontale du pied-droit, n'exerce aucune partie de sa pesanteur, ou, ce qui est la même chose, ne fait nul effort pour tomber, puisqu'il est entièrement soutenu par le pied-droit.

Si l'on veut que tous ces voussoirs fassent un effort

égal pour tomber, ou soient en équilibre, il est visible que chacun, depuis la clef de la voûte jusqu'au pied-droit, exerçant toujours une moindre partie de la pesanteur totale, le premier, par exemple, n'en exerçant que la moitié, le second un tiers, le troisième un quart, etc., il n'y a pas d'autres moyens d'égaler ces différentes parties qu'en augmentant à proportion les masses qui le composent; c'est-à-dire qu'il faut que le second voussoir soit plus pesant que le premier, le troisième plus que le second, et ainsi de suite jusqu'au dernier, qui doit être infiniment pesant, parce qu'il ne fait nul effort pour tomber, et qu'une partie nulle de sa pesanteur ne peut être égale aux efforts finis des autres voussoirs, à moins que cette pesanteur ne soit infiniment grande. Pour rendre cette même idée d'une manière plus sensible et moins métaphysique, il n'y a qu'à faire réflexion que tous les voussoirs, hors le dernier, ne pourraient laisser tomber un autre voussoir quelconque sans s'élever, qu'ils résistent à cette élévation jusqu'à un certain point déterminé par la force de leur poids et par la partie qu'ils en exercent, qu'il n'y a que le dernier voussoir qui puisse en laisser tomber un autre sans s'élever en aucune manière et seulement en glissant horizontalement, que les poids, tant qu'ils sont finis, n'apportent aucune résistance au mouvement horizontal, et qu'ils ne commencent à y en apporter une finie que quand on les conçoit infinis.

M. Lahire, dans son *Traité de Mécanique*, imprimé en 1695, a démontré quelle était la proportion selon laquelle il fallait augmenter la pesanteur des voussoirs d'un arc demi-circulaire afin qu'ils fussent tous en équilibre, ce qui est la disposition la plus sûre que l'on puisse donner à une voûte pour la rendre durable ; on peut consulter son excellent traité, ainsi que ceux de MM. Parent et Bélidor, qui ont traité cette partie d'une manière fort étendue, surtout ce dernier, qui a donné des règles très-précises sur ce point.

ARTICLE PREMIER.

Trouver l'épaisseur des pieds-droits d'une voûte en plein cintre pour être en équilibre avec la poussée qu'ils ont à soutenir.

Bélidor a établi des règles très-précises pour déterminer l'épaisseur des pieds-droits des voûtes de toutes sortes par le seul calcul des nombres. Nous allons en rapporter quelques-unes en supprimant la plupart des formules algébriques qui servent de base aux opérations que nous allons rapporter.

Quand on veut connaître l'épaisseur qu'il faut donner aux pieds-droits d'une voûte de telle figure qu'elle puisse être, soit en plein cintre elliptique, etc., il faut d'abord être prévenu de quatre choses essentielles : la première, la largeur et la hauteur de la voûte dans œuvre ; la seconde, l'épaisseur de cette voûte à l'endroit des reins ; la troisième, la figure extérieure ; et enfin la quatrième, la hauteur des pieds-droits. Ensuite, il suffit de savoir un peu de géométrie pratique et extraire la racine carrée d'un nombre pour trouver le reste.

PREMIÈRE PARTIE.

On demande une voûte en plein cintre, dont l'extrados serait circulaire (*fig.* 1) ; on suppose que la hauteur BR des pieds-droits est de $5^m,00$, le rayon A B de $4^m,00$, et l'épaisseur de la voûte de $1^m,00$; par conséquent le rayon A F sera de $5^m,00$. Cela posé, pour trouver l'épaisseur des pied-droits il faut se proposer quatre opérations.

Pour la première, il faut chercher la superficie des deux cercles qui auraient pour rayon A B et A F, c'est-à-dire $4^m,00$ et $5^m,00$; prendre le quart de leur différence, qu'il faut diviser par la hauteur du pied-droit, c'est-à-dire par $5^m,00$, et le quotient donnera le premier terme.

Pour la seconde, il faut ajouter au rayon A C la moitié de l'épaisseur de la voûte pour avoir la ligne M K qu'il faut carrer, reprendre la moitié du produit, en extraire la racine carrée qu'on ajoutera à la hauteur du pied-droit, et l'on aura le deuxième terme.

Pour la troisième, il faut ajouter ensemble le premier et le second termes qu'on multipliera par le premier, et le produit donnera la valeur du troisième terme.

Enfin, pour la quatrième opération, il faut extraire la racine carrée du troisième terme et en soustraire la valeur du premier : la différence sera l'épaisseur qu'il faudra donner aux pieds-droits.

Si l'on voulait faire une voûte telle que E L M (*fig.* 2), élevée sur des pied-droits D A, N P, et que l'on voulût faire un bâtiment au-dessus de la voûte, on serait obligé d'élever, à droite et à gauche, deux murs, G K et O P, sur les pieds-droits qui, étant chargés de ces deux nouveaux corps de maçonnerie, n'auraient pas besoin de tant d'épaisseur, s'ils n'avaient que leur hauteur primitive A D.

Trouver l'épaisseur qu'il faut donner aux pieds-droits des voûtes surbaissées.

Ayant une voûte elliptique que nous supposerons représentée par la figure 1, dont on connaît le demi-axe B A et A D, on commencera par diviser le quart d'ellipse B D en deux également, au point C duquel on abaissera sur B A et A D les perpendiculaires C V et C K, dont on cherchera la valeur avec le secours de l'échelle, et supposant que B A soit de $4^m,00$ et A D de $2^m,60$, on trouvera C K ou V A et C V ou A K, et faisant la hauteur B R du pied-droit de $5^m,00$, comme à l'ordinaire; il faut, pour en avoir l'épaisseur, se proposer cinq opérations.

Pour la première, il faut dire : Comme le carré de A D est au carré de A B, ainsi la ligne C V est à la ligne K A, qui marque la distance de l'extrémité de C K au point d'intersection du prolongement de l'axe D A avec la normale à l'ellipse A C; on trouvera cette distance, qui sera le premier terme dont nous avons besoin.

Pour la seconde opération, il faut chercher la superficie des deux ellipses, dont la première aurait pour demi-axe B A et A D, et la seconde pour demi-axe A E et A G; on retranchera la petite ellipse de la grande, et on prendra le quart de la différence, qu'il faut diviser par la hauteur du pied-droit : le quotient sera pour le second terme.

Pour la troisième opération, il faut ajouter la ligne C V à la hauteur du pied-droit, qu'il faut multiplier par le premier terme, et diviser le produit par la valeur de C K : le quotient sera pour le troisième terme.

A l'égard de la quatrième, il faut ajouter le second terme au troisième, qu'on multipliera par la valeur du second, et le produit sera pour le quatrième terme.

Enfin la cinquième opération se fera en extrayant la racine carrée du quatrième terme, de laquelle il faut soustraire le second, et la différence donnera l'épaisseur des pieds-droits demandée.

Trouver l'épaisseur qu'il faut donner aux culées des ponts en maçonnerie pour soutenir en équilibre la poussée des arches.

Si vous voulez faire un pont d'une arche en plein cintre B D I (*fig.* 3), il faut élever sur le centre A la perpendiculaire A G et diviser le quart de cercle B D en deux également par le rayon A F ; ensuite menez la ligne M K parallèle à E A, en sorte qu'elle passe par le point L, milieu de l'épaisseur E C de l'arche, et alors elle déterminera la hauteur la plus convenable qu'il faut donner à la culée M Q S en supposant le rayon A B de $12^m,00$, l'épaisseur F C ou G D de $2^m,00$, et la hauteur B S de $4^m,00$. On trouve l'épaisseur M Q de la culée en faisant les quatre opérations suivantes.

Pour la première, il faut carrer la ligne L A, prendre la moitié du produit, et en extraire la racine carrée pour avoir la valeur de chaque côté L V ou V A du triangle rectangle L A V, et l'on aura en même temps la partie V B, qu'il faudra écrire à part, parce qu'on en aura besoin dans la troisième opération; ensuite ajoutez ensemble les lignes L V et B S pour avoir la hauteur M P de la culée, qui sera le premier terme.

Pour la seconde, il faut chercher la valeur des deux cercles des rayons A D et A G, en prendre la différence et la huitième partie de cette différence, qu'on trouvera, qu'il faut diviser par le premier terme, et le quotient donnera le second terme.

Pour la troisième opération, il faut soustraire la partie V B qu'on a trouvée dans la première opération du premier terme, doubler la différence, et l'on aura le troisième terme.

Enfin, pour la quatrième, il faut ajouter le second terme au troisième qu'on multipliera par le second, et extraire la racine carrée, du produit de laquelle retranchant le second, la différence sera l'épaisseur de la culée, que l'on doit augmenter d'un sixième pour que la puissance résistante soit beaucoup au-dessus de celle qui agit.

ARTICLE 2.

DES CINTRES.

Quand on construit une voûte, une arche de pont, etc., il est évident qu'il faut commencer par poser de chaque côté les pierres ou voussoirs qui doivent être sur les deux pieds-droits. On pourrait continuer ainsi jusqu'à une certaine hauteur, parce que le premier voussoir n'étant nullement incliné à l'horizon, ne faisant nul effort pour tomber, et les suivants l'étant encore peu, ils se soutiennent sans peine, ou par la force du ciment, ou par celle du frottement seul qui les arrêterait; mais cela ne pourrait pas aller loin, et les voussoirs seraient bientôt tellement inclinés, qu'il serait impossible qu'ils se soutinssent et que la construction avançât. On a trouvé l'expédient de construire un cintre de charpente qui ait par sa convexité la même figure ou courbure que la voûte doit avoir par sa concavité, et d'élever la voûte sur ce cintre qui la porte et la soutient toujours, jusqu'à ce qu'enfin la clef ou le dernier voussoir du milieu étant posé, elle se soutienne par sa construction seule et sans cintre. Un seul cintre ne porte pas toute la voûte; on en construit plusieurs selon sa longueur, tous égaux et semblables, disposés parallèlement les uns aux autres à distances égales, ordinairement de $2^m,00$, de sorte que le poids est également partagé entre eux. Chaque cintre s'appelle ferme; s'il y en a cinq, chacune ne porte que la cinquième partie de la voûte. L'intervalle des fermes dépend de la forme qu'on leur donne et du poids qu'elles doivent supporter. On les relie ensemble par des moises horizontales et quelquefois par des contrevents inclinés qui, en s'opposant au déversement du cintre, en augmentent la force. Le dessus des fermes doit être parallèle à l'intrados de la voûte, en laissant entre deux un intervalle plus ou moins considérable suivant l'ouverture de l'arche. Le vide est occupé par des pièces horizontales appelées couchis, traversant d'une tête à l'autre du pont; il y en a un sous chaque cours de voussoir, et par-dessous ainsi que par-dessus on place des cales afin d'avoir la facilité de varier à volonté, quand on pose les voussoirs, la distance de leur douelle à la surface supérieure du cintre. Les cales servent aussi quelquefois au cintrement quand on décintre, en faisant descendre tout le cintre en masse; on peut clouer les couchis sur les fermes, afin d'empêcher qu'ils ne se dérangent pendant la pose.

En général, pour les arches de peu d'ouverture, la construction des cintres ne présente aucune difficulté; pour une arche de 8 à $10^m,00$ d'ouverture, chaque ferme peut être composée de deux arbalétriers armés de décharges, butant l'un contre l'autre au sommet de la voûte par un poinçon et un aisselier qui tendent avec les décharges à augmenter la force des arbalétriers et à les empêcher de plier dans le milieu. On donnera aux bois de $0^m,25$ à $0^m,50$ d'équarrissage. On emploie un plus grand nombre d'arbalétriers et de moises à mesure que l'ouverture augmente, parce qu'on trouve rarement des pièces de $0^m,32$ à $0^m,35$ d'équarrissage qui aient plus de 7 à $8^m,00$ de longueur.

Pour déterminer la force nécessaire à un cintre, il faut d'abord connaître le poids qu'on a à soutenir; la pesanteur d'une voûte dépend de sa figure et des matériaux dont elle est construite.

Une voûte peut être construite en demi-cercle, c'est ce qu'on appelle plein-cintre; ou si elle n'est pas un demi-cercle, elle sera plus ou moins haute, ce qu'on appelle voûte surhaussée ou surbaissée.

Dans les arcs en plein cintre que nous allons exposer d'après M. Pitot, on verra les mesures ou grosseurs les plus ordinaires, pour avoir au moins les rapports des grosseurs que chaque pièce doit avoir et y faire ensuite les changements qu'on croira nécessaires. C A B est le diamètre d'une voûte ou d'une arche de pont que nous supposons devoir être de $19^m,50$ pour l'arc plein cintre (*fig.* 4). Les courbes auront $0^m,17$ sur $0^m,35$; l'entrait E F aura au moins $0^m,35$ de gros, la semelle H G $0^m,35$ sur $0^m,35$, les jambes de force J K, K O de $0^m,22$ à $0^m,28$, le poinçon R de $0^m,35$ sur $0^m,35$, les arbalétriers L M, N O, $0^m,17$ sur $0^m,28$, les moises P Q de $0^m,22$ sur $0^m,55$ ou $0^m,65$ de gros.

C'est dans le bon arrangement, dans l'assemblage de toutes ces pièces, que consiste la plus grande partie de la force du cintre; c'est pourquoi nous donnerons ici quelques maximes dont on pourra se servir très-utilement.

Il faut que chaque pièce soit appuyée et contrebutée avec la correspondante, ainsi qu'on le peut voir dans le dessin; où les jambes de force J K, K O sont contrebutées par le moyen de la semelle G H, les arbalétriers sont contrebutés au point 0 du poinçon, etc.

On doit éviter, autant qu'il est possible, de placer deux pièces l'une sur l'autre par des entailles, comme les croix de saint André, etc., car les deux pièces disposées ainsi n'ont pas plus de force qu'une seule aux points où elles se croisent. Il ne faut pas compter beaucoup sur la force des tenons, surtout aux pièces qui sont posées obliquement pour soutenir un fardeau ; il faut y faire aussi des embrassements et même y mettre des moises, en se souvenant toujours de cette maxime que les meilleurs assemblages de charpente se peuvent faire sans tenons ni mortaises.

Il faut mesurer la solidité de l'arc ou portion de la voûte qu'une forme de cintre doit porter par les règles de la géométrie pratique et savoir combien on doit donner de longueur de coupe d'extrados aux voussoirs. On donne ordinairement $1^m,00$ aux carreaux et $1^m,30$ ou $1^m,50$ aux boutisses; mais comme dans les plus grands ouvrages on prolonge les assises avec des libages jusqu'à $2^m,00$ ou $2^m,35$, plus ou moins, selon que l'on approche de la clef, nous les prendrons tous de $2^m,35$ dans la suite ; ainsi, pour les arcs en plein cintre, il n'y aura qu'à mesurer la superficie du profil A G, D Q, B R de la figure 5, dont A G ou R B sera de $2^m,35$, et la multiplier par $2^m,00$ pour avoir la solidité de l'arc.

Lorsqu'on a trouvé la solidité d'un arc, il faut trouver sa pesanteur suivant celle de la pierre dont on s'est servi.

Le poids de l'arc ou portion de la voûte étant trouvé, il est évident que tout ce poids ne pèse pas sur le cintre avant que la clef soit posée, et qu'une partie est portée par les pieds-droits de la voûte; ainsi, il faut réduire le poids total de l'arc à celui que le cintre doit porter. Pour faire cette réduction, on observera que pour les arcs en plein cintre le poids total de l'arc est à celui que le cintre doit soutenir comme le carré du rayon C B ou C D (*fig.* 5) est à la superficie du quart de cercle C B D. Nous allons donner la démonstration de cette règle. Ayant divisé par la pensée l'arc B R, Q D en un nombre infini de petits voussoirs et mené à chaque division ou à chaque coupe de plan S N S N les lignes P O M B, parallèles à C D, on voit évidemment que chaque voussoir peut être regardé comme un petit poids posé sur un plan incliné C N S; mais, par la propriété du plan incliné, C N est à N O comme le poids du voussoir V est au poids ou à la force relative qu'il faut employer pour le retenir sur son plan; ainsi chaque rayon C N ou bien chaque ligne P N O sera l'expression du poids total ou de la force absolue du voussoir, et chaque sinus N O sera celle de la force relative qu'il faut employer pour le soutenir sur le plan. On aura donc la somme de toutes les lignes P N O, ou la superficie du carré C M, pour l'expression du poids total de tous les voussoirs ou de l'arc entier B R, Q D; et de même la somme de tous les sinus N O ou la superficie du quart de cercle C B D exprimera la somme de toutes les forces relatives qu'il faut employer pour retenir les voussoirs, ou, ce qui revient au même, le poids que le cintre doit soutenir.

Puisque le diamètre d'un cercle est à la superficie

ou le carré du rayon à la superficie du quart du cercle comme 14 est à 11, on trouvera par là la réduction qu'il faut faire au poids total d'un arc en plein cintre par cette règle : Comme 14 est à 11, ainsi le poids de l'arc est au réduit que le cintre doit porter.

Si l'on veut avoir la réduction du poids d'un arc quelconque B R S N ou la quantité dont cet arc doit peser sur le cintre; on dira : Comme le rectangle P O M B est au segment du cercle, ainsi le poids de l'arc est au poids réduit, ce qui est évident, car le rectangle est composé d'un même nombre de lignes ; ainsi le rectangle P O M B sera l'expression du poids total de l'arc et le segment sera celle du poids réduit.

Nous ne nous étendrons pas davantage sur cette partie des voûtes ; nous renvoyons, pour de plus amples développements, aux travaux de MM. de Lahire, Pitot, Parent, Péronet, Rondelet, Bélidor, etc., etc.

PREMIÈRE PARTIE.   129

CHAPITRE VII.

Réduction des profils, raccordement des moulures et construction des colonnes en bois, leurs bases, piédestaux et entablements.

ARTICLE PREMIER.
RÉDUCTION DES PROFILS.

(Planche 13.)

On appelle réduction des profils la manière d'augmenter et de diminuer une moulure ou profil en proportion donnée avec les membres d'architecture qui le composent. Supposez que l'on veuille augmenter N (*fig.* 2) et avoir un profil semblable, faites le parallélogramme L N H P et la diagonale N P; relevez parallèlement à cette dernière toutes celles qui fixent la largeur des membres du profil sur L P, comme l'indiquent les lignes ponctuées; ensuite menez parallèlement N B sur le côté N du parallélogramme, prolongez toutes les lignes résultant de la saillie des membres du profil, et de là renvoyez perpendiculairement à la ligne N pour fixer la saillie du profil d'augmentation; puis tirez parallèlement à la ligne N L les ponctuées provenant de la largeur des membres de la moulure, c'est-à-dire de N B; où ces lignes se rencontreront avec celles renvoyées de N du parallélogramme, vous formerez le profil d'augmentation, et vous aurez le profil N H semblable en proportion donnée avec celui N B.

Diminution d'un profil de corniche sur toutes ses dimensions.

Pour réduire B D G (*fig.* 1) en un profil semblable de moindre étendue, faites le parallélogramme A B D C en proportion avec la diminution demandée F E D ; menez parallèlement à G C les lignes qui fixent la hauteur des membres du profil sur le côté C A ; ensuite tirez la diagonale A D, et à son extrémité D élevez la perpendiculaire D E ; faites parallèle à cette dernière la ligne F G et toutes celles qui proviennent de la saillie des membres du profil ; puis relevez diagonalement celles C A, côté du parallélogramme, jusqu'à ce qu'elles se rencontrent avec les parallèles de la saillie, et de cette rencontre vous formerez les membres du profil, et vous aurez une corniche semblable en proportion donnée à B D G.

ARTICLE 2.

DU RACCORDEMENT DES MOULURES.

Une des parties essentielles dans l'assemblage des bois est de connaître la manière de tracer les coupes biaises, rampantes, circulaires, etc., pour le raccordement des moulures ; cette opération, si utile et si si simple, est cependant ignorée de beaucoup de gens qui s'occupent de construction et de beaucoup d'ouvriers. Nous en avons vu qui, finissant d'abord très-bien leurs travaux, se trouvaient très-embarrassés dans le tracé de ces différentes coupes ; aussi voit-on souvent de beaux ouvrages dont le raccordement des moulures est manqué dans leur coupe, ce qui enlève le mérite du travail et de l'ouvrier.

Raccord à angle droit.

Lorsqu'on assemble deux bâtis ou cadres à angle droit, la coupe est le raccordement de leurs moulures, ou l'onglet proprement dit. Cette coupe est très-aisée : elle se fait suivant la diagonale d'un carré, comme le montre la figure 5.

Lorsque deux bâtis forment un angle fermé ou ouvert comme la figure 5, le carré formé par eux ou leur moulure sera un losange et la diagonale leur coupe.

Tant que les cadres qui doivent se raccorder sont droits, leur coupe l'est aussi ; mais il n'en est pas de même lorsque l'un d'eux est circulaire comme dans la figure 6 ; alors la coupe qui en résulte se trouve cintrée. Pour l'avoir, il faut prolonger la moulure de ce cadre jusqu'à ce qu'elle forme un losange mixte ; puis menez sur chaque face du cadre les parallèles produites pas les membres de la moulure, à distance donnée des rives du cadre ; ces parallèles se croiseront dans le losange, et des points où elles se croisent faites passer une ligne courbe, et vous aurez la coupe cherchée.

Quand deux cintres sont égaux, leur coupe est droite ; mais, lorsque l'un est plus cintré que l'autre, la coupe devient courbe, comme l'on peut s'en assurer par la figure 6.

Autre coupe cintrée avec une partie droite.

Pour avoir la coupe d'assemblage d'une traverse cintrée avec un bâti droit, il faut tracer toutes les lignes des membres de la moulure, tant sur le bâti droit que sur la courbe, et à la rencontre de ces lignes et des angles vous ferez passer une ligne courbe que donnera la coupe cherchée (*fig.* 7).

On peut avoir aussi la coupe d'une partie cintrée, assemblée avec une droite, par le moyen des sections, ; pour cela, divisez la moulure ou profil en deux parties égales et tracez deux ponctuées qui se croiseront en un point; de ce point, et d'une ouverture de compas quelconque, faites de l'angle interne et externe les sections 1, 2, 3, 4, par lesquelles vous ferez passer les ponctuées; au point où elles se rencontreront, sera le point de centre qui décrira la coupe demandée.

Lorsqu'on aura l'assemblage d'un cadre avec largeurs différentes dans les bâtis et membres de moulures inégaux, il faut, pour que toutes ces parties puissent profiler ensemble, faire diverses coupes, suivant la largeur des champs et des moulures, comme l'indique la figure 4.

La figure 3 est un profil à double parement; elle démontre la manière d'emboîter ou rapporter les moulures lorsqu'elles doivent faire saillie sur les bâtis; cette méthode est très-employée dans les boiseries et autres ouvrages de ce genre.

ARTICLE 3.

CONSTRUCTION DES COLONNES.

(Planche 14.)

Pour construire une colonne en bois, il faut commencer par s'assurer de sa hauteur et de son diamètre, afin de pouvoir choisir des bois d'une largeur et d'une épaisseur convenables, pour éviter le moins de perte possible. Lorsque le diamètre de la colonne est déterminé, on le divise en six, en huit ou en dix parties égales, suivant l'épaisseur ou largeur du bois que l'on veut employer; de ces divisions on forme un hexagone ou un octogone comme la figure 3, ou bien un décagone comme C (*fig. 4*), et sur l'une des divisions on fait une équerre prise de l'ouverture de l'angle du polygone, laquelle servira à donner à chaque douelle la pente qu'elle doit avoir, pour concourir à former la circonférence de la colonne. Lorsque les colonnes ont des cannelures, ce doit être le nombre de ces dernières qui doit déterminer les joints qu'on aura soin de mettre dans l'angle d'une cannelure, pour qu'il soit moins apparent.

Pour maintenir les douelles dans leur longueur, on place au milieu de chaque colonne une pièce de bois de forme carrée, comme le montre B C (*fig. 3 et 4*), qui, dépassant de chaque bout cette pièce B et C, ou axe, traverse trois ou quatre morceaux de bois que l'on appelle plateaux, et qui sont coupés en octogones ou décagones, suivant la division qu'on a faite, sur lesquels les douelles sont appuyées et chevillées, comme on le voit dans les figures 3 et 4. Ces plateaux, représentés par les D D D, sont distribués par compartiments sur la hauteur de la colonne et arrêtés sur la pièce de bois ou axe par des consoles C C C, ou morceaux de bois coupés en triangles et cloués, pour empêcher que les plateaux ne puissent se déplacer.

Il est sans doute bien compris que les plateaux doivent être coupés en octogone ou pentagone suivant la diminution de la hauteur de la colonne, c'est-à-dire que, où chaque plateau se trouve placé, il prend la diminution de la colonne, et les douelles sont tracées suivant la même disposition, comme on le voit par chaque plateau. Il est encore nécessaire d'observer que les douelles, puisque c'est ainsi que nous avons nommé les bandes qui servent à former l'ensemble de la colonne, doivent être collées à plat, jointes avec des languettes rapportées sur le derrière et chevillées sur les plateaux, ainsi que l'on vient de l'expliquer.

ARTICLE 4.

DES BASES.

Les bases (*fig.* 5) des colonnes peuvent se faire de deux manières, suivant leurs différentes formes et grandeurs ; la plus commune et la plus solide est de les faire en plein bois; mais il en résulte deux inconvénients, qui sont lorsque les bases sont d'une grandeur un peu considérable : elles sont sujettes à se fendre, et si elles ne se fendent pas, elles se retirent tant sur la hauteur que sur la largeur, de sorte que leurs joints avec la colonne se découvrent, et la base devient plus étroite, ce qui produit un fort mauvais effet. D'après cela, lorsque les bases seront d'une grandeur assez considérable pour faire craindre que le bois ne se fende, on fera bien de les coller à bois de bout, c'est-à-dire du même sens que les colonnes dans lesquelles on les fera entrer à recouvrement; en observant néanmoins de ne préparer ainsi que les moulures de la base, et de faire la plinthe avec quatre morceaux de bois assemblés à bois de fil.

ARTICLE 5.

DES CHAPITEAUX.

Les chapiteaux, du moins pour les corinthiens et les composites, se disposent de la même manière que les bases, c'est-à-dire à bois de fil, ce qui est mieux que de les faire de plusieurs pièces collées en liaison horizontalement, parce que les retombées des feuilles se trouvent toutes à bois de travers ; au lieu que de la première manière elles sont à bois de fil, ce qui leur assure plus de solidité.

Les chapiteaux doivent entrer à recouvrement dans la colonne, ainsi que la base et le dessus de ces mêmes chapiteaux doivent être aussi à recouvrement dans leur tailloir. Les tailloirs des chapiteaux en général s'assemblent à bois de fil, à tenon et mortaise, de même que la plinthe de la base; on ne peut guère assembler autrement, surtout quand on veut qu'ils soient solides et à bois de fil sur toutes les faces.

La figure 6 représente le tailloir de l'ordre dorique et la figure 7 son chapiteau, avec la manière de le coller par morceaux séparés; nous n'entrerons dans aucun détail à ce sujet, attendu que la simple vue du dessin suffit pour savoir comment il faut le construire.

ARTICLE 6.

DES ENTABLEMENTS.

Les entablements se font d'un plus ou moins grand nombre de pièces, selon qu'ils ont aussi plus ou moins de grandeur. La figure 8 représente un entablement dorique dont la frise est d'une pièce et la corniche de trois pièces, comme il est aisé de le voir sur la figure, pour éviter la perte qu'il y aurait à faire à une corniche de cette nature d'une seule pièce, en supposant qu'il y en ait d'assez grosses.

Toutes les pièces qui composent les entablements sont assemblées à rainure et languette, dont il faut toujours cacher les joints dans le dégagement des moulures; et pour les rendre plus solides il faut faire par derrière des bâtis plus ou moins épais, selon la grandeur des entablements, qui en appuient toutes les parties, et sur lesquels on puisse les attacher ou clouer solidement.

Si on a deux corniches d'une autre forme, comme celle de la figure 9, par exemple, on peut les faire de plusieurs morceaux, selon leur grandeur et la différente épaisseur des bois, lesquels déterminent le nombre et la place des joints qu'elles doivent avoir. Ces espèces de corniches s'appellent corniches volantes ; on trace ordinairement leur courbe par le moyen d'un calibre. Nous laissons à la sagacité du constructeur de faire l'application des principes que nous venons de développer et le moyen d'en tirer le parti le plus convenable pour abréger le temps et le travail.

ARTICLE 7.

DIMINUTION DES COLONNES.

Il y a plusieurs manières de tracer la diminution des colonnes ; mais nous n'en donnerons qu'une, comme la plus simple et la plus usitée, qui peut servir à la construction de tous les genres d'architecture.

Pour tracer la diminution du fût d'une colonne, il faut opérer de la manière suivante.

La hauteur et le diamètre étant déterminés, c'est-à-dire pour la hauteur, entre le congé de la base et le dessous de celui de l'astragale pour les colonnes en bois ou de menuiserie (on dit de menuiserie, parce que les colonnes en bois sont faites par les menuisiers), et lorsqu'elles sont d'une certaine grosseur, si on laissait l'astragale et les premiers membres de la base, cela exigerait trop de grosseur de bois, il ferait en même temps trop de perte, et puis, lorsque les colonnes sont disposées de cette première manière, on a plus de distance à faire les cannelures, etc., et de la ceinture prise au-dessus de la base jusqu'au-dessus de l'astragale qui en fait presque toujours partie, pour celles construites en pierre. Divisez cette hauteur en trois parties égales, dont la première partie conservera son diamètre droit jusqu'à son premier tiers, au-dessus duquel vous décrirez un demi-cercle du même diamètre $d\,c\,b$, et sur lequel vous abaisserez perpendiculairement le diamètre supérieur de la colonne pris à la diminution. Pour avoir les points de diminution, divisez le bas du diamètre C D du fût en huit parties égales, et portez dessus ou dessous l'astragale sept de ces mêmes parties qui fixeront le diamètre du haut; ensuite divisez les deux tiers de la colonne en autant de parties que vous voudrez, en six par exemple, que vous tirerez parallèles à la base C D, comme l'indiquent les chiffres 1, 2, 3, 4, 5, 6; puis faites le même nombre de divisions sur le diamètre $d\,c\,b$, sur le côté b avec l'intervalle donné par la ligne de diminution abaissée du diamètre supérieur; après ce, relevez ces mêmes points de division parallèles à l'axe T, 6 de la colonne jusqu'à la rencontre des lignes horizontales 1, 2, 3, 4, 5, qui donneront les points 3, 4, 5, 6, 7, par lesquels vous ferez passer une courbe, et vous aurez la diminution ou galbe de la colonne demandée.

La figure 1 représente une échelle divisée en vingt-quatre parties ou modules. Dans la distribution des membres d'architecture on se sert de modules et de parties, c'est-à-dire que le module est divisé en tant de parties, suivant l'ordre auquel il appartient, et que tel ordre a tant de modules de hauteur, et chaque module est divisé en telle quantité de parties, ce qui fait la différence des ordres par leur légèreté et par leur élégance.

Dans les travaux ordinaires, on se sert du mètre, lequel a été expliqué ci-devant, ce qui n'empêche pas de dire que c'est la meilleure échelle pour tous les travaux.

DEUXIÈME PARTIE.

Théorie et pratique de l'art du trait.

CHAPITRE PREMIER.

Des escaliers en général.

ARTICLE PREMIER.

La science des escaliers est une partie des plus essentielles de l'art du trait, tant pour ce qui a rapport à l'élégance qu'à la solidité; l'on ne connaît pas moins le génie de l'architecte dans la disposition de cette partie des bâtiments que dans la distribution intérieure de l'édifice.

L'utilité et l'importance des escaliers dans les bâtiments et les chaires à prêcher dans les églises ou temples nous ont engagés à entrer dans les plus longs détails possibles à ce sujet, et à rassembler tous les différents cas où il y a des difficultés à vaincre ou à résoudre, afin que les constructeurs n'aient rien à désirer sur la théorie et la pratique de cette belle partie de l'art du trait.

Les escaliers se font de bois, de pierre, de marbre, de fer, de cuivre (la crainte de l'humidité et de la pluie avait engagé les chartreux de Lyon à faire construire autour de leur dôme un escalier extérieur en petites barres de fer), selon l'importance de l'édifice, et on les appelle, d'après la diversité de leur figure et de leur construction, escaliers carrés, triangulaires, à fer à cheval, à quartier tournant, à deux rampes alternatives, opposées, parallèles, à péristyle circulaire, à vis Saint-Gilles, suspendus à jour, ronds à double vis (à Rome, on trouve un escalier à vis dans les colonnes Trajane et Antonine, qui sont des tours rondes), en escargot, en arc de cloître, à lunettes et à repos, cintrés ovales, en S, à tour ronde, volants, secrets ou dérobés, à girons rampants, à plafond de chaire à prêcher, etc., etc. Pline (livre XIV) rapporte que de son temps on voyait dans le temple de Diane, à Éphèse, un escalier qui était fait d'un cep de vigne que l'on avait apporté de la Calabre.

ARTICLE 2.

DE LA SITUATION DES ESCALIERS.

La situation des escaliers, leur grandeur, leur forme, leur décoration et leur construction sont autant de considérations importantes à observer pour parvenir à les rendre commodes, solides et agréables.

Anciennement on plaçait les escaliers à l'extérieur des bâtiments ; cela se pratique encore dans certains pays à quelques maisons de la campagne; nous en avons remarqué souvent en France, en Angleterre, en Russie, etc., etc. A Constantinople et en Egypte, on place des escaliers extérieurs en spirale, saillants, autour des minarets. On les a placés ensuite dans l'intérieur et au milieu de l'édifice, tels qu'on les voit encore aujourd'hui au palais du Luxembourg, à Paris, et dans plusieurs autres monuments. Maintenant on les place au côté des vestibules, ainsi qu'on le remarque au château des Tuileries, parce qu'on a reconnu que les escaliers placés dans le milieu du bâtiment masquaient l'enfilade de la cour avec celle des jardins. Plusieurs auteurs recommandent de placer les escaliers à la droite du vestibule, parce qu'il semble, disent-ils, que nos besoins nous portent plus volontiers à chercher à droite ce qui nous est nécessaire ; cependant il y a des circonstances où l'on peut s'écarter de cette règle, surtout par rapport à l'exposition et à la diversité des aspects d'un bâtiment dont on est obligé de placer à droite les appartements de société pour jouir du point de vue, qui très-souvent, dans une maison de plaisance, ne se rencontre que de ce côté-là ; autrement on ne peut trop insister, soit préjugé, soit habitude, sur la nécessité de placer les escaliers à droite et de les situer de manière qu'ils s'annoncent dès l'entrée du vestibule. A présent, beaucoup de cafés et de magasins de nos villes mettent au nombre de leurs embellissements un élégant escalier ; on aime surtout ceux à marches contre-profilées par les bouts.

ARTICLE 3.

DE LA GRANDEUR DES ESCALIERS.

La grandeur des escaliers en général dépend de l'étendue du bâtiment et du diamètre des pièces; rien n'est plus contraire au bon goût que de pratiquer un escalier principal trop petit pour monter à des appartements spacieux, ou d'en construire un trop grand dans une maison particulière où les appartements sont d'une petite dimension. Par la grandeur d'un escalier on doit entendre l'espace qu'occupe sa cage, la longueur de ses marches et le vide que l'on observe entre ses murs de chiffre. On observe que, dans tous les genres d'escaliers destinés à l'usage des maîtres, la hauteur des marches, des appuis, des balustrades, des rampes, doit partout être la même. L'on entend encore par la grandeur d'un escalier, non-seulement la surface qu'il occupe, mais aussi son élévation, qui n'est rarement moins que de deux étages et souvent beaucoup plus, ce qu'il faut cependant éviter; il est mieux de pratiquer des paliers de repos pour monter aux étages supérieurs, aux terrasses, aux combles, aux greniers, etc., à moins qu'il ne s'agisse d'une maison économique ou à loyer.

ARTICLE 4.

DE LA DIFFÉRENTE FORME DES ESCALIERS.

La forme des escaliers peut être aussi variée que celle des bâtiments; les anciens donnaient presque à tous une forme circulaire ; ensuite on les a faits quadrangulaires; de nos jours on les fait indistinctement de formes différentes, selon que la distribution des appartements, l'inégalité de l'emplacement ou la sujétion des issues peuvent l'exiger. Il n'est pas moins vrai que, dans les bâtiments de quelque importance, des formes régulières doivent avoir la préférence, surtout pour les escaliers qui, de toutes les parties qui composent un édifice, restent exposés à la vue et au jugement de l'utilité. On ne saurait trop recommander de retenue et de vraisemblance dans la forme d'un escalier, et si quelquefois on se trouve forcé de faire les côtés opposés des murs de cage dissemblables, il faut que cette licence annonce visiblement un besoin indispensable d'avoir voulu concilier ensemble la distribution des appartements, la décoration des façades, et en particulier la symétrie de cette sorte de pièces.

ARTICLE 5.

DE LA DÉCORATION DES ESCALIERS.

La convenance, ici comme partout ailleurs, doit présider dans la décoration d'un escalier, relativement à la manière dont il est construit. Il faut user de modération pour la multiplicité des membres d'architecture et la prodigalité des ornements; en général, la simplicité doit être de leur ressort. Un plan régulier, la douceur des rampes, la longueur des marches, la grandeur de leur cage, le rapport de leur dimension, la symétrie et l'appareil de leur construction semblent devoir faire tous les frais de leur décoration, afin qu'il se rencontre une progression sensible de richesse entre la magnificence de ce genre de pièces et celle des appartements, qui chacun séparément doit être décoré selon son usage et sa destination. La vraisemblance doit avoir le pas sur tout ce que le génie le plus fertile peut produire d'élégant, considération pour laquelle il est essentiel que l'architecte préside à tout ce qui se fait dans un bâtiment, en supposant qu'il ait acquis une connaissance égale de tous les arts, principalement du trait, relatif à l'art de bâtir.

Plus il est nécessaire d'admettre de magnificence dans un escalier, plus il est essentiel d'éviter que le palier du premier étage mette à couvert la première rampe du rez-de-chaussée; rien n'est plus agréable en mettant le pied sur la première marche que de découvrir la partie supérieure de la cage ainsi que celle de l'escalier. On doit éviter les sujets coloriés dans les plafonds ou les calottes qui les terminent; cet ouvrage de peinture tranche trop sur le revêtissement des murs de cage, qui ordinairement sont tenus de pierre, de plâtre ou de stuc, ainsi qu'on le remarque à l'escalier de la Bibliothèque du Roi et dans plusieurs de nos maisons royales. La sculpture paraîtrait plus convenable, ou, à défaut de celle-ci, on doit y peindre des grisailles qui expriment les arcs doubleaux, les nervures et les compartiments qu'on aurait mis en œuvre si cette partie supérieure avait été voûtée; et si enfin un sujet colorié peut entrer pour quelque chose dans la décoration d'un escalier, ce ne doit être qu'en supposant que les revêtissements seront de marbre de couleur variée, tel qu'était celui des Ambassadeurs, à Versailles, qui a été considéré comme un des plus beaux ouvrages qui aient paru dans ce genre.

ARTICLE 6.

DE LA CONSTRUCTION DES ESCALIERS.

La construction est la partie la plus essentielle des escaliers ; elle consiste dans la connaissance du trait et à suivre les règles qui lui sont prescrites par ces genres de travaux, et la beauté de l'appareil ne suffisant pas pour donner aux voûtes une forme trop élégante, la magie de l'art doit être mesurée à l'usage des pièces où on les met en œuvre. Il faut que ceux qui les fréquentent trouvent une sorte de sûreté à les monter et à les descendre, sans pour cela qu'on soit dispensé de donner de la grâce aux courbes qui en composent les voûtes. De toutes les parties d'un appartement, celle dont il est question exige le plus la réunion de la théorie avec la pratique, afin de joindre une solidité réelle et apparente à tout ce qui peut contribuer à rendre sa position agréable. Ici, l'art et le métier ne doivent faire qu'un ; l'architecte, l'appareilleur, le menuisier, le charpentier, le sculpteur, le décorateur, doivent se montrer partout. Enfin rien de si satisfaisant qu'un bel escalier dans un édifice d'importance, et il n'est rien qui montre tant l'insuffisance d'un architecte ou autre, lorsque quelques-unes des parties que nous recommandons ici manquent essentiellement dans leur situation, leur forme, leur décoration et leur construction.

ARTICLE 7.

RÈGLE GÉNÉRALE POUR CONSTATER LA HAUTEUR ET LE GIRON DES MARCHES.

Avant de procéder à la distribution des escaliers, il faut d'abord commencer par se rendre compte de la hauteur qu'ils doivent avoir et de la place qu'ils peuvent occuper par leur plan, afin de pouvoir déterminer le nombre et la hauteur des marches, ainsi que la largeur de leur giron.

La hauteur et la largeur des marches sont établies sur la remarque que l'on a faite : une personne qui monte sur une surface inclinée fait moins de chemin qu'en marchant sur une surface horizontale ; quoi qu'il en soit, il est certain qu'en montant un escalier l'on fait l'un et l'autre, c'est-à-dire que l'on monte et que l'on marche. Le pas ordinaire de celui qui marche de niveau est fixé à $0^m,66$, d'où il paraît que la longueur du pas horizontal est double de celui fait verticalement. Or, pour la joindre ensemble, il faut que chaque hauteur de marche prise avec son giron compose un pas ordinaire qui égale la longueur de $0^m,66$, de sorte que si l'on ne donnait que $0^m,027$ de hauteur à une marche, il faudrait lui en donner

$0^m,604$ de largeur. Si la marche a $0^m,055$ de hauteur, suivant la règle, elle ne doit avoir que $0^m,55$ de giron ; si les marches avaient $0^m,33$ de giron, il faudrait $0^m,165$ de hauteur. Dites : $0^m,165 + 0^m,165 = 0^m,33 + 0^m,33 = 0^m,66$; et si le pas avait $0^m,192$ de hauteur, il faudrait, pour que l'escalier fût bien réglé, que le giron eût $0^m,275$, parce qu'en doublant la hauteur on dirait : $0^m,192 + 0^m,192 = 0^m,384 + 0^m,276 = 0^m,66$, qui est le pas réglé d'une personne qui marche sur un plan horizontal. De même, si les marches avaient $0^m,137$ de hauteur, elles devraient avoir $0^m,386$ de giron, vu que $0^m,137 + 0^m,137 = 0^m,274 + 0^m,386 = 0^m,66$; ainsi de suite. Cette proportion est confirmée par l'expérience, et on ne peut pas se tromper en se servant de cette règle, puisqu'il faut que le giron soit toujours beaucoup plus grand que la hauteur. D'après cela, les hauteurs ne peuvent jamais arriver à $0^m,22$, parce qu'alors les marches auraient autant de giron que de hauteur, ce qui serait très-fatigant pour celui qui en ferait usage ; car les marches ayant $0^m,22$ de hauteur par le principe ci-dessus, feraient $0^m,44$ et $0^m,22$ de giron, réuniraient les deux ensemble $0^m,66$, ce qui ne peut être sans déroger à la règle et nuire à la commodité, puisqu'il faut qu'il y ait plus de giron que de hauteur.

D'après l'exposé qui vient d'être fait, on déterminera facilement la hauteur des marches suivant l'usage de l'escalier auquel elles se rapportent ; car ceux des magasins et des ateliers qui sont destinés à des hommes ordinairement chargés de lourds fardeaux, les marches doivent être très-douces ; en général, on ne doit pas donner plus de $0^m,192$ et moins de $0^m,11$ de hauteur aux marches. Les anciens donnaient à leurs marches, ou, comme on disait dans le dernier siècle, à leurs degrés, 10 pouces de hauteur de leur pied, qu'ils appelaient pied romain, équivalant environ à 9 pouces ou $0^m,255$; ils donnaient de giron à chaque marche les trois quarts de leur hauteur. Dans l'amphithéâtre d'Arles, en France, on trouve trois escaliers taillés dans une seule pierre. Pour tous les escaliers la règle généralement suivie est depuis $0^m,145$ à $0^m,190$, et on ferait bien de ne donner jamais plus à la hauteur des marches.

Avant d'entrer dans l'explication particulière des différentes espèces d'escaliers, nous allons donner les règles générales de pratique et la description de plusieurs parties qui la composent, afin d'éviter par la suite des répétitions inutiles. En général, les escaliers sont composés d'un ou deux limons ou sans limons, de marches et contre-marches.

Les limons sont les deux côtés de l'escalier dans lesquels les marches s'assemblent ; on les fait de bois, de pierre, de marbre, de fer, de cuivre, etc. L'épaisseur varie depuis $0^m,033$ jusqu'à $0^m,11$, suivant la grandeur de l'escalier et les matériaux avec lesquels il est construit. Suivant la forme de l'escalier, les limons sont droits, cintrés, elliptiques, circulaires, en S, etc. La largeur des limons est déterminée par celle des marches qui s'assemblent et par leur hauteur, ainsi que par le soc ou moulures ; plus les marches sont hautes, plus les limons sont étroits.

Les marches peuvent s'assembler de deux manières dans les limons : la première se fait en entaille d'environ deux tiers de l'épaisseur du bois ou de la pierre, où elles entrent à vif; la seconde manière se fait à tenons et à mortaises dans les limons. Cette dernière a l'avantage d'empêcher l'écart que pourraient faire les limons, mais elle a contre elle l'inconvénient de les affaiblir par les mortaises et de les exposer à se casser. La première manière est plus avantageuse, en ce qu'elle affaiblit moins les limons, et que l'on peut remédier à l'écart qu'ils feraient, en plaçant des boulons de fer à vis par un bout, lesquels retiendront encore plus facilement que les tenons et mortaises. La manière d'assembler les marches à tenons et à mortaises n'est avantageuse que pour les marche-pieds ou petits escaliers portatifs.

Lorsque l'on trace les entailles sur les limons, il faut avoir l'attention de laisser la distance du soc qui doit être de $0^m,066$ à $0^m,080$ et la saillie de la moulure de la marche, et de ne pénétrer que jusque-là.

On évitera autant que possible de couper la saillie au nu du limon, parce que, les marches venant à sortir de leurs entailles, le joint se découvre ; il vaut mieux, pour éviter cet inconvénient, faire entrer la marche dans l'entaille avec son profil.

Les marches peuvent avoir depuis $0^m,053$ jusqu'à $0^m,066$ d'épaisseur, selon leur différente longueur et leur usage.

On fait au-dessous des marches une rainure pour recevoir la contre-marche, et leur parement doit être orné d'une moulure qui est ordinairement un quart de rond avec un carré de $0^m,014$ à $0^m,018$ de saillie. Les marches doivent être inclinées sur leur plan horizontal d'environ $0^m,005$; cette pente facilitera l'écoulement des eaux, si toutefois il en tombe dessus, et donnera plus de grâce à la montée de l'escalier.

Enfin les marches seront divisées dans le milieu de leur longueur, c'est-à-dire du plan horizontal ; lorsque les escaliers montent droit, elles doivent être parallèles sur leur longueur ; mais si les escaliers sont d'une forme circulaire ou elliptique, les marches sont d'inégales largeurs, en tendant au centre du plan, et toujours divisées par le milieu de leur longueur.

Des contre-marches.

Les contre-marches entrent en entaille, dans les limons à rainures et languettes, dans le dessous de la marche ; mais il y a plusieurs manières pour les assujétir au-dessus : on les fait entrer en rainure et languette comme dans le dessous de la marche, ou bien la rainure se trouve à la contre-marche et la languette à la marche ; on les fait encore de manière à ce que la contre-marche descende jusqu'à affleurer le dessous de la marche et soit arrêtée avec des clous ou des vis. Cette dernière est très-solide et peut être employée avec avantage, lorsque le dessous de l'escalier n'est pas trop apparent.

Il arrive quelquefois que les escaliers n'ont qu'un limon pour recevoir les marches; mais il peut arriver aussi de rencontrer de la difficulté à faire les entailles dans le mur pour les y sceller. Alors on est obligé de placer un faux limon du côté du mur; ce limon ne doit pas avoir la même épaisseur que l'autre, mais il se trace de la même manière, et, pour plus d'économie, on peut le faire en forme de crémaillère, que l'on peut arrêter sur le mur par le moyen de plusieurs pattes coudées.

ARTICLE 8.

Manière de tracer le plan des escaliers droits.

(Planche 15.)

Tracer le plan d'un escalier, c'est annoncer des connaissances sur l'art du trait sans lesquelles il est impossible de parvenir à une heureuse exécution. Quoique plusieurs ouvriers construisent sans être versés dans cette science, il ne faut pas en conclure qu'elle ne soit pas de la plus grande utilité; car, si vous jetez un coup d'œil sur les escaliers faits par ces personnes qui veulent tout entreprendre sans avoir rien appris, vous apercevrez bientôt les défauts qui existent dans leurs travaux, suite inévitable du manque de capacité. Au surplus, ils ne peuvent à peine construire que ceux à rampes droites, et s'il se trouve des escaliers à vis Saint-Gilles, à quartier tournant, elliptiques, circulaires ou autres, ils sont obligés de les abandonner ou de perdre beaucoup de temps et de bois, et encore ils ne parviennent point à rendre l'objet tel qu'il devrait être.

Avant de construire un escalier de quelque nature qu'il puisse être, il faut d'abord se rendre compte de sa hauteur totale, de la grandeur de l'ouverture qui est faite dans le plancher supérieur, ou de celle que l'on pourrait faire afin d'avoir le point d'échappée; ensuite on trace le plan en raison de ces connaissances et de la place qu'il peut occuper.

Lorsque la position de l'escalier est déterminée, on prend avec des règles la hauteur du dessus du carreau à l'autre dessus du plancher qui forme la dernière marche, et on trace une ligne de l'étendue de cette hauteur représentée par les figures 2 et 4, sur laquelle on fait autant de divisions qu'il y a de marches dans l'escalier.

Après avoir déterminé la hauteur des marches, on fait le même nombre de divisions sur le plan horizontal, afin de s'assurer si l'emplacement reconnu donnera assez d'échappée pour y placer le nombre de marches que l'on veut y faire entrer (*fig.* 1). Dans le cas contraire, on augmente ou on diminue le nombre des marches, comme l'indiquent le plan (*fig.* 3) et l'élévation (*fig.* 4). Il est aisé de concevoir que la différence de rampant dans les limons doit diminuer ou augmenter le nombre des marches, comme on peut s'en convaincre (*fig.* 2 *et* 4); cela ne peut être autrement, puisque la hauteur totale de l'escalier est toujours la même pour l'un comme pour l'autre, ce qui oblige à diminuer le nombre des marches, car, si on les avait conservées dans le limon figure 4 comme dans celui figure 2, elles n'auraient pas eu assez de giron, et par cela même seraient devenues impraticables.

Lorsque les escaliers sont absolument droits, comme ceux que nous décrivons dans cette planche, il n'est pas difficile de les faire; toute l'attention consiste à rendre la montée aussi douce que possible, de laisser entre eux et le dessous du plancher de la pièce à laquelle ils conduisent une distance d'environ $2^m,00$, prise du devant et du dessous de l'ouverture du plancher jusqu'à la ligne du dessus des marches, comme on l'indique par la perpendiculaire K (*fig.* 6) et H (*fig.* 5), afin que ceux qui montent ou qui descendent chargés de quelque fardeau ne soient pas exposés à heurter, ce qui serait très-désagréable.

Lorque les planchers sont placés du même sens de l'escalier, il est aisé d'y faire une ouverture de la longueur que l'on désire, puisque l'on peut couper les solives à la distance convenable et les soutenir par un chevêtre de bois ou de fer, comme on le voit à l'ouverture du plancher côté K; mais la chose n'est pas la même lorsque le bois du plancher, au lieu d'être du même sens que l'escalier, est de l'autre, ou qu'il se trouve un solide d'enchevêtrure dans l'ouverture que l'on a à faire, comme on le représente par celle côté H (*fig.* 7). Alors on est obligé de borner l'ouverture du plancher à cette dernière, ce qui rend l'escalier plus ou moins raide, à raison de la place qu'il occupe, comme on peut s'en convaincre à celle côté C H, dont la perpendiculaire H est égale à celle K, qui par cette disposition donne beaucoup plus de raideur au limon B C (*fig.* 5) qu'à celui A C (*fig.* 6), lequel se trouve dans une proportion convenable.

L'ouverture des planchers n'est pas la seule cause des difficultés que l'on peut rencontrer par la disposition des escaliers ; il peut s'en trouver encore par la place qu'ils occupent, qui souvent se trouve bornée par la longueur, ou bien par l'ouverture d'une porte, comme on peut le voir par la figure 3, qui est le plan horizontal de l'escalier B C (*fig.* 5), comme la figure 1 est le plan horizontal de celui A C (*fig.* 6).

La simplicité de ces espèces d'escaliers n'exige pas beaucoup d'appareil pour parvenir à leur construction; on peut même se passer d'en tracer en grand le plan et l'élévation : il suffit de se rendre compte de leur largeur et de leur hauteur totales pour avoir le nombre des marches, leur hauteur et leur largeur, ensuite d'une marche pour avoir le triangle rectangle représenté par les figures 8 et 9, qui par son côté D E est égal à la hauteur de la marche, et par celui F E à la largeur du giron. La figure 8 est la hauteur doublée de la marche pour avoir le giron dans les proportions suivant les règles données ; puis on ajuste une fausse équerre à la pente D F de la marche et de la contre-marche que l'on portera sur le limon dont l'inclinaison est semblable à celle de la ligne oblique D F. Par ce procédé on aura la longueur du limon, en portant sur lui la distance D F autant de fois que l'on a de marches, moins une, parce que la dernière fait partie du plancher auquel l'escalier s'adapte.

Si l'on veut se servir du plan pour tracer les marches, on n'a qu'à tirer le limon d'épaisseur selon son plan (*fig. 1 ou fig. 3*), sa largeur et longueur en élévation, A C ou B C (*fig. 5 et 6*); ensuite on relève dessus et dessous les lignes 1, 2, 3, 4, 5, 6, etc., qui servent à fixer le devant des contre-marches, et avec une fausse équerre ou une règle on les trace d'un point à l'autre; sur ces lignes, à partir du dessus du limon, on porte la largeur du soc (1), la hauteur et l'épaisseur des marches ainsi que des contre-marches, afin de tracer juste les entailles dans lesquelles elles doivent entrer. On a l'attention, en traçant le limon, de laisser de $0^m,33$ à $0^m,40$ de bois au-devant de la saillie de la première marche, comme on l'indique dans les figures 5 et 6.

Lorsque ces genres d'escaliers sont placés au rez-de-chaussée, il arrive parfois qu'on ne les fait pas poser immédiatement sur le sol, mais on les pose sur un patin de pierre ou de bois, dont la hauteur est égale à celle d'une ou de deux ou trois marches; pour lors

---

(1) On appelle soc la distance qu'il y a entre le dessus de la marche et le dessus du limon; son usage est de s'opposer à ce que les marches ne viennent affleurer le limon.

DEUXIÈME PARTIE.   157

elles sont en pierre et se trouvent diminuées sur la hauteur de l'escalier et sur le nombre de celles faites en bois. Quoi qu'il en soit, il faut toujours faire le plan et l'élévation de l'escalier comme si toutes les marches étaient faites en bois, afin qu'elles soient toutes de la même hauteur.

Escalier à deux noyaux carrés avec un palier de communication à chaque volée, main-courante et marches droites.

(Planche 16.)

Lorsque la cage d'un escalier sera donnée par le parallélogramme A B C D (*fig.* 1), on tracera le plan ainsi qu'il suit : Prenez avec des règles la hauteur du dessus du carreau au-dessus du palier de chaque étage, et tracez sur une ligne telle que celle représentée par la figure 2 la quantité de marches qui doit se trouver dans la hauteur totale de l'escalier. Supposons que la hauteur d'un palier à l'autre soit de $2^m,00$ et que vous vouliez donner $0^m,175$ de hauteur à chaque marche, il faudra diviser cette hauteur en douze parties égales, ce qui donnera $0^m,175$ de hauteur des marches et par conséquent $0^m,33$ de giron.

La hauteur, la largeur et la quantité de marches étant déterminées, on fixe le palier en 12 et 24, qui est subordonné aux portes de communication ; on place les noyaux ainsi que les limons au milieu de la cage, puis on divisera l'espace compris entre le dedans du limon et le mur d'échiffre en deux parties égales pour avoir la ligne ponctuée sur laquelle on espacera également la quantité de marches données par la hauteur de chaque montée combinée avec la longueur de cette ligne, puisqu'il a été reconnu que $0^m,165$ de hauteur de marche donnaient $0^m,33$ de giron. On doit donc diviser cette ligne ponctuée en douze parties égales, dont chacune des lignes sera un devant de marche, ou plutôt de contre-marche, qu'on dirigera d'équerre au limon ainsi qu'au mur d'échiffre. Nous observons que dans cet escalier on peut se passer de lignes du milieu, attendu que les limons sont droits et les marches égales; on tracera aussi la saillie de la marche et l'épaisseur de la contre-marche derrière la ligne désignée sous le nom de devant des marches.

Dans le plan de cet escalier comme dans plusieurs autres de cet ouvrage, nous désignons par ligne du devant des marches celle qui se trouve le devant des contre-marches, par la raison que, si l'on place le devant des marches à leur profil, on est obligé de faire une seconde ligne pour tracer la contre-marche, ce qui fait perdre du temps, et on n'est jamais aussi juste. Nous ferons remarquer les avantages de cette méthode sur l'autre manière lorsque nous traiterons des escaliers cintrés.

Le plan horizontal ainsi distribué, on élévera le géométral de la manière suivante : Sur le limon, élevez perpendiculairement le devant des marches 1, 2, 3, 4, 5, 6, etc., ainsi que la saillie et l'épaisseur des contre-marches, jusqu'à ce qu'elles croisent graduellement les lignes horizontales 1, 2, 3, 4, 5, 6,

DEUXIÈME PARTIE.

etc., tirées de la figure 2 aux points 1, 2, 3, 4, 5, 6, etc., au-devant desquelles se trouvera la saillie des marches. L'épaisseur des marches sera de même tirée par des parallèles de la figure 2. La hauteur et l'épaisseur des marches et contre-marches ainsi arrêtées, on portera sur chaque perpendiculaire 0^m,035 au-dessus de la hauteur du soc, qui donnera la ligne inclinée qui est le dessus fixe du limon sur lequel vous établirez pour tracer. Pour avoir la largeur dudit limon, vous ferez passer une ligne inclinée sur les angles inférieurs des entailles des marches, afin de mieux juger ce qu'il est nécessaire de laisser au-dessous, pour que les entailles ne se découvrent pas, et, de plus, une largeur convenable pour y placer l'épaisseur des lattes et du plâtre, si toutefois on voulait recouvrir le dessous de l'escalier par un plafond construit de cette manière. Pour opérer avec plus de régularité, on porte la largeur déterminée du limon sur chaque perpendiculaire à partir de la ligne du dessus du soc; en contre-bas, on fait passer l'inclinée par tous ces points, et on a le dessous du limon, par conséquent sa largeur. Le limon (*fig.* 3) se développera de même en conduisant les hauteurs et épaisseurs des marches par des horizontales tirées de la figure 2 jusqu'à ce qu'elles rencontrent les perpendiculaires relevées du plan, comme au premier limon, et on déterminera sa largeur de la même manière.

Les noyaux se relèvent aussi du plan, ainsi que le palier et le mur d'échiffre, et comme les marches, par des perpendiculaires prolongées jusqu'à leur hauteur respective.

Pour tracer ces noyaux, lorsqu'ils ont été corroyés et mis carrément suivant leur plan, on les pose de champ sur l'élévation (*fig.* 3); on marque leur hauteur à partir de la base, la largeur supérieure et inférieure des limons, ainsi que les marches et le palier qui doivent s'assembler avec lui. Les limons (*fig.* 3) ne sont pas difficiles à tracer, les ayant corroyés et mis d'épaisseur suivant le plan de la largeur et longueur. On les pose aussi sur la largeur de leur plan géométral; on relève dessus et dessous toutes les lignes perpendiculaires du devant des marches 1, 2, 3, 4, 5, 6, etc., que l'on marque avec une fausse équerre ou une règle, puis on porte dessus cette face du limon la hauteur et l'épaisseur des marches et contre-marches telles qu'elles sont placées sur ce plan d'élévation. L'arrasement pour les tenons ou des coupes d'enfourchement qui doivent entrer dans les noyaux se marque de chaque côté des faces des limons; on remarquera que le premier limon (*fig.* 3) est coupé à la partie inférieure, de manière à ce qu'il puisse s'appuyer sur la première marche qui est massive et avec tenon à coupe oblique dans le noyau ou poteau avec lequel il est assemblé.

Pour ce qui est des marches, comme elles sont toutes égales, lorsqu'on en aura tracé une sur le plan, on pourra tracer les autres sur le même calibre. Le palier se tracera de même sur son plan fixé par les lignes ponctuées qui déterminent ce que l'on doit lui donner pour être scellé dans le mur d'échiffre J K ou H L et assujetti avec le noyau. L'appui ou main-courante se trace pour les arrasements de la même manière que les limons.

Escalier à deux noyaux, dont l'un est carré et l'autre arrondi dans son quartier tournant, avec balustrades et marches dansantes.

(Planche 17.)

On appelle en général quartier tournant l'angle d'un escalier dans lequel, au lieu d'un palier de repos, on met des marches qui rendent continues les deux montées de l'escalier. Les quartiers tournants comme celui-ci ne sont guère employés que dans les petits escaliers dont la position oblige à faire beaucoup de retour et ne permet par d'y faire de grandes parties droites; excepté ce cas, il est toujours mieux d'y faire des paliers de distance en distance que des quartiers tournants, car, quelque bien faits qu'ils puissent être, ils rendent toujours un escalier plus rude à monter ou à descendre que ceux où l'on fait des paliers de repos.

Lorsqu'on a à construire un escalier de cette sorte, il faut, comme pour tous les autres, se rendre compte de sa hauteur et de la place qu'il doit occuper ; ensuite on trace le plan, ce qui se fait de la manière suivante.

La cage ou parallélogramme A C D F (*fig.* 1) étant donnée, on prend avec des règles la hauteur totale de l'escalier que l'on divise en autant de parties qu'il doit y avoir de marches, comme l'indique la figure 2 ; ensuite on trace le plan horizontal sur la ligne du milieu, 1, 2, 3, 4, 5, 6, etc., le même nombre de divisions données par la hauteur des escaliers qu'on dirigera d'équerre au limon et au mur d'échiffre autant qu'il sera possible, car il faudra les obliquer au fur et à mesure qu'elles approcheront du noyau arrondi, afin de les diminuer proportionnellement à leur collet pour en rendre l'usage moins dangereux et les limons plus réguliers ; sera aussi marquée la place des petits balustres dans l'épaisseur du limon, comme l'indiquent les six petits carrés losanges ; ainsi terminé, on développera le géométral de la manière qu'il suit.

Sur les noyaux et limon pour base, on élévera perpendiculairement les devants des marches, 1, 2, 3, 4, 5, 6, etc., ainsi que la saillie et l'épaisseur des contre-marches à l'endroit où elles rencontrent leur parement intérieur ; ces lignes perpendiculaires seront prolongées jusqu'à ce qu'elles croisent les lignes horizontales qui leur sont en rapport tirées de la figure 2. On marque l'épaisseur des marches ; ensuite on porte sur chaque hauteur la distance que l'on veut laisser pour le soc ainsi que pour le dessous des marches, et la largeur du limon sera fixée par les deux lignes courbes ; on élévera aussi perpendiculairement les noyaux ainsi que l'épaisseur du mur M, et les petits balustres jusqu'à la hauteur que l'on veut donner y compris les courbes d'appui.

Lorsque les limons auront été mis d'épaisseur sur

le plan de largeur et de longueur selon le développement géométral, on les place le long des lignes inclinées et on trace dessus et dessous le devant des marches que l'on dirige sur une des faces ou côtés du limon au moyen d'une fausse équerre ou d'une règle; cela fait, on porte sur chaque ligne, à partir du dessus de l'épaisseur du limon, la distance qu'il y a entre la ligne inclinée jusqu'à la concave, qui est le dessus du premier limon au soc, et la convexe le dessus du second limon, puis de cette ligne courbe on marque l'intervalle au-dessus des marches, leur hauteur et leur épaisseur, ainsi que des contre-marches, et en contre-bas et haut, la ligne convexe qui fixe la largeur du limon. Après avoir tracé l'épaisseur des marches et des contre-marches, on enlève tout le bois qu'il y a entre la ligne inclinée jusqu'aux concaves, et on fixe la largeur des limons ainsi qu'il est démontré (*fig.* 3). Les arrasements d'assemblage avec les noyaux se tracent de la même manière que les précédents; on remarquera que la base du premier limon est assemblée dans le poteau, et qu'il vient buter dans un carré ou entaille pratiqué dans la première marche qui est massive afin d'assurer plus de solidité.

Pour tracer le noyau du fond, lorsqu'il a été primitivement corroyé et arrondi suivant les dimensions données, on le place debout sur son plan (*fig.* 1), et on trace toutes les lignes du devant des marches qui lui appartiennent, comme 8, 9, 10, 11, l'épaisseur des contre-marches et la mortaise dans laquelle doit entrer le limon; ces lignes seront prolongées le long du noyau jusqu'à la hauteur de chaque marche respective, puis on le place sur son élan géométral, et on marque la hauteur et épaisseur de chaque marche, les mortaises pour recevoir les limons et les cours d'appui pour les balustrades. Le noyau suspendu se trace de même pour les assemblages avec les limons et la courbe d'appui.

Les marches seront tracées sur le plan, chacune à part pour leurs largeur et longueur; leur épaisseur sera prise sur l'élévation géométrale. Il suffira, en les traçant sur le plan horizontal, d'en marquer seulement l'arrasement, d'après lequel on augmente leur partie dans les limons et le mur d'échiffre, qui de ce côté n'ont pas besoin d'être tracés bien justes, puisqu'elles sont scellées dans les murs avec du mortier.

Les balustres sont carrés losanges, et entrent à à vif dans l'épaisseur des limons et la courbe d'appui; on les trace chacun à leur place sur le plan géométral, comme l'indique la figure 3, qui seule suffit pour démontrer la manière de s'y prendre, non-seulement pour les balustres, mais pour l'escalier en général.

Escaliers à marches massives contre-profilées par les bouts internes, et paliers de repos.

(Planche 18.)

La cage E G H J (*fig.* 1) étant donnée, on prend la hauteur de l'escalier que l'on divise en autant de parties égales qu'il doit avoir de marches y compris les paliers, comme l'indique la figure 2; ensuite on marquera sur le plan horizontal (*fig.* 1) la même quantité de marches donnée par la susdite hauteur de la manière suivante.

Ayant déterminé la largeur des paliers G E et H J, on fera dans le milieu du plan la ligne ponctuée qui sépare les marches de la première montée d'avec la seconde, puis sur cette même ligne on espacera également la quantité de marches données par la hauteur de l'escalier, dont chaque espace sera un devant de marche que l'on dirigera d'équerre sur les côtés G H et E J du mur d'échiffre; on marquera aussi la saillie et l'angle ouvert de chaque marche sur laquelle elles reposent mutuellement ; cela fait, on élèvera perpendiculairement le devant des marches, 1, 2, 3, 4, 5, etc., ainsi que la saillie et l'angle ouvert des marches; ces lignes du devant des marches seront prolongées jusqu'à ce qu'elles rencontrent les lignes horizontales 1, 2, 3, 4, 5, etc., tirées de la figure 2 qui donne leur hauteur et l'épaisseur de leur profil, comme le montre la figure 3.

On développera également la seconde montée en lui élevant d'équerre tous les devants des marches ainsi que leur saillie et angle ouvert, croisés par les horizontales de la figure 2. Cette montée s'appuie par sa première marche, comme on le voit, sur le devant du palier H. On remarquera que la première montée (*fig.* 3) est placée et arrêtée sur un triangle P Q T fait en pierre ou en bois, qui renferme un espace propre à contenir divers objets T Q V R, et une porte qui donne l'entrée de la cave et pour se rendre dans l'endroit qui vient d'être cité.

Les marches peuvent être faites en pierre ou en bois; il faut qu'elles soient bien dégauchies, tracées et taillées justes, suivant le plan horizontal et géométral. La figure 4 met sous les yeux la hauteur et la largeur du massif d'une marche indiquée par 4, 5, 3, 2, 6, et la longueur par 7 et 3, prise dans le plan, comme il est aisé de le voir. La manière de les emboîter les unes aux autres se trouve décrite par la vue du plan ; c'est pourquoi nous n'entrerons pas dans de plus longs détails à cet égard.

Escalier à deux noyaux carrés faisant quartier tournant, avec palier de repos et marches dansantes.

(Planche 19.)

Lorsque la trop grande hauteur d'un escalier ne permet pas de le faire d'une seule volée, on y fait des paliers de repos afin de les rendre plus faciles et moins fatigants à monter; non seulement des paliers de repos sont nécessaires dans un escalier qui monte à plusieurs étages, mais encore les quartiers tournants; de plus, on a adopté des quartiers tournants qui, sans augmenter la surface du plan, font une augmentation de plusieurs marches, ce qui est fort avantageux.

Quand la place d'un semblable escalier est déterminée par la cage A B C D (*fig.* 1) et qui se trouve limitée par le passage de deux portes F A, E D, on trace le plan de la manière suivante : Comme les précédents, on commence de se rendre compte de la hauteur totale de l'escalier et du nombre de marches qu'il doit avoir ; ensuite on place les noyaux $b\ d$ et le limon au milieu de la cage, ainsi que les marches et le palier mesurés également par le limon parallèle aux côtés des murs d'échiffre ; au milieu de la longueur des marches, parallèlement aux limons et aux noyaux, on marquera la ligne du milieu ponctuée 1, 2, 3, 4, 5, etc., sur laquelle on espacera également la quantité de marches données par la hauteur de toute la montée, combinée avec la longueur de cette ligne.

La hauteur totale de l'escalier étant déterminée à 17 marches, y compris le palier et le plancher, il faut donc diviser cette ligne en seize parties, dont chacune de ses lignes sera supposée un devant de marche, c'est-à-dire le devant des contre-marches qu'on dirigera d'équerre à son limon autant qu'il sera possible ; car on sera obligé de les faire obliquer au fur et à mesure qu'elles approcheront du noyau d et du palier P ; ce palier se tracera carrément, du milieu du noyau et de sa face, par les lignes ponctuées qui fixent chaque volée de marches ; on marquera aussi la saillie du profil des marches et l'épaisseur des contre-marches ; le plan ainsi tracé, on en fera l'élévation ainsi qu'il suit.

Prenant le limon pour base, on élévera perpendiculairement le devant des marches 1, 2, 3, 4, 5, etc., ainsi que la saillie et l'épaisseur des contre-marches que l'on prolongera jusqu'à ce qu'elles se croisent avec leur hauteur respective donnée par les lignes horizontales 1, 2, 3, 4, 5, 6, etc., tirées de l'élévation totale de l'escalier (*fig.* 2) ; on élèvera de même le palier P, l'épaisseur du mur d'échiffre dans lequel sont scellés les paliers, le noyau du fond, le suspendu, ainsi que le poteau qui est dans la même direction ; puis on porte sur les perpendiculaires au-dessus de chaque marche la hauteur que l'on veut donner au soc, et en contre-bas la largeur du limon. On remarquera que cet escalier est placé sur un parpaing de deux marches de hauteur ; le premier est fait en pierre, le second en bois, qui s'assemble par une de ses extrémités avec le noyau du fond, et par l'autre il reçoit le poteau ainsi que la deuxième marche et le limon qui y sont assemblés.

Il n'est pas nécessaire de dire qu'avant de tracer les limons il faut qu'ils soient corroyés, mis d'épaisseur suivant leur plan horizontal de largeur et de longueur selon le géométral (*fig.* 3). Le premier limon étant cintré à cause de l'obliquité des marches du quartier tournant, a nécessité une plus grande largeur de bois ; on le place sur son élévation (*fig.* 3), le long de la ligne inclinée, pour le premier limon de laquelle on relève toutes les perpendiculaires du devant des marches, qui auront été, bien entendu, prolongées jusque-là ; puis on porte de chaque côté du limon l'intervalle qu'il y a entre cette ligne et la concave qui est le dessus fixe du limon : des points où l'on a fait passer cette dernière, on porte en contre-bas la largeur du limon qui donnera la ligne convexe ainsi que la hauteur et l'épaisseur des marches et contre-marches ; ensuite on trace les arrasements d'assemblage avec le noyau du fond et le parpaing 2. Il faut faire attention de ne point tracer ces arrasements perpendiculairement selon les noyaux, mais bien obliques, et d'y rallonger une barbe, laquelle vient buter pour soutenir le poids de l'escalier, comme le montrent les deux premières marches ou parpaings de la figure 3 ; la base du premier limon est assemblée par une coupe oblique dans la deuxième marche du parpaing.

Le second limon, étant développé par des marches droites, n'a besoin d'autres explications que la vue du plan pour connaître comment il doit être tracé, ainsi que les appuis ou main-courante.

Quant à la manière de tracer les marches sur le noyau, elle n'est pas difficile : on place le noyau debout sur son plan, et on relève les lignes du devant des marches et des contre-marches qui lui appartiennent et le palier P que l'on prolonge avec une règle ou un trusquin, jusqu'à ce qu'elles se rencontrent avec leur hauteur donnée par les horizontales de la figure 2.

On peut tracer les marches sur l'élévation de deux manières : la première, en portant avec un compas sur chaque perpendiculaire la hauteur à partir du dessous du noyau jusqu'au palier et la première marche du second limon ; la seconde manière consiste à placer le noyau sur son élévation (*fig* 3) et à relever toutes les hauteurs de marche qu'il doit avoir, comme de 7 à 8, de 8 à 9, de 9 à 10, de 10 à 11. On trace aussi les coupes et les mortaises pour recevoir les limons, de même que les appuis ou main-courante. Cette dernière manière est plus juste et plus facile que la première; par conséquent, elle doit être préférée.

Quant aux marches, il faut qu'elles soient dégauchies, équarries et tracées suivant les dimensions données par le plan ; celles qui sont carrément au limon peuvent se tracer les unes sur les autres. Il suffit, en traçant les marches sur le plan, d'en marquer l'arrasement, d'après lequel on augmente leur portée dans les limons de la profondeur de l'entaille et du côté du mur d'échiffre de la prise nécessaire pour y être scellée suivant l'usage.

Escalier à deux noyaux, dont l'un concave et convexe, et l'autre en forme de volute.

(Planche 20.)

La cage A B C D (*fig.* 1) étant donnée, la hauteur et la quantité des marches déterminées, on trace le plan horizontal, les limons *b n* et *c m* et les faux limons A B, B C et C D, ainsi que les noyaux G H ; au milieu de la longueur des marches, parallèlement aux limons et aux noyaux, on marquera la ligne ponctuée 1, 2, 3, 4, etc., sur laquelle on espacera également le même nombre de marches données par la hauteur de l'escalier, dont chacune des divisions sera un devant de marche que l'on dirigera d'équerre à son limon autant qu'il sera possible, car on sera obligé de les obliquer inégalement à leur collet, au fur et à mesure qu'elles approcheront ou s'éloigneront des noyaux, mais conservant toujours leur largeur donnée sur la ligne du giron ou du milieu ; on marquera aussi par deux parallèles au devant des marches la saillie de leur profil et l'épaisseur des contre-marches. Le plan horizontal ainsi terminé, on fera le développement géométral de la manière suivante :

D'équerre au limon $b\,n$ on élévera perpendiculairement les devants des marches 4, 5, 6, 7, 8, 9, 10, 11, 12, 13, ainsi que la saillie et l'épaisseur des contre-marches à l'endroit où elles se rencontrent, soit leur parement interne. Ces lignes perpendiculaires seront prolongées jusqu'à ce qu'elles se croisent avec les lignes horizontales données par la hauteur de chaque marche 4, 5, 6, 7, etc., tirée de la figure 9, de même que leur épaisseur. Les marches et contre-marches ainsi disposées, on porte sur chaque perpendiculaire, au-dessus des marches 4, 5, 6, 7, etc., la largeur du champ que l'on veut laisser pour le soc ; on fera une ligne par tous ces points et on aura le dessus du limon 4, 14. Des points qui ont fixé cette ligne on porte en contre-bas, toujours sur les perpendiculaires du devant des marches, la largeur déterminée du limon ; on conduit une ligne par tous ces points et on a les parallèles S T du dessous du limon. La ligne ponctuée ou de gauche 20, 26, est produite par la face concave du noyau du fond H que l'on a élevé des points 2, 20 et de l'épaisseur du noyau H jusqu'à la hauteur de celle 14, 4 du soc et croisées d'équerre selon leurs perpendiculaires aux points 14, 26, 2, 20. Le noyau du fond H et sa coupe se relèvent comme les marches jusqu'à la rencontre des arêtes du limon. On forme la coupe pour recevoir le bout supérieur du limon (*fig.* 4); pour le bout inférieur, on relève la coupe *b* des points 2 et 3 jusqu'au limon, aux points 2 et 5 on fait la coupe 2 *b* 3, pour l'assembler avec le limon ou noyau à volute G (*fig.* 2).

Le premier limon de base ou noyau à volute G ne se développe pas avec la même facilité que celui de fond, à cause de l'obliquité des marches et de l'irrégularité de sa circonvolution. On est obligé à celui-ci de tendre le devant des marches à chaque point d'évolution, pour qu'il puisse suivre plus régulièrement son rampant; ensuite on le trace de la manière suivante : De la saillie de la circonvolution du noyau à l'angle externe de son assemblage, tirez la ligne oblique ponctuée, de laquelle vous renverrez d'équerre tous les devants des marches compris dans son étendue, ainsi que la saillie et l'épaisseur des contre-marches que l'on croisera graduellement par autant de hauteurs de marches; les marches et contre-marches ainsi arrêtées, on porte au-dessus de chaque marche la même hauteur donnée par le soc du limon (*fig.* 3) et en contre-bas la même largeur, pour avoir la ligne concave qui est celle du dessous du noyau. Pour obtenir la ligne de gauche ou arête externe du noyau, il faut des points 7, 8, mener des parallèles jusqu'à ce qu'elles croisent la hauteur du soc que l'on coupera d'équerre sur chaque devant de marche ; on fait passer une ligne par tous ces points et on a l'arête gauche rampante du premier noyau (*fig.* 2).

Le limon se relèvera de la même manière que les autres, en lui élevant d'équerre le devant des marches à partir de celles du noyau 12, 13, 14, 15, 16, 17, ainsi que la saillie et les contre-marches ; ces lignes de devant seront prolongées jusqu'à la hauteur convenable pour placer le limon ; ensuite on portera sur chacune d'elles une hauteur de marche et la largeur du limon comme à la figure 3. Pour tracer le bout du limon qui s'assemble avec le noyau du fond H, il faut relever sa coupe C comme les marches du point 4 à 4, du point 5 à 5 de la ligne du dessous du limon, et on forme les crochets comme il est démontré 4, C, 5 (*fig.* 4).

Les faux limons A B, B C, C D se développeront de la même manière, en élevant d'équerre tous les devants des marches et des contre-marches qu'ils ont sur leur longueur ainsi que leur épaisseur, pour former les tenons à queue ou enfourchement ; toutes ces lignes B, 4, 5, 6, 7, 8, 9, 10, 11, 12, 13, C du faux limon C B se prolongent jusqu'à ce qu'elles rencontrent les horizontales 3, 4, 5, 6, 7, 8, 9, 10, 11, 12, 13 (*fig.* 8) données par la hauteur de ce limon. Ayant arrêté l'épaisseur des marches et contre-marches, on porte au-dessus de chacune d'elles la hauteur pour le soc, et aux deux extrémités du limon L, 23, ce qui est nécessaire pour que les moitiés des marches des angles C B puissent s'accorder, ainsi qu'avec la largeur des limons suivant les figures 5 et 7. Cette hauteur fixée, on fait passer une ligne par tous ces points et on a le dessus du limon 23, 24, et on porte en contre-bas la largeur du limon qui donnera celle 25, 5 ; cela posé, on trace sur la largeur du limon les tenons et les enfourchements. Nous ferons remarquer que les tenons doivent toujours être mis dans la partie inférieure du limon et les enfourchements dans leur partie supérieure, afin que leur dessus s'affleure proprement, ce qui ne pourrait être si ces assemblages étaient disposés autrement, comme on peut le voir aux limons (*fig.* 3) où les assemblages sont faits et où les lignes ponctuées indiquent le bois qui a été supprimé, et ce qui manquerait à la partie inférieure du limon, si, au lieu de tenons, on y eût fait des enfourchements.

Les limons A B C D (*fig.* 5 *et* 7) se développent de la même manière ; celui A B est transporté en L (*fig.* 5), les largeurs des marches 1, 2, 3, B du plan lui ont donné celles 1, 2, 3, L de l'élévation.

Avant de tracer le limon *n b*, il faut, comme pour les autres, qu'il soit corroyé, dressé, mis d'épaisseur suivant son plan de largeur et longueur selon l'élévation ; ensuite on le place sur la figure 3 le long de la ligne droite X V, et on relève dessus et dessous toutes les lignes du devant des marches ainsi que celles d'assemblage que l'on trace d'équerre sur l'épaisseur, pour être renvoyées de chaque côté du limon avec une fausse équerre ou une règle, puis on porte sur chaque ligne ainsi tracée l'espace qu'il y a entre la droite X V, ou l'arête du limon, à la cintrée 14, 4; on fait passer une ligne à tous ces points et on a le dessus du soc; on trace l'épaisseur des marches et les contre-marches, les crochets *n b* qui doivent s'assembler avec les noyaux, ainsi que la largeur du limon. Il est bien entendu que le bois qui se trouve entre les lignes droites et les cintrées doit être enlevé.

Tous les autres limons qui composent cet escalier se préparent et se tracent de la même manière.

De même, comme les limons, il faut que les noyaux soient corroyés, mis d'épaisseur, de largeur, suivant leur plan H G, et longueur ou hauteur comme il est indiqué H (*fig. 4 et* 2) pour l'élévation. Le noyau de fond ainsi préparé, on le place debout sur son plan H; on relève les marches 12, 13, 14 sur sa face convexe, et sur son épaisseur l'assemblage qu'il doit avoir pour recevoir le limon (*fig.* 3), puis on le place sur sa hauteur, on trace l'assemblage pour recevoir le limon comme l'indique 7, *n*, 6, et les marches qui sont entaillées dans son épaisseur *m*.

Le premier noyau G ou volute, en raison de ses circonvolutions, se trace comme les limons, ainsi que l'indique la figure 2.

Cet escalier repose sur un palier ou marche arrondie, comme on le voit par la lettre P (*fig.* 1), et placé sous le noyau volute (*fig.* 2) et sous la base du limon (*fig.* 4).

La figure 10 montre le commencement de l'élévation de l'escalier dans sa position à partir de la première marche P.

Escalier à quatre noyaux carrés, quartier tournant sur l'angle, avec palier de repos et marches dansantes.

(Planche 21).

Lorsque la cage d'un semblable escalier est donnée, comme ici, par le parallélogramme A B C D (*fig.* 1), on s'assure de la quantité des marches qu'il doit y avoir en combinant la hauteur avec le plan ou la place qu'il occupe; pour cela, on prend avec des règles la hauteur totale de l'escalier, et on trace une ligne avec cette hauteur prise, représentée (*fig.* 2), sur laquelle on fait autant de divisions qu'il doit y avoir de marches dans toute la montée.

La hauteur, la largeur et la quantité des marches étant déterminées, on tracera le plan horizontal (*fig.* 1) au milieu de la longueur des marches parallèlement aux limons, aux noyaux et aux murs d'échiffre; on marquera la ligne ponctuée ou du milieu, sur laquelle on fera autant de divisions qu'il y a de marches données par la hauteur de l'escalier, dont chacune des lignes de division sera un devant de marche, de même que sous le palier qu'on dirigera d'équerre à son limon autant qu'il sera possible, car on sera obligé de les faire danser au fur et à mesure qu'elles approcheront de l'angle du quartier tournant, afin de les diminuer proportionnellement à leur collet, pour en rendre l'usage moins pénible et les rampants des limons plus réguliers ; on marquera aussi par deux petites lignes parallèles au-devant des marches la saillie de leur profil et l'épaisseur des contre-marches. Le plan horizontal ainsi disposé, on développera le géométral de la manière suivante.

Sur les noyaux et le limon pour base, on élèvera perpendiculairement le devant des marches à leur collet, à commencer par le poteau noyau et les trois marches 1, 2, 3 qui doivent concourir à former le solage S S P, sur lequel repose l'escalier, et on continue à relever les marches ainsi que la saillie et l'épaisseur des contre-marches ; on élèvera de la même manière les noyaux et les murs d'échiffre ; ces perpendiculaires pour les marches et contre-marches seront prolongées jusqu'à la rencontre des lignes horizontales données par la hauteur et épaisseur de chaque marche tirées de la figure 2. Les marches et contre-marches ainsi arrêtées et déterminées comme l'indique la figure 5, on portera sur chaque perpendiculaire au-dessus des marches la largeur du champ que l'on veut laisser pour le soc; on fera passer une ligne par tous ces points, et on aura le dessous du limon des points qui ont fixé cette ligne, on portera en contre-bas la largeur déterminée du limon, de même on conduira une ligne par tous ces points et on aura la parallèle qui sera le dessous du limon.

On développera de même le limon du quartier tournant en leur élevant d'équerre tous les devants de marches et de contre-marches qui se trouvent dans son étendue, et portant sur chacune des perpendiculaires les hauteurs de marches comme au premier limon (*fig.* 5), et déterminant sa largeur de la même manière.

Les noyaux et le limon (*fig.* 3) sont renvoyés d'équerre du plan (*fig.* 1), ainsi que les marches et contre-marches, leur hauteur et leur épaisseur tirées de 12, 13, 14, 15, 16, 17, 18, (*même fig.* 3); on porte la même largeur de limon que celui de la figure 5.

Le limon (*fig.* 4) nommé ordinairement faux limon est pris du plan (*fig.* 1); il est placé pour soutenir les marches du limon (*fig.* 3). Sur l'ouverture de la porte G E du plan (*fig.* 1), on porte les mêmes hauteurs de marches et largeurs du limon que celui (*fig.* 3).

Les noyaux se développeront aussi de la même manière en les élevant d'équerre au limon ainsi que leurs marches.

Quant à la manière de tracer les noyaux, les limons et les appuis sur le plan et sur l'élévation, elle est à peu près la même que pour ceux planches 17 et 19. On remarquera néanmoins que les noyaux sont placés sur un solage ou parpaing de pierre S S, formant les deux premières marches, et la troisième P est un patin en bois dans lequel le limon (*fig.* 5) s'assemble par sa base ainsi qu'avec le poteau ou noyau.

Quant aux marches, on les trace sur le plan, chacune à part, à moins qu'il n'y en ait plusieurs d'une même forme; alors elles peuvent être tracées les unes sur les autres. On a besoin, en les traçant sur le plan, d'en marquer seulement l'arrasement, d'après lequel on augmente leur portée dans les limons, ainsi que du côté du mur où elles sont scellées ; les paliers se tracent de même sur son plan et son épaisseur, comme celle des marches se prend sur l'élévation.

Nous ne nous étendrons pas davantage sur le développement de cet escalier; la planche étant dessinée correctement, suppléera facilement à tout ce que nous pourrions en dire.

Escalier à un quartier tournant, marches dansantes, contre-profilées par le bout interne et limon à crémaillère.

(Planche 22.)

On est souvent obligé par la position du terrain de donner différentes formes aux escaliers, mais la plus usitée est celle des quartier tournants, parce que, sans augmenter la surface du plan, elle augmente le nombre des marches, ce qui est fort avantageux.

Lorsqu'on veut construire un escalier arrondi sur son angle comme celui-ci, on s'y prend de la manière suivante.

La cage E D C B (*fig.* 1) étant donnée, on fixe la largeur de l'escalier par le limon et son quartier tournant dont la base est façonnée en volute autour de laquelle se contourne la première marche ; à partir du devant de cette première marche, parallèlement aux limons et au quartier tournant, on fera la ponctuée ou ligne de giron, sur laquelle on espacera la quantité de marches données par la hauteur de l'escalier, dont une partie sera dirigée d'équerre au limon, et l'autre obliquera à égale distance, autant qu'il sera possible en parcourant le quartier tournant. Les marches 4, 5, 6, 7, 8 qui appartiennent à la portion de cercle du quartier tournant, seront tendues au centre à partir de l'endroit où elles rencontrent sa face intérieure, car si elles traversaient l'épaisseur de la courbe suivant par leur obliquité, elles ne seraient plus d'équerre et ne pourraient s'accorder convenablement avec les limons droits. L'assemblage des limons étant marqué, ainsi que la saillie des profils, on fera le développement ainsi qu'il suit.

On s'apercevra facilement que le limon de cette montée est dessiné pour être exécuté en trois parties dont chacune d'elles doit être développée à part.

On observera pour règle générale qu'il faut que l'assemblage des limons soit placé au milieu des marches autant qu'il sera possible pour qu'il ne se rencontre pas avec les entailles faites pour recevoir les contre-marches. On observera en outre que le devant de la marche qui se trouve en deçà et au delà de l'assemblage doit être compris dans le développement du limon, non qu'il soit nécessaire d'avoir cette longueur de bois pour l'exécution, mais bien pour que l'on soit plus juste dans le tracé et le raccordement des limons.

Lorsque les marches d'un escalier sont profilées par les bouts, le limon qui doit les recevoir n'a point, comme au précédent, de champ ou de soc au-dessus des marches, mais bien des entailles en forme de crémaillère comme ceux que nous allons développer ainsi qu'il suit.

Sur le limon volute pour base, on élèvera perpendiculairement le devant des marches 1, 2, 3, 4; la quatrième marche doit être relevée de son parement interne et externe, c'est-à-dire de l'épaisseur du limon, jusqu'aux lignes qui fixent la largeur, et de là croisez carrément de l'interne à l'externe ponctuée pour avoir le gauche de cette partie du limon emprunté sur le demi-cercle du quartier tournant, ainsi que la saillie à l'endroit où elles touchent leur parement interne. On croisera graduellement en lignes d'équerre par autant de hauteurs de marches qui auront été combinées avec leur épaisseur pour former ces hauteurs, car, si l'entaille était de la hauteur donnée, la marche qui s'appliquerait dessus augmenterait cette hauteur de toute son épaisseur, ce qui est facile à concevoir, de sorte qu'on fait toujours l'entaille en diminution de l'épaisseur de la marche ; l'angle perpendiculaire de chaque entaille sert de point pour faire passer une ligne qui fixe l'arête supérieure du limon et de sa largeur comme le montrent les figures 3 et 4. On a placé dans ce limon volute les marches comme elles doivent être dans leur position respective.

Pour la partie du limon quartier tournant, on tirera une ligne oblique de l'arête externe de l'assemblage du limon, sur laquelle on élevera perpendiculairement le devant des marches 3, 4, 5, 6, 7, 8, 9 (*fig.* 3), à l'endroit où elles rencontrent leur parement interne. Ces lignes seront croisées graduellement par la même hauteur que doit avoir l'entaille pour recevoir l'épaisseur de la marche ; on portera en contre-bas la même largeur que le premier limon *(fig.* 2); on fera passer par ces points les lignes pleines qui sont les arêtes supérieures et inférieures du limon; on élèvera de même perpendiculairement à l'oblique les lignes externes à l'endroit où elles se terminent sur le parement externe du limon ; ces lignes seront prolongées jusqu'à la hauteur de la ligne avec laquelle elles sont croisées d'équerre à chaque ligne pleine provenant du parement interne, et on fera les lignes ponctuées qui sont celles du gauche ou arête externe formant l'épaisseur du limon. On élèvera aussi le devant et le derrière, c'est-à-dire du parement interne et externe, les lignes d'assemblage que l'on prolongera jusqu'à ce qu'elles rencontrent les deux lignes pleines avec lesquelles on les croisera d'équerre de la même manière que pour les lignes de gauche; on marquera les deux moitiés d'assemblage comme le montre la figure 3.

La troisième partie du limon se développera également en lui élevant perpendiculairement le devant des marches 8, 9, 10, 11, 12, 13, 14 (*fig.* 4); ces lignes seront de même croisées d'équerre par autant de hauteurs de marches ou d'entailles sur lesquelles on portera la même largeur de limon que les figures 2 et 3; les lignes d'assemblage seront relevées de la même manière, et les crochets formés comme on le voit à la figure 4. La marche 8 sera relevée de la face interne et externe du limon comme la marche 3 de la figure 2, pour avoir cette partie de gauche marquée par les ponctuées de la base du limon (*fig.* 4), afin d'être en rapport avec le gauche de la figure 3.

L'exécution d'un semblable escalier n'est pas difficile. Le premier et le troisième limon sont droits; il n'y a qu'une pièce de gauche à l'une de leurs extrémités pour s'ajuster avec le quartier tournant. C'est pour cela que nous n'entrons pas dans de longs détails à leur égard.

Le quartier tournant n'est guère plus difficile. Pour exécuter ce limon, il faut préparer une pièce de bois égale en largeur au plus grand rayon du cercle quartier tournant, la longueur et la largeur de la figure 3 d'après deux lignes tirées de la superficie des ponctuées aux pleines ; on relève toutes les lignes que l'on marque sur chaque face du limon, et on prend dans son plan pour base la distance de cette partie de cercle sur chaque ligne de l'épaisseur du limon de la même manière que l'arc rampant planche 7 (*fig.* 2), ce qui n'exige aucune autre explication. On observe qu'on a placé aux marches

13, 14, en plan, leurs contremarches coupées du côté du limon comme elles doivent être dans leur exécution; il était inutile de les placer partout, puisque la coupe est la même.

La figure 5 met sous les yeux l'élévation géométrale de tout l'escalier, marches et contre-marches, avec une partie des murs d'échiffre, dont les premières marches sont incrustées dedans, comme il est facile de s'en convaincre.

Escalier en forme de fer à cheval, avec faux limons et marches dansantes.

(Planche 23.)

Ce genre d'escalier est souvent mis en usage dans nos constructions ; la largeur du noyau de fond donne la facilité de rendre le collet des marches presque égales et les rampants des limons réguliers.

Il faut, pour cet escalier comme pour tous les autres, se rendre compte de sa hauteur et de la quantité de marches qu'il doit avoir en les combinant avec la place qu'il occupe.

La cage A B D E étant donnée (*fig.* 1), on tracera le plan horizontal des limons et du noyau F ainsi que des faux limons, au milieu desquels, parallèlement aux limons et au noyau, on marquera la ligne ponctuée ou ligne de giron, sur laquelle on espacera la quantité de marches données par la hauteur de l'escalier (*fig.* 2), dont quelques-unes seront dirigées d'équerre aux limons et les autres menées obliquement à distance égale autant qu'il sera possible à leur collet sur l'étendue de la face interne des limons droits H J et C F et circulaires C 2 H, et à ce dernier tendu au centre ; on marquera aussi par deux parallèles au-devant des marches la saillie de leur profil et l'épaisseur des contre-marches. Le plan horizontal ainsi terminé, on en fera le développement de la manière suivante.

Perpendiculairement au limon C F pour base, élevez les devants des marches prises à leur collet, y compris la première qui est massive, 1, 2, 3, 4, 5, 6, ainsi que la saillie et l'épaisseur des contre-marches; les lignes relevées du collet des marches seront prolongées et croisées par autant de hauteurs et d'épaisseurs de marches tirées de l'élévation. On élèvera aussi l'épaisseur des contre-marches. Les marches et contre-marches ainsi arrêtées, on portera au-dessus de chacune d'elles les lignes ponctuées, relevées des collets, la largeur du champ que l'on veut laisser pour le soc et pour pousser une moulure le long de la saillie des marches; si on le désire, à partir des points qui ont fixé cette première ligne, on portera en contre-bas la largeur du limon que l'on jugera nécessaire pour que les entailles que l'on fait dans les limons ne se découvrent pas et ne les affaiblissent pas en les coupant. On élèvera, de même que les marches, l'assemblage du limon avec la circulaire de fond; on en tracera les coupes sur le limon (*fig.* 3), ainsi que celle de la base du limon qui s'assemble avec le noyau du fond au poteau F. Quant à la manière de développer le limon demi-circulaire H 2 C ; elle est la même que pour décrire une hélice autour d'un cylindre droit dont la courbe représente la place (*voyez planche* 7, *fig.* 10 *ou* 3); cependant, comme la figure citée ne suffirait peut-être pas pour éclaircir le développement, nous allons la reproduire ici, comme étant sa place naturelle, afin de remettre sous les yeux cette opération, qui est fort en usage dans la partie des escaliers.

Sur la ligne horizontale H C pour base, on élèvera perpendiculairement à la figure 8 les devants des marches 7, 8, 9, 10, 11, 12, 13, ainsi que la saillie et l'épaisseur des contre-marches, à l'endroit où elles rencontrent la circonférence interne du limon ; ces perpendiculaires élevées du collet des marches seront prolongées et croisées par autant de hauteurs et d'épaisseurs de marches tirées de la figure 2 ; les marches ainsi terminées, on portera au-dessus de chacune d'elles la même hauteur qu'au limon (*fig.* 3), et en contre-bas la même largeur; puis on élèvera de même perpendiculairement à H C toutes les lignes ponctuées qui ont été tendues de chaque devant de marche au centre, au point où elles se terminent sur la circonférence concave du noyau; ces lignes 7, 8, 9, 10, 11, 12, 13, appelées lignes de gauche, seront prolongées et croisées d'équerre sur la largeur du limon avec celles élevées de la circonférence convexe du limon noyau, qui leur sont en rapport comme de 9 à 1, etc. On fera passer une ponctuée (1) sur tous les angles, et on aura la ligne de gauche H C ou arêtes externes supérieure et inférieure de l'épaisseur du limon noyau ; on élèvera de même l'épaisseur de l'assemblage et on formera les crochets comme il est indiqué à chaque extrémité (*même fig.* 8).

Le limon figure 4 se développera de la même manière que celui figure 2, en lui élevant d'équerre tous les devants des marches et contre-marches qui lui appartiennent et portant sur chacune des lignes les hauteurs de marches ainsi que les coupes d'assemblage relevées du plan pour s'ajuster avec la coupe du limon circulaire (*fig.* 8).

Les faux limons se développent comme les précédents ; ainsi, sur le faux limon B D pour base, on élèvera perpendiculairement le devant des marches 8, 9, 10, 11, 12, ainsi que la saillie et l'épaisseur des contre-marches à l'endroit où elles touchent la face interne du faux limon B D ; on élève aussi perpendiculairement l'épaisseur des limons A B et D E comme l'indiquent les deux ponctuées pour former les assemblages des tenons à queue ou enfourchement. Les perpendiculaires seront croisées par autant de hauteurs de marches qu'au premier limon (*fig.* 2) et sa largeur ; on trace les tenons et les enfourchements sur la largeur du limon ; on fera attention de placer

---

(1) On observe que cette ligne devait être ponctuée, mais on l'a faite pleine pour qu'elle soit plus visible et facile à comprendre.

les marches des angles B D dans le milieu des assemblages, et que les entailles soient bien en rapport, comme le montrent les figures 5, 6 et 7, qui doivent recevoir les mêmes marches.

On développera également les deux autres faux limons des figures 5 et 7 en leur élevant d'équerre les devants des marches et contre-marches qui leur leur appartiennent, et portant sur chacune des lignes les hauteurs déterminées, ainsi que la largeur des limons.

On remarquera que le limon A B a été transporté à la figure 5, et que les devants des marches du plan 1, 2, 3, 4, 5, 6, 7 ont donné celle de l'élévation (*fig.* 5), comme le limon D E est donné par les marches 13, 14, 15, 16, 17, 18, à l'élévation (*fig.* 7).

L'exécution du noyau demi-circulaire de ces sortes d'escaliers n'est pas difficile; elle peut se faire de deux manières différentes : 1° Il faut préparer une pièce de bois des longueur et largeur du développement du limon (*fig.* 8); pour la largeur, elle se fixe par deux lignes tirées de la superficie des arêtes supérieures et inférieures du limon. Supposez une ligne oblique tirée du point H à la partie la plus saillante de l'arête interne, et l'autre de C à 4, et vous aurez la largeur de la courbe qui doit former le limon. La longueur est fixée par une ligne coupée d'équerre de l'oblique aux points les plus saillants de l'assemblage; l'épaisseur se prend dans le plan par le plus grand rayon de la circonférence. Pour tracer cette pièce de bois, on la place sur les deux lignes obliques du développement géométral (*fig.* 8), et là on marque toutes les lignes perpendiculaires pleines et ponctuées, les lignes pleines sur la face convexe, et les ponctuées sur la concave ; puis, suivant l'oblique supérieure, on trace avec une fausse équerre les lignes pleines du devant de la marche et de chaque face du limon, c'est-à-dire les lignes pleines pour la face interne ou convexe et les ponctuées pour la face externe ou concave; ensuite on les croise de l'une à l'autre, c'est-à-dire de la pleine à la ponctuée sur l'épaisseur supérieure et inférieure. Cela posé, on prend en plan (*fig.* 1), à partir de l'horizontale H C, la distance de chaque marche tendue au centre perpendiculairement à cette ligne H C que l'on porte sur chaque ligne correspondante tracée sur la face interne et externe de ce limon demi-circulaire. On fait passer une ligne courbe par tous ces points, on enlève le bois qui se trouve en dehors de ces lignes, et on a la face convexe et concave du limon (*fig.* 1). Il faut avoir l'attention de piquer ou marquer de quelque manière toutes les perpendiculaires du devant des marches afin de les reconnaître d'avec celles de gauche. A partir de la ligne oblique supérieure H, on porte en contre-bas sur chaque perpendiculaire la distance de cette ligne oblique à celles qui doivent fixer les arêtes supérieures du soc, et de là la hauteur et l'épaisseur des marches ainsi que des contre-marches; on porte en contre-bas, toujours suivant chaque perpendiculaire, la même largeur du limon que ceux des figures 3 et 4. On trace les crochets qui doivent s'assembler avec ces mêmes limons (*fig.* 3 et 4). On enlève le bois au-delà des lignes qui fixent la largeur ou la courbe du limon noyau demi-circulaire, suivant le plan (*fig.* 1 et 8). 2° Il faut avoir une pièce de bois bien dressée suivant l'épaisseur du plan (*fig.* 1), largeur et longueur déterminées suivant la figure 8 ; la pièce de bois ainsi préparée, on la creuse et on l'arrondit suivant son plan horizontal, et, mise debout sur ce plan, on marquera tous les devants des marches, 7, 8, 9, 10, 11, 12, 13, sur sa face convexe, et les lignes ponctuées ou de gauche sur la concave ; ces lignes seront prolongées d'une extrémité à l'autre, puis on portera la hauteur et l'épaisseur des marches aux points où elles doivent être, ainsi que les contre-marches sur la face convexe et sur les lignes ponctuées de la face concave, le gauche ou équerre supérieure de la courbe que l'on coupe, si toutefois le limon noyau ne monte qu'à la hauteur du soc.

On remarquera que cette méthode de tracer un limon noyau demi-circulaire est la même que pour tracer une hélice autour d'un cylindre droit dont la courbe H C serait la moitié du plan. (*Voyez planche* 7, *fig.* 3.)

Il serait superflu de s'étendre davantage sur la manière de tracer et d'exécuter cet escalier, attendu que la planche, étant dessinée correctement, suppléera facilement à tout ce que l'on pourrait en dire.

DEUXIÈME PARTIE.

Escalier à limon croche avec paliers de repos.

(Planche 24.)

La cage A B C D (*fig.* 1) étant limitée, on s'assure, comme pour les précédents, de la hauteur et du nombre de marches qu'il doit avoir y compris les paliers de repos; ensuite on trace le plan horizontal en déterminant la largeur de l'escalier, l'épaisseur des limons ainsi que leur quartier tournant; puis on portera de $0^m,35$ à $0^m,38$, en dedans de chaque côté de l'échifire : cela donnera la naissance des cintres sur les limons. Il faut ensuite tirer une diagonale sur les angles, qui sera la ligne du milieu des joints, de l'extrémité de laquelle on décrira les quarts de cercle qui forment l'épaisseur des limons à chaque angle tournant; on mettra environ $0^m,08$ de chaque côté de la diagonale pour marquer les joints d'assemblage dont une de ces parties sera le dessous et l'autre le dessus; cela terminé, on divisera la largeur interne de l'escalier en deux parties égales pour avoir la ligne du milieu ou giron, sur laquelle on espacera également la quantité de marches données par la hauteur de l'escalier, y compris les paliers dont chacune des lignes sera un devant de marche qu'on dirigera d'équerre aux limons, à l'exception de celles qui sont avant ou après les palières qui sont un peu recourbées vers leur collet interne pour s'accommoder avec celles des palières et de la première marche, laquelle on fera suivre à distance donnée la circonvolution de la volute qui fixe la base du premier limon ; on marquera aussi par deux parallèles au-devant des marches la saillie de leur profil et l'épaisseur des contre-marches. Le plan horizontal ainsi terminé, on élèvera le géométral ainsi qu'il suit.

D'équerre au limon L, on renverra les devants des marches 1, 2, 3, 4, 5, 6 et la palière 7, ainsi que la saillie et l'épaisseur des contre-marches ; à l'endroit où elles rencontrent la face interne de ce limon, ces lignes seront prolongées et croisées graduellement par autant de hauteurs et d'épaisseurs de marches ; ces marches et contre-marches seront arrêtées et déterminées comme l'indique la figure 2.

La position des marches et contre-marches ainsi fixée, on déterminera la largeur du limon en portant au-dessus de chaque marche, et suivant la ligne du devant élevée de leur collet interne, la largeur du champ que l'on veut laisser pour pousser une moulure le long de la saillie des marches ; à partir des points qui ont fixé la ligne du dessus, on portera en contre-bas la largeur du limon que l'on jugera nécessaire, pour que les entailles que l'on fait dans le limon pour recevoir les marches et contre-marches ne se découvrent ou ne s'affaiblissent en le coupant. La largeur du limon ainsi fixée par la ligne du dessus et du dessous, on marquera le gauche qui peut se trouver à ses deux extrémités, principalement sur les diagonales des joints du milieu ; ces lignes de gauche sont relevées d'équerre comme les marches de la face extérieure du limon, et prolongées jusqu'à ce qu'elles rencontrent les lignes du dessous et du dessus du limon, avec lesquelles elles seront coupées d'équerre, comme l'indique la figure 2. Cela terminé, on trace les joints d'assemblage en les renvoyant chacun de leur position respective.

On fera remarquer que la ligne C est celle de la face interne du joint, et que du point où elle rencontre le dessus du limon, comme en 1, il faut renvoyer par un petit trait carré qu'il faut prolonger jusqu'à ce qu'il rencontre la ligne b, qui est celle de la face externe du joint, et par conséquent du crochet du limon.

On fera remarquer aussi que la ligne 2 est le dedans du joint inférieur, et que du point où elle rencontre le dessous du limon, il faut, de même qu'au précédent, renvoyer un petit trait carré et le prolonger jusqu'à ce qu'il rencontre la ligne C, qui est celle de la face externe du limon ou ligne de gauche. On observera que cette ligne se trouve sur la même direction que celle interne du premier joint; le point au-dessous du limon est celui qui en détermine le surbaissement.

Il faut faire la même opération pour l'assemblage inférieur du limon (*fig.* 3); on fera attention que la ligne b est relevée du dedans du joint, et que du point où elle rencontre le dessus du limon, comme en 1, il faut renvoyer un petit trait carré jusqu'à la rencontre de la ligne C, qui marque le dehors du joint ou du gauche, et du point où elle rencontre la ligne pleine du dessous du limon, il faut renvoyer un petit trait carré jusqu'à la rencontre de la ligne ponctuée, qui est relevée du dehors du joint de la face externe ou du gauche; on trace les deux lignes obliques de l'angle d'un carré à l'autre, et on a la coupe des joints. On fera un semblable développement pour les autres joints d'assemblage, ainsi que pour le relevé des marches et des limons (*fig.* 3 *et* 4.)

La figure 5 représente la marche palière, dont le limon croche est pris de la même pièce, de sorte que les deux morceaux ne font qu'un ; ainsi, en traçant premièrement le limon croche, on s'assure si on a du bois assez gros pour faire l'un et l'autre.

Pour tracer les limons, il faut avoir une pièce de bois corroyée et mise d'épaisseur suivant le plan horizontal L J K M (*fig.* 1) de largeur et longueur, selon le plan géométral de chaque limon (*fig.* 2, 3 *et* 4); ensuite on place cette pièce de bois suivant sa largeur sur le plan d'élévation, et on relève toutes les lignes du devant des marches, ainsi que celles des joints d'assemblage et la ligne diagonale ; la diagonale du milieu est relevée à l'élévation par des lignes ponctuées indiquant le dedans et le dehors du milieu du joint et servant à tracer les lignes obliques d'assemblage, c'est-à-dire qu'elles tracent l'angle d'un crochet d'assemblage, comme cela se voit dans les figures 3 et 4 ; toutes ces lignes seront croisées d'équerre sur l'épaisseur du limon et tracées sur le champ opposé de la largeur.

On observera qu'il faut avoir le soin et l'attention

de piquer ou marquer sur l'épaisseur du dessus ou du dessous du limon les lignes des joints et celles du milieu, afin de ne point les confondre après le débillardement, car on ne peut tracer les joints d'assemblage que les limons ne soient arrondis en dedans et creusés en dehors ; il faut encore ajouter à ces joints ni assemblages un crochet dans le milieu parce qu'il n'est pas possible d'y placer des bordes dessus ou dessous. Ces espèces d'assemblages sont très-solides, attendu qu'ils ne sont pas susceptibles de s'ouvrir par-dessous comme ceux pratiqués d'aplomb ; ils ont en outre cet avantage que plus ils sont chargés plus ils joignent.

Nous ne parlerons pas de la manière de tracer les marches, ni comment il faut tracer et assembler la volute, si toutefois on la fait de pièces séparées, ni comment il faut s'y prendre pour débillarder et enlever le bois qui se trouve en trop dans l'épaisseur et la largeur des limons; le plan seul suffit pour bien faire connaître la manière.

Escalier demi-elliptique par sa face antérieure, à deux montées avec balustrade, desservant l'entrée d'une maison.

(Planche 25.)

Cet escalier n'est pas difficile à exécuter. Après les mesures de largeur et de hauteur prises, on fait le plan horizontal demi-elliptique pour la face antérieure et carré pour la postérieure, comme le montre la figure 1 ; A B C qui ont servi à faire l'ellipse, A pour la partie du petit diamètre, et C B pour les extrémités du grand diamètre. On trace l'épaisseur des faux limons et on divise en deux parties égales leur distance avec la courbe elliptique pour avoir la ligne du milieu ou giron, sur laquelle on espacera de chaque côté le nombre des marches qui doivent arriver à la hauteur demandée; on marquera leur saillie et l'épaisseur des contre-marches. On fera remarquer que la ligne ponctuée est celle qui sert de point de développement pour la projection ou élévation; on remarquera qu'elle se trouve au milieu de chaque balustre ; on tracera sur l'épaisseur de la courbe elliptique la place des balustres et le joint d'assemblage, puis on fera le développement ainsi qu'il suit.

La hauteur de l'escalier étant déterminée, on élève plusieurs marches prises à leur collet interne pour avoir la largeur du limon et pour marquer le joint d'assemblage, ainsi qu'il est démontré (*fig.* 2).

On a transporté les deux bases du limon (*fig.* 3 *et* 4) pour tirer parti de la position du plan et du papier. Cette opération n'est pas difficile : on n'a qu'à porter la longueur de la base de chaque limon avec toutes les marches et contre-marches sur une ligne droite qu'on imagine être celles R S ou V X du plan (*fig.* 1), puis élever toutes ces marches d'équerre à cette ligne, ensuite les couper par autant de hauteurs de marches, et les mettre enfin de largeur comme on aurait fait si les limons avaient été élevés sur leur plan. On prend la largeur des limons sur la figure 2 que l'on porte perpendiculairement sur chaque ligne de division de marche; on marque la ligne du gauche dessus et dessous les crochets d'assemblage comme il est démontré dans les figures 2, 3, 4.

On a développé à chaque limon la cerce allongée qui démontre la longueur et l'épaisseur de la courbe ainsi que le bois nécessaire pour la débillarder, 4, 5, 6, 7 (*fig.* 3 *et* 4). La partie du limon du milieu 2 et 3 du plan (*fig.* 1) se développe comme les limons en descendant perpendiculairement à cette partie, le dedans et le dehors de chaque division de marche sur lesquelles on porte leur hauteur comme il est indiqué par la figure 5.

Les limons 6, 7 et 8 se relèvent perpendiculairement sur chaque division de marche de la ligne du dedans de l'épaisseur du limon en plan horizontal, comme il est aisé de le voir; on porte sur chaque ligne perpendiculaire une hauteur de marche et la largeur des limons (*fig.* 2, 3 *et* 4); on fait passer une ligne par tous les points et on a les limons droits (*fig.* 6, 7 *et* 8).

La manière de tracer le débillardement des courbes de cet escalier n'est pas difficile, la simple vue du plan suffit pour en donner l'idée; c'est pour cela que nous laisserons à la sagacité de l'ouvrier le moyen de suppléer à la description que nous aurions pu y ajouter.

L'élévation géométrale (*fig.* 9) qui est élevée perpendiculairement du plan horizontal (*fig.* 1) n'est pas nécessaire pour le tracé des limons; elle est faite seulement pour indiquer la manière de dessiner de pareilles élévations et pour prendre la hauteur des balustres et des demi-cercles sur lesquels repose la main-courante.

Escalier à vis Saint-Gilles, sur plan circulaire, avec un noyau rond au centre.

(Planche 26.)

Les escaliers à vis Saint-Gilles, ainsi appelés à cause de l'escalier du prieuré de Saint-Gilles, dans le département du Gard, dont le plan est un berceau tournant et rampant, sont souvent mis en pratique dans nos constructions. Ils diffèrent de ceux dont nous venons de parler, en ce que leurs marches sont toutes tendantes au centre du plan, et qu'elles s'assemblent par leur collet dans un poteau ou noyau de fond qui leur sert de limon, et par l'autre bout dans des limons droits ou dans les murs qui forment la cage de l'escalier.

Avant de construire cet escalier à vis, il faut, comme pour les précédents, se rendre compte de sa hauteur et de la position qu'il doit occuper ; ensuite on trace le plan.

La cage étant donnée, comme ici, par le carré extérieur A B C D et par la circonférence interne en forme de tour creuse (*fig.* 1), on marquera au milieu le noyau dont la grosseur varie selon la place de l'escalier ; ensuite, du point de centre du noyau, on en décrit la circonférence et la ligne ponctuée appelée ligne de giron ou du milieu ; c'est sur cette ligne circulaire que l'on espacera également la quantité de marches données par la hauteur de l'escalier (on peut aussi les espacer sur la circonférence interne de la cage), dont chaque ligne de division sera un devant de marche que l'on tendra au centre, de sorte qu'elles soient toutes d'égale largeur sur cette circonférence, parce que c'est sur elle que l'on doit prendre la largeur des marches afin de leur donner une hauteur proportionnée.

Lorsque les escaliers à vis font plus d'une révolution, c'est-à-dire quand ils ont plus de marches sur l'élévation que n'en présente la surface du plan, il faut faire en sorte qu'il se trouve au moins 1^m85 de hauteur entre le dessus d'une marche et le dessous de celle qui termine la révolution, afin que l'on puisse descendre et monter commodément sans être exposé à se heurter même avec un fardeau.

Pour avoir le nombre de marches qui peuvent être contenues dans une révolution d'escalier, il faut développer sur une ligne comme la figure 2 le cercle des girons; puis, combinant la longueur de cette ligne avec la hauteur de la révolution, on opérera comme dans un escalier droit.

Pour tracer les entailles des marches sur le noyau, lorsqu'il est arrondi, on le place debout sur son plan horizontal (*fig.* 1) ; puis on trace sur sa circonférence tous les devants des marches que l'on prolonge et croise par les hauteurs de marches qui indiqueront graduellement leur position respective, comme il est indiqué (*fig.* 3) et démontré par la méthode de tracer une hélice sur la circonférence d'un cylindre droit (*pl.* 7, *fig.* 3).

Les marches peuvent être faites en pierre ou en bois, massives ou comme celles des escaliers précédents; dans l'un ou l'autre cas, il faut qu'elles soient tracées sur le plan horizontal, avec l'attention de conserver leur saillie, leur portée dans le mur et dans le noyau; leur épaisseur se tracera dans l'élévation géométrale (*fig.* 2 *ou* 3).

On a élevé trois marches sur différentes positions du plan avec les chiffres qui indiquent d'une manière précise leur point de départ et la méthode de les tracer.

La figure 5 met sous les yeux la longueur et la largeur ou massif d'une marche élevée parallèlement à la ligne du devant 2, 3, 13 du plan (*fig.* 1); l'extrémité 2, 3 pour la partie externe de la marche, et N 4 celle qui entre dans le mur de la tour creuse; l'extrémité 2, 7 ou collet pour la partie interne, et 8, *e*, celle qui entre dans l'entaille faite au noyau; enfin la ligne du milieu ponctuée 3, 4 semblable à celle du giron du plan 2, 4 (*fig.* 1); les hachures 4, 19, N, et 8, 8, *e* démontrent le bois qui doit être enlevé pour rendre la marche comme elle doit être coupée dans sa position.

La figure 4 démontre la largeur et l'épaisseur d'une marche élevée aussi parallèlement à sa ligne de devant, 1, 2 du plan. Cette figure fait voir le massif du bois nécessaire pour tracer et débillarder la marche suivant le gauche ou rampant 3, 7, 8, 9,

5 ; le gauche ou rampant de la partie externe de la marche est démontré par les parallèles P, 6 et E D, le gauche du collet ou partie interne par les lignes 6 Q et B C. Il est aisé de concevoir par la manière dont cette marche est développée, comment il faut préparer le bois pour le débillarder suivant le plan, et la placer comme elle doit être en sa position respective; les hachures, comme dans la précédente, indiquent la partie du bois qui doit être enlevée avant de la mettre en rapport avec celle qui suit.

La figure 6 fait voir une marche élevée par la ligne du milieu et perpendiculairement à la tangente 3, 4 de l'extrémité creuse qui donne en élévation pour le devant et le dessus formant la largeur de la marche 3, 4, et le rampant ou gauche 9, 2, l'extrémité convexe ou collet 2, 4, produit en élévation pour le devant et la largeur 5, 6, et le rampant 7, 10; l'angle sur lequel repose la marche qui suit 6, 7, est l'angle qui se place sur la marche qui précède 8, 10.

Cette manière de tracer la marche est bonne pour tirer parti dans le débit du bois pour les autres marches. Toutes ces marches étant tracées suivant le plan et la méthode que nous venons d'indiquer donnent la certitude que, réunies en place, elles arriveront juste dans toute la montée, et l'élévation géométrale de l'escalier sera terminée ainsi qu'il est démontré (*fig.* 3).

La figure 7 démontre trois marches élevées pour être tracées et placées devant le rampant d'une porte ou croisée, si on le désire, pour ne pas boucher le jour de cette ouverture; il est à remarquer que les parties du bout externe de ces marches qui passent devant cette ouverture soient profilées, puisqu'elles ne peuvent être scellées dans le mur, comme il est aisé de le voir sans entrer dans d'autres explications.

Escalier de forme vis Saint-Gilles, sur plan circulaire, mobile et à chainettes, avec noyau formé par le collet des marches.

(Planche 27.)

Ce genre d'escalier n'est pas un de ceux que l'on exécute journellement; il produit un joli effet dans sa position et offre l'avantage de pouvoir se transporter partout où l'on désire, et de profiter pendant le jour, ou tout le temps que l'on juge nécessaire, de la place qu'il occupe pour un emploi plus ou moins avantageux; il n'est pas, comme le précédent, soumis à l'empire d'une cage, mais bien à la volonté des personnes qui doivent s'en servir.

Pour tracer le plan horizontal de cet escalier (*fig.* 1), il faut, d'un point de centre donné, décrire la circonférence externe de la montée et le noyau du milieu avec la planche de son boulon d'un diamètre convenable à sa position, et de ce diamètre de noyau à la circonférence externe, on divise cette partie en deux parties égales pour avoir, comme dans les autres escaliers, la ligne du milieu ou giron sur laquelle on espacera la quantité de marches combinées avec la hauteur géométrale (*fig.* 6); cela posé, on fait la distribution des marches en marquant leur profil par des ponctuées (1) à leur circonférence externe et interne, c'est-à-dire autour du noyau du milieu. Il est à remarquer que dans cet escalier la ligne pleine est la saillie et la ligne ponctuée celle qui figure le devant des contre-marches; on marque la place des balustres et la position qu'ils doivent occuper sur le plan.

La manière d'exécuter ces marches se fait à peu près comme celle de l'escalier précédent : la figure 2 démontre la hauteur et la largeur d'une marche prise dans son plan horizontal (*fig.* 1), C 2 pour la largeur de dessus de l'extrémité externe, et la ligne de dessous son rampant.

La figure 3 met sous les yeux la longueur et la largeur d'une marche, comme elle est, dans son plan horizontal, avec son collet tracé pour former le noyau, et au milieu la place du boulon ou barre de fer qui doit maintenir les marches dans leur position géométrale ; les hachures font voir la partie de bois qu'il faut enlever, à l'exception des hachures qui dessinent le collet pour rendre la marche prête à être mise en place, comme il est aisé de le voir.

La figure 4 montre les trois premières marches de la montée; la première ou patin, sur laquelle les suivantes prennent leur point d'appui, toutes tracées et débillardées, suivant le plan de leurs extré-

---

(1) Les lignes ponctuées de profil ne sont pas de rigueur, elles peuvent être pleines ; dans ce plan elles sont ainsi, c'est pour cela que nous en parlons.

mités externes, et placées en élévation, suivant la position qu'elles doivent occuper.

La figure 5 démontre aussi trois marches dont la première est une extrémité du patin comme celle de l'extrémité circulaire externe, tracées et débillardées, mises en place suivant leur extrémité interne, circulaire ou collet noyau.

La manière de réunir ces marches pour former l'ensemble de l'escalier n'est pas difficile. Lorsqu'elles sont débillardées comme la figure 2 et coupées comme la figure 3, leur collet arrondi et percé, on les place horizontalement les unes sur les autres, et on passe au milieu du noyau la barre de fer qui les maintient et donne la facilité de faire mouvoir les marches dans le sens nécessaire à la montée de l'escalier, comme on peut le voir par les figures 4, 5 et 6.

L'élévation géométrale (*fig.* 6) se développe perpendiculairement au plan horizontal (*fig.* 1), comme il est démontré par les lignes ponctuées de chaque extrémité circulaire interne et externe des marches et de la saillie de leur profil, comme de la circonférence du collet formant noyau ; le boulon A B qui les lie ensemble, les balustres, les piliers d'appui, et tous les autres dans leur position suivant chaque marche, leur hauteur formant la rampe de l'escalier, et la chaînette qui sert de main-courante les maintient en place et les réunit comme les marches lorsque l'escalier est ployé en forme d'éventail pour être transporté à quelque endroit. Toute autre explication sur le développement de cet escalier devient inutile, attendu que la vue du plan suffit pour faire concevoir la manière de le construire.

Escalier de forme vis Saint-Gilles, à deux montées, sur plan circulaire, mobile, avec noyau formé par le collet des marches.

(Planche 27.)

Cette espèce d'escalier, comme le précédent, se voit rarement en exécution; il pourrait être considéré dans un appartement comme un objet de luxe ; il offre aussi l'avantage de pouvoir être transporté où l'on veut, de se ployer comme un éventail ou de rester fixe dans la position qui lui a été assignée.

Pour tracer le plan horizontal (*fig.* 7), il faut, comme pour le précédent, d'un point de centre donné, former la circonférence externe de la montée et le collet noyau du milieu avec son boulon d'un diamètre conforme à la grandeur de l'escalier, et de ce diamètre du noyau à la circonférence externe, on divise en deux parties égales pour avoir la ligne ponctuée du milieu, sur laquelle on espacera la quantité de marches données par la hauteur géométrale de l'escalier; après, faisant la distribution, on marque leur saillie et leur profil, ainsi que les premières marches ou patins 1, 1; cela posé, on en fait le développement.

La figure 8 met sous les yeux les premières marche 1, 1 qui sont les mêmes que celles du plan horizontal (*fig.* 7), avec son collet faisant noyau au milieu et la place du boulon ; les hachures font voir le bois qui doit être enlevé pour que la marche soit coupée pour être mise en place.

La figure 9 montre aussi une marche comme elles doivent être toutes dans le cours de la montée, avec son collet formant noyau et la place du boulon au centre ; les hachures démontrent de même le bois que l'on doit enlever pour que la marche soit faite et mise en place suivant le plan.

Les petites hachures qui entrent dans le noyau indiquent la manière de construire les marches en deux pièces, de faire entrer les tenons dans le noyau qui alors serait une pièce de bois circulaire, ainsi qu'il est démontré par le plan horizontal de cette marche.

L'élévation géométrale (*fig.* 10) se développe perpendiculairement au plan horizontal (*fig.* 7), comme il est indiqué par les ponctuées de chaque extrémité circulaire externe et interne des marches et de la saillie de leur profil, leur collet formant noyau, et le boulon A C qui réunit toutes ces marches dans leur position respective et donne la facilité de les faire mouvoir à volonté, suivant le rampant de la montée de l'escalier.

On a omis à dessein de marquer la rampe et la main-courante, attendu que ce serait surcharger le plan de lignes inutiles, vu que la figure 6 du précédent fait voir assez la manière d'en construire une. Les marches étant préparées comme les figures 8 et 9, on les place horizontalement les unes sur les autres, on fait passer le boulon A C, et on a l'élévation géométrale (*fig.* 10) et l'escalier portatif à deux montées et double éventail, comme il est facile de s'en convaincre par l'inspection du plan (*fig.* 7 *et* 10).

Escalier sur plan elliptique, suspendus à jour, et marches contre-profilées par les bouts.

(Planche 28.)

L'élégance de cet escalier, le peu de place qu'il occupe, l'ont fait adopter dans les salons de société comme ornement qui joint l'utile à l'agréable ; les cafés de Paris en sont presque tous parés, de sorte qu'aujourd'hui il est fort à la mode.

Cette espèce d'escalier peut se faire de différentes manières ; celui-ci diffère du précédent en ce qu'il est sur un plan elliptique et que les marches sont contre-profilées par les deux bouts.

Quelle que soit la forme d'un escalier, il faut toujours commencer par se rendre compte de la hauteur et de la quantité de marches qu'il doit avoir avant d'en tracer le plan.

La position de l'escalier étant déterminée, on marquera le plan de l'ellipse A E D C G (*fig.* 1) et la retombée à jour H P ; des points qui ont décrit le grand et le petit diamètre de l'ellipse, on fera la ligne ponctuée du milieu, 2, 3, 4, 5, etc., sur laquelle on espacera la quantité de marches combinées avec la hauteur de l'escalier (*fig.* 2), dont chaque division sera un devant de marche 2, 3, 4, que l'on renverra également autant que possible sur les deux circonférences de l'ellipse, en se servant toujours jusqu'à la quinzième marche qui commence à changer de largeur (1) à cause de l'extrémité supérieure de l'escalier qui se termine en *S* du même point que nous les avons décrites, puis on marquera parallèlement au devant de chaque marche la même saillie de profils que par le bout et la largeur des joints de recouvrement. Le plan horizontal ainsi disposé, on fera le développement ainsi qu'il suit.

Parallèlement à la ligne du devant 1, 4, on élèvera l'angle de chaque bout de la marche, ainsi que les profils et les joints de recouvrement que l'on prolongera jusqu'à ce qu'ils donnent la longueur et la largeur d'une marche telle qu'elle est dans son plan horizontal, ainsi qu'il est démontré par les chiffres 4, 2, pour le bout externe, et 3, 1, pour le bout interne, comme on peut le voir par la figure 3 qui représente un massif de marches dans sa position. Les hachures 12, 4, 2, et 3, 1, 18, indiquent le bois qu'il faut enlever dans la longueur pour la mise en place suivant le plan 14, 15 de la marche. La hauteur et la largeur des extrémités ou bouts de cette marche,

---

(1) Il est à observer que dans cette dernière partie il faut faire danser les marches, c'est-à-dire former leur largeur de manière qu'elles soient en rapport avec leur projection, parce qu'elles n'appartiennent pas à l'ellipse qui forme l'assemblage du plan.

démontrent la manière dont il faut qu'elle soit débillardée, et comment la tracer suivant les joints de gauche donnés par les coupes prises d'équerre sur les rampants des plafonds, 4, 2 pour la largeur du bout externe, et 6 pour l'angle inférieur du joint; 3, 1 pour l'extrémité ou bout interne, et 5 pour l'angle inférieur du joint; 5, 5, 5 pour la largeur du dessous du plafond interne ; 6, 7 pour la largeur du plafond externe ; les hachures 5, 6, 10 font voir le bois qu'il faut enlever pour que la marche soit coupée suivant son plan.

La figure 4 démontre une marche développée par ses deux extrémités sur les lignes 1, 3, ou 2, 8. Pour base, on élève perpendiculairement les angles de chaque bout de la marche que l'on prolonge au-dessus de sa hauteur, ainsi que la saillie des profils et les joints de recouvrement pour former le triangle oblique de cette manière : de 1 à 1, de 4 à 4, de 3 à 3 pour l'extrémité externe ; de 8 à 8, de 3 à 3 et de 2 à 2 pour l'extrémité interne ; de 6 à 7 pour le plafond ou gauche, de 5 à 6 pour le gauche de l'extrémité externe de la marche, comme il est facile de s'en convaincre par les chiffres qui indiquent leur point de départ, comme aussi la manière de la tracer et de la débillarder. 6, 7 et 8 sont le bois qu'il faut enlever pour former le gauche du bout interne.

La figure 5 met sous les yeux la longueur et la largeur du massif d'une marche parallèlement à la ligne de devant, 17, du plan, comme il est démontré par les mêmes chiffres ; pour le bout externe 2, 2, le profil 8, 4 ; l'extrémité interne 1, 1, le profil 7, 8, et les hachures 1, 3, 6, et pour l'externe 2, 3, 5. Pour l'interne, au bas de la longueur et largeur de cette même marche, on a développé la hauteur et largeur de chaque bout afin de mieux faire apprécier la manière de la construire ; les chiffres indiquent les points de départ, comme de 2 à 1 pour le bout externe, et de 1 à 3 pour l'interne, de 8 à 8 pour le profil, et 7 et 9 pour le gauche du dessous du plafond ; les hachures 7, 9, 6 font voir le bois qu'il faut enlever pour rendre la marche suivant son plan 17, 18.

La figure 6 démontre aussi la hauteur et la largeur d'une marche élevée perpendiculairement à la ponctuée d'équerre à la marche 4, comme on peut le voir par la même figure qui n'a été développée que pour faire voir qu'on peut, de chaque partie du plan, tracer le débillardement d'une marche.

Lorsque les marches sont tracées, débillardées et préparées comme le représentent les figures 3, 4, 5 et 6, qu'elles ont leur point l'une sur l'autre et sont jointives dans toute leur longueur, on les coupe d'équerre à leur coquille ; d'abord la deuxième repose sur la première ou patin, et de là successivement jusqu'à hauteur définitive, ainsi qu'on peut le voir par l'élévation géométrale (*fig.* 7) qui est élevée perpendiculairement au plan horizontal (*fig.* 1). D C M M (*fig.* 1) fait voir cette portion de mur dans lequel sont scellées les 5e, 6e et 7e marches qui soutiennent une partie de la montée ; cette partie de mur est élevée perpendiculairement par des ponctuées, comme on peut le voir à M M (*fig. 7*).

Escalier sur plan circulaire, avec noyau au milieu, et à consoles assemblées dans des pilastres, en forme de colonne, dont le collet des marches embrasse le noyau du fond et, par leur bout externe, les pilastres qui lui sont en rapport.

(Planche 29.)

Cet escalier est encore un de ceux que l'on rencontre rarement; il est presque nouveau dans son genre et offre un coup d'œil agréable lorsqu'il est bien exécuté. Comme pour les précédents, lorsqu'on s'est assuré de la position et de la hauteur, on tracera le plan ainsi qu'il suit.

D'un point de centre donné, formez la circonférence externe de la montée, la largeur de la main-courante, le noyau du milieu d'un diamètre convenable à la grandeur de l'escalier, et autour de ce diamètre, la saillie du profil du collet des marches; puis sur la circulaire externe on espacera la quantité de marches combinée avec la hauteur géométrale de l'escalier dont chaque division sera un devant de profil que l'on conduira autour du noyau pour former la saillie du profil du collet. Il est de règle générale d'espacer les marches sur la ligne du milieu; mais ici il faut les espacer sur la circonférence externe de la montée, à cause de la distribution des pilastres et des profils. Cela posé, on marque la ligne qui doit former la contre-marche, s'il y en avait une, qui sera celle du devant du pilastre que l'on tendra au centre, et parallèlement à cette ligne, son épaisseur que l'on conduit jusqu'à la circonférence du noyau, et à cette ligne une parallèle qui sera la saillie du profil que l'on mène jusqu'à celui du collet de la marche; ensuite on marque par deux circulaires l'épaisseur des pilastres et la largeur de la main-courante, ainsi que la première marche ou patin. Le plan horizontal (*fig.* 1) ainsi disposé, on fait le développement.

La figure 2 démontre le massif du pilier d'appui A B, de la base de la rampe, tracé de la manière qu'il doit être en place, comme on le voit par le chiffre 1 de la base géométrale.

La figure 3 indique aussi le massif d'un pilastre colonne, la longueur et l'épaisseur du bois nécessaire à sa construction, comme on peut le voir par son tracé.

La figure 4 démontre la longueur et la largeur d'un support de la marche avec son tenon, et C 2 la longueur et l'épaisseur de son tenon pour entrer dans le pilastre, et l'enfourchement pour entrer dans le noyau du milieu, comme il est facile de le voir.

La figure 5 met sous les yeux le massif d'une marche, la longueur et la largeur, comme elle est sur le plan horizontal et comme il faut la préparer pour la mettre en place; pour la tracer, on tirera une ligne au milieu, comme 2, 5, et d'un point de centre C, on marque la circonférence du noyau et la saillie du profil de la marche 2 ; du même point de centre on marque la longueur de la marche prise au plan (*fig.* 1) que l'on porte de C à 5, et on fait la ligne circulaire 3, 4 qui est l'extrémité externe de la marche que l'on conduit au profil du collet ainsi que la ponctuée figurant la contre-marche ; on trace la console 7, 8, sur laquelle la marche repose par son extrémité externe ; on fait voir les deux lignes d'enfourchement dans la profondeur de la petite circonférence du noyau C ; on rapporte cette partie de bois qui fait l'extrémité du collet quand la marche est mise en place et se continue avec le profil du collet ; ce qui démontre d'une manière positive comment il faut s'y prendre pour enfourcher la marche dans le noyau et la placer sur les consoles.

La figure 6 démontre l'élévation de la base de la rampe avec les consoles, les pilastres et la main-courante pour en faire le développement en s'y prenant de cette manière.

On élève perpendiculairement le devant du profil des marches 1, 2, 3, 4, et les pilastres, ainsi qu'il est indiqué par les ponctuées, puis on trace la hauteur et l'épaisseur des marches ; ensuite on porte sur chacune d'elles la hauteur que l'on veut donner à la rampe et l'épaisseur de la main-courante, ce qui servira de base pour marquer les chapiteaux des pilastres, qui sont les mêmes que celui de la figure 3 ; puis on marque le gauche de la rampe comme il est indiqué par les ponctuées élevées du plan (*fig.* 1) ; on fait passer une ligne courbe P Q pour le dessus, et une parallèlement à celle P Q pour le dessous, et on a les deux lignes pleines qui indiquent la face interne et les ponctuées la face externe de la main-courante ; cela terminé, on trace les consoles en position, ainsi que leur tenon d'assemblage C C C avec les pilastres, comme on le voit sur la figure 6 : le pilier d'appui qui repose sur la première marche n'a besoin d'aucune explication, attendu qu'il se trouve tout tracé dans la figure 2.

La manière de tracer et de débillarder la courbe de la main-courante se fait par le même principe des courbes rampantes (*pl.* 7, *fig.* 2) ; quant aux piliers et aux consoles, le plan suffit pour faire voir comment il faut s'y prendre pour les exécuter ; et quant aux supports des marches (*fig.* 4), on en a figuré un en plan par des hachures, qui démontre comment elle est enfourchée dans le noyau et avec le palier qui lui est en rapport ; la vue seule de sa position suffit pour la faire comprendre.

L'élévation géométrale de l'escalier (*fig.* 7) s'élève perpendiculairement au plan horizontal (*fig.* 1) de chaque devant du profil des marches, des piliers et des consoles, comme on peut le voir par les lignes ponctuées qui ont presque accompagné cette partie dans leur position respective, à la circonférence externe et autour du noyau, ainsi que le démontre l'inspection du plan géométral (*fig.* 7), avec la main-courante placée sur les chapiteaux qui terminent la rampe de l'escalier comme elle doit être dans sa position.

Escalier de forme vis Saint-Gilles, à jour elliptique, extérieurement en fer à cheval, et marches massives profilées par les bouts, avec plate-forme supportée par deux colonnes d'ordre toscan.

(Planche 30.)

Cet escalier est encore un de ceux qui offrent l'utile et l'agréable ; il peut être considéré comme objet d'ornement par l'élégance de sa construction. Comme pour les précédents, il faut s'assurer de sa hauteur et de la place qu'il doit occuper, et ensuite on trace le plan horizontal ainsi qu'il suit.

La plate-forme ou plafond A B C D tracée, la base des colonnes placées, on fait vers son milieu la vis à jour elliptique (*fig.* 1) et la circonférence externe, au centre la ligne ponctuée ou ligne du milieu sur laquelle on espacera la quantité de marches données par la hauteur de l'escalier (*fig.* 2), dont chaque division sera un devant de profil de marche qui sera tendu aux points qui ont décrit le grand et le petit diamètre de l'ellipse, excepté les premières et les dernières que l'on fait danser pour les mettre en rapport avec la montée, le mieux possible, comme il est démontré par le plan. Le devant des marches arrêté ainsi que les ponctuées qui figurent la contre-marche et les joints, on en fait le développement.

On a relevé toutes les marches dans leur position respective et transporté suivant les figures indiquées. Pour transporter un limon ou des marches, la chose n'est pas difficile : il s'agit de porter la longueur de la base avec toutes les marches et contremarches, ou, comme dans celui-ci, la largeur des marches avec leur profil, et les joints sur une ligne droite qu'on imagine être le plan, tel que 1, 5 (*fig. 4*), de 1 à 2, de 2 à 3, de 3 à 4, de 4 à 5 prises, à la circonférence externe, et porter en sus la largeur de l'angle qui forme le joint sur lequel repose la marche qui suit, puis élever toutes ces lignes d'équerre à la base 1, 5 ; ensuite on porte la hauteur des marches, on marque les profils et les joints d'assemblage, puis on fait passer une ligne à l'angle des joints qui marquera le dessous des marches qui forment le plafond, et on a les marches en plan de la base de la montée (*fig. 4*). La lettre P démontre la largeur et la hauteur de la marche 4, vers son extrémité externe pour recevoir celle 5, 6 de la figure 5.

Les figures 5, 6, 7, sont développées et prises en plan de la même manière que la figure 4, ainsi qu'il est facile de le voir par les ponctuées indiquées par les mêmes chiffres ; la marche supérieure de la figure 7 est de la même largeur que la plate-forme A D ou B C du plan (*fig. 1*) ; l'extrémité interne ou collet elliptique des marches est développée de la même manière que l'extrémité externe prise sur le plan (*fig. 1*) de 1 à 2, de 2 à 3, de 3 à 4, de 4 à 5, de 5 à 6 (*fig. 8*) : la première est pour le patin, et la lettre P, qui est le collet interne de la marche 4, 5 comme P (*fig. 4*) est l'extrémité externe ; les figures 9, 10, 11 sont développées de la même manière. Q de la figure 10 est le collet interne de la marche 13; de même que Q de la figure 6 est le collet externe; la marche supérieure de la figure 11 est de la même largeur que la plate-forme A D ou B C, comme dans la figure 7.

Les marches de cet escalier sont toutes massives et posées l'une sur l'autre, et jointives dans toute leur longueur, en coupe d'équerre à la coquille, soutenues et liées ensemble par des boulons de fer ayant écroux.

La figure 12 démontre la longueur et largeur d'un massif de marche élevé parallèlement à la ligne de devant du plan, quoique, pour la régularité, on doive faire les coupes d'équerre sur les deux rampants du plafond, ce qui donne des joints gauches, comme le représente la figure.

Toutes les parties de cette marche sont indiquées par des chiffres ou par des lettres : pour le collet interne elliptique 11, 13, pour l'extrémité externe N V; on a relevé la hauteur des deux marches pour avoir le rampant ou gauche de la montée; par conséquent le rampant M M pour l'extrémité externe, et N N pour le collet interne elliptique et le dessous de la marche parallèle à ces deux lignes, ce qui démontre, par les hachures, le bois ou la pierre qui doit être enlevé dans le débillardement, pour rendre la marche comme il faut qu'elle soit dans son gauche, pour former et se joindre l'une avec l'autre pour terminer la montée.

L'élévation géométrale (*fig.* 13) est élevée sur le

plan horizontal (*fig.* 1), perpendiculairement à A B de la plate-forme de chaque extrémité du profil du devant des marches, comme il est indiqué par les lignes ponctuées et les hauteurs renvoyées de la figure 2, et coupées chacune en leur plan ; ensuite on fait passer une ligne à l'angle des joints pour marquer le bord externe et interne du dessous du rampant du plafond, et on a le développement géométral, comme il est facile de le voir. Les deux colonnes sont également élevées de leur plan horizontal jusque sous la hauteur de la première montée, sur laquelle la plate-forme repose, comme on peut le voir par l'inspection du plan.

La figure 3 est une échelle métrique pour servir à prendre les mesures nécessaires à la distribution de l'escalier.

Escalier sur plan circulaire suspendu, vis à jour, tournant sur son axe dans sa partie moyenne, droit à sa base, et en arc rampant par-dessous, rachetant l'escalier, à marches massives contre-profilées par les bouts.

(Planche 51.)

Ce genre d'escalier est encore un de ceux dont le dessous des marches est gauche, et le limon sur lequel doit porter la rampe se trouve formé par la tête de chaque marche. Le plan de celui-ci est un peu plus compliqué que le précédent. La forme sinueuse de ses rampes présente toutes les difficultés qui peuvent se rencontrer dans la projection la plus bizarre des escaliers sur des plans irréguliers; il exige plus de soin dans ses combinaisons et dans la pose des marches, sans cependant augmenter les difficultés dans leur développement ni dans leur exécution. C'est ce qui sera démontré.

Lorsqu'on a déterminé la position que doit occuper l'escalier, on trace le plan horizontal, ce qui se fait de la manière suivante. On fait la vis à jour (*fig.* 1), et du même point de centre, on décrit la circulaire externe à la largeur que l'on veut donner à l'escalier et au milieu la ponctuée; ensuite on descend verticalement du point le plus saillant de la vis à jour et de la circulaire externe les lignes qui fixent la largeur de la base de la montée de l'escalier ainsi que la ligne du milieu 2, 3, 4, etc. Pour avoir l'évolution supérieure de l'escalier, on prend un point, suivant la courbure qu'on veut y donner sur une ligne descendue perpendiculairement du milieu du noyau à jour comme en B, et de ce point comme centre, on décrit la courbe C D et ses parallèles, ainsi que la continuation de la ligne du milieu; cela terminé, on espacera également sur la ponctuée du milieu la quantité de marches données par la hauteur de l'escalier, combinée avec les diverses circonvolutions de cette ligne dont chaque point de division sera un devant de profil de marche que l'on tendra au point du centre de la vis à jour, et en B pour la grande évolution, à l'exception des premières de la montée que l'on fait parallèles au plan, et que l'on oblique au fur et à mesure qu'on approche des circulaires vis à jour, pour mettre leurs largeurs en rapport les unes avec les autres autant que possible, et on a les devants des marches, 1, 2, 3, 4, 5, 6, 7, 8, etc.; ensuite on marque parallèlement à ces lignes de devant la largeur du profil par une ponctuée que l'on coupe d'onglet ou triangulairement avec cette même saillie ou largeur de profil marquée par des circulaires ponctuées au-dedans de l'escalier, lesquelles indiquent les profils des bouts des marches, ce qu'il est presque inutile d'expliquer.

Le plan horizontal ainsi disposé, on fait le développement de chaque extrémité de marche que l'on transpose sur une ligne droite que l'on imagine être le plan, sur laquelle on porte chaque largeur de marche que l'on veut développer, ce qui se fait de la manière suivante. Il est bon d'observer que la base de la montée de cet escalier est droite, et que l'on peut la construire avec des limons à crémaillère, dont le dessous est cintré en arc rampant pour racheter la suite des marches.

Sur la ligne A, 7, pour base (*fig.* 3), on prend la largeur de la première marche ou patin, que l'on porte de A à 3 pour les autres à chaque tête de marche, de 2 à 3, de 3 à 4, ainsi de suite; lorsqu'on a porté sur l'horizontale A, 7 tous les devants des marches avec leur largeur et la saillie des profils, on élève autant de perpendiculaires ponctuées que l'on croise par des hauteurs de marches 1, 2, 3, 4, 5, 6 ; puis on marque la saillie de l'épaisseur des profils, on trace sur la largeur de la marche la coupe d'assem-

DEUXIÈME PARTIE. 224

blage, de chaque côté de l'escalier, suivant une ligne rampante donnée par la hauteur des marches, à partir de la quatrième à la sixième, dont les têtes ne sont pas d'égale largeur à cause des marches qu'on a été obligé de faire danser pour être en rapport avec les circulaires, laquelle coupe de joint d'assemblage doit s'assembler avec la marche 7 de la figure 4; cela posé, on fait la ligne rampante par-dessous les marches, celle qui est en rapport avec la tête du côté interne de la montée, et l'autre avec celle du côté externe, et on a le développement des marches de la base de la montée de l'escalier.

Pour faire le développement des marches suivantes, on transpose aussi à part, sur une ligne prise horizontalement de la même manière que la figure 3; pour le bout de la circonférence externe, on a les figures 4, 5, 6, 7 et 8; pour le bout des marches de la circonférence interne, les figures 9, 10 et 11, dont le devant des marches avec leur largeur ainsi que les profils sont pris sur le plan et portés de la même manière ainsi que les joints d'assemblage, ce qui n'a pas besoin d'autre explication, attendu que la planche précédente donne tous les détails convenables à ce sujet.

La manière d'exécuter et de tracer les marches massives est la même que celle de la figure 12 de la planche précédente; par conséquent, il est inutile d'en faire une nouvelle explication. On dira seulement que les marches se tiennent assemblées les unes aux autres par le moyen de boulons ou vis à écroux placés à chaque tête de marche, ce qui les appelle à jointer et les tient fortement liées ensemble.

L'élévation géométrale (*fig.* 12), qui est élevée perpendiculairement au plan, n'est pas nécessaire pour l'exécution de cet escalier; elle est faite seulement pour indiquer la manière de dessiner de pareilles élévations.

La figure 2 fait voir une échelle de 2^{m}00 propre à prendre les mesures nécessaires au développement de cet escalier.

Courbe rampante sur plan circulaire.

(Planche 32.)

Lorsque l'on veut tracer le développement d'un plan circulaire, on fait deux cercles séparés afin de donner les méthodes les plus usitées pour marquer les marches dans une courbe rampante.

Le plan horizontal de la courbe étant tracé (*fig.* 1), on le divise en autant de parties égales qu'il doit s'en trouver dans l'élévation ; tous ces points de division seront tendus au centre A ; ensuite on marquera les assemblages selon le nombre de courbes que l'on veut employer ; puis de l'extrémité de chaque courbe on tire une corde, comme D 7, et *e* 6, sur lesquels on élèvera la partie de l'hélice qu'elle renferme. On doit faire attention que les joints d'assemblage soient placés autant qu'il sera possible dans le milieu d'une division, surtout lorsqu'il doit y avoir des marches à la courbe, afin que l'entaille que l'on y fait pour recevoir les contre-marches ne l'affaiblisse pas.

Il est bon d'observer que pour avoir le contour de la courbure uniforme, lorsque l'extrémité de l'assemblage n'ira pas jusqu'à une des divisions du plan, il faut prolonger la longueur de la courbe jusqu'aux plus prochaines divisions; c'est-à-dire que l'on doit relever une ligne de division en avant et en arrière des joints d'assemblage, pour que le contour de la courbe soit plus régulier et plus juste au tracé d'assemblage pour l'élévation seulement.

Sur la ligne e, 6, pour base, on élèvera perpendiculairement tous les points contenus dans cette partie d'hélice, e, 2, 5, 3, 6, 4, 7, etc., jusqu'à 6, extrémité de la corde à l'endroit où elle touche les lignes convexe et concave du plan ; ces lignes perpendiculaires seront prolongées jusqu'à ce qu'elles se rencontrent avec les parallèles (*fig.* 5) données par l'élévation géométrale des marches (*fig.* 2, 3, 4) ; on remarquera que l'on a porté au-dessus de chaque hauteur de marche une largeur donnée pour le soc, ou bien pour y pousser une moulure ; de ces points, on renverra ces perpendiculaires pleines des petits traits jusqu'à la rencontre des ponctuées. Les autres petits traits d'équerre ou de gauche se marquent de la même manière, puis on fera passer par chacun des angles une ligne, c'est-à-dire sur l'angle des pleines et sur ceux des ponctuées. La ligne pleine représente l'arête supérieure de la face convexe de la courbe, et la ponctuée l'arête de la face concave.

La partie de l'hélice (*fig.* 6) se trace de la même manière que la figure 5; par conséquent, il sera tout naturel de prendre cette description pour son développement.

On élèvera perpendiculairement les figures 2, 3 et 4, comme il a été démontré dans les escaliers précédents.

Quant à la manière de tracer le calibre allongé sur les deux faces supérieures et inférieures de la pièce de bois, comme sur le plan, elle est la même que de trouver la section oblique d'un cylindre droit, (*pl.* 7, *fig.* 10) en prenant sur le plan la distance qu'il y a de la ligne D 7 aux points extérieurs du cercle pour les porter sur les mêmes lignes correspondantes, retournées d'équerre sur la diagonale et sur la parallèle représentées par l'arête de la pièce de bois qui leur servira de base.

On relèvera de la même manière sur la pièce de bois les perpendiculaires qui ont servi à la construction de la courbe, comme pour en faire le débillardement.

L'élévation géométrale (*fig.* 7) est l'assemblage des deux parties représentées par les figures 5 et 6. Nous ne nous étendrons pas davantage, vu qu'il a été dit dans cette description que c'était le même tracé que la figure 10 de la planche 7; d'ailleurs, la planche étant dessinée correctement, il sera très-facile de pouvoir, sans autres explications, tracer ce développement.

Élévation et développement des courbes rampantes sur plan irrégulier, avec la manière de tracer leurs cerces rallongées.

(Planche 33.)

Les courbes rampantes et les limons sur plan irrégulier se présentent assez souvent dans la pratique. On se sert toujours de la même méthode que sur plan régulier pour en tracer l'élévation géométrale ainsi que leurs cerces allongées. Il est nécessaire d'observer que les divisions du plan horizontal ne doivent pas être tendues au centre des points qui ont servi à tracer la courbe, mais bien renvoyées d'un point à l'autre de division égale que l'on fait sur chaque face de la courbe du plan, c'est-à-dire que l'on divise la courbe en espaces égaux, tant sur la face convexe que sur celle concave, afin d'avoir la courbe d'une égale largeur et d'un rampant uniforme.

La méthode usitée de tendre au centre les points de division d'une courbe sur plan elliptique, ou tout autre irrégulier, est défectueuse, attendu qu'elle ne peut servir que pour le développement de la face sur laquelle la division égale a été faite et celle qui se trouve tendue au centre ; les divisions deviennent inégales à chacun des différents arcs de cercle, et cette inégalité donne de l'irrégularité dans le rampant et dans la largeur de cette face de la courbe, ce qui est un grand défaut dans ce genre de construction. Pour éviter ces inconvénients, on suivra la méthode précitée, ce qui se fait ainsi qu'il suit.

Lorsqu'on a une courbe rampante à construire, dont le plan est irrégulier, comme ici, par la demi-ellipse B A C (*fig.* 1), on divise la face externe et interne de cette courbe (1) en autant de parties égales que l'on désire, et l'on tend ces points de division de l'une à l'autre face de la courbe, comme de 1 à 2, de 2 à 3, de 3 à 4, etc., qui seront les lignes d'équerre sur l'épaisseur de cette courbe.

Le plan ainsi disposé, on divise la hauteur totale de la courbe en autant de parties égales que l'on en a mis dans le plan horizontal; ensuite on fait l'élévation géométrale comme il suit.

Sur la ligne diamétrale B A, pour base, on élèvera perpendiculairement des lignes de chaque point de division de l'une et de l'autre face de la courbe, jusqu'à ce qu'elles rencontrent les horizontales qui leur sont correspondantes, données par l'élévation totale, et on fera passer une ligne pleine par tous ces points, laquelle marquera l'arête supérieure de la face convexe de la courbe.

La face interne se développe de la même manière que l'externe en élevant tous les points de division jusqu'à la hauteur des lignes horizontales qui leur sont correspondantes; ensuite on les coupe d'équerre avec les lignes pleines qui leur sont en rapport, puis on fait passer une ligne ponctuée sur chaque angle

---

(1) Pour tracer cette ellipse, il faut voir la planche 6 (*fig.* 10).

de ces petits traits carrés, et on a l'arête supérieure et concave de la courbe.

Pour mettre cette courbe de large, d'une largeur déterminée, on élèvera à part trois perpendiculaires d'une distance égale aux divisions de la face convexe du plan que l'on croisera par autant de divisions géométrales; à la rencontre de chacune de ces lignes, on fera passer la ligne rampante, laquelle représente l'inclinaison développée de la courbe; puis on porte au-dessous, et suivant chaque perpendiculaire, la largeur qu'on veut lui donner, déterminée par une parallèle; ensuite on prendra cette largeur suivant une perpendiculaire que l'on portera sur celle de la figure 3, au-dessous des deux arêtes supérieures, et on aura la courbe de largeur déterminée et d'équerre suivant son rampant.

Lorsqu'on a ainsi marqué l'épaisseur et le gauche de la courbe, on fait la ligne droite de l'extrémité et de l'endroit le plus saillant de l'arête de la courbe, et au-dessous sa parallèle, lesquelles indiquent, par l'espace compris entre elles, l'épaisseur du bois qu'il faut avoir pour faire cette courbe.

L'élévation ainsi terminée, on trace la cerce rallongée de la manière suivante. Sur l'oblique B 6 pour base, on élèvera d'équerre toutes les lignes prolongées du plan jusqu'à celles Q, 5; ensuite on prend la distance qu'il y a de l'horizontale B A du plan aux points de division de chaque face de la courbe que l'on porte sur leurs correspondantes.

Pour apporter la cerce rallongée sur les deux

faces supérieure et inférieure de la pièce de bois, on la place sur sa largeur, c'est-à-dire suivant la face qui a été désignée pour être le dessus de la courbe. Nous observerons que la face sur laquelle on a relevé les perpendiculaires le long de l'oblique supérieure doit être le dessus de la courbe, et l'épaisseur, la dernière tracée avec la fausse équerre, sera en face de l'opérateur, de manière que, pour établir cette courbe, il faut qu'elle soit renversée de votre côté et qu'elle vous présente la concavité, et l'épaisseur de dessus servira de guide pour porter les lignes qui doivent marquer la place concave et convexe. Cette explication est d'autant plus nécessaire, que nous avons vu plusieurs élèves, quoique instruits, éprouver beaucoup de difficultés à établir leur bois. On prend ensuite la distance qu'il y a de l'horizontale à la courbe du plan que l'on porte sur chaque ligne correspondante relevée sur la pièce de bois ; l'on fait passer des lignes courbes par ces points dessus et dessous, et la cerce rallongée sera tracée ; cela terminé, on enlève le bois qu'il y a de trop, en faisant attention qu'en refendant cette courbe, la scie soit toujours dans une situation parallèle aux lignes perpendiculaires, car, sans cette précaution, on pourrait la gâter.

La courbe aplanie, on trace en dedans et en dehors des lignes à la rencontre des petites obliques, renvoyées d'un point à l'autre, qu'on a eu soin de marquer au-dessus et au-dessous, ainsi qu'il a été dit, de manière que les lignes pleines seront marquées sur la face convexe, et les perpendiculaires ponctuées sur la concave; puis, pour mettre la courbe d'équerre selon son rampant, on prend sur l'élévation la distance qu'il y a de chaque point de ligne pleine rampante à l'oblique. On fera remarquer que les cerces rallongées des courbes irrégulières ne peuvent servir que pour les points où elles ont été prises; il faut donc faire attention de ne point les changer de position, surtout lorsqu'il y a plusieurs cerces dans un plan.

Pour mettre les courbes d'équerre selon leur rampant, on s'y prend de la même manière que pour les lignes pleines, on fait passer une ligne par tous les points, et on a l'arête supérieure de la face convexe de la courbe, par conséquent l'équerre ou le gauche dans toute l'étendue de son rampant.

Le dessus de la courbe ainsi tracé, on la met de la largeur déterminée; pour cela, on prend avec un compas la distance qu'il y a d'une parallèle à l'autre, c'est-à-dire de la ligne pleine rampante de l'arête supérieure de la courbe à l'inférieure, que l'on porte sur chaque perpendiculaire, en dehors et en dedans de la courbe; puis on fait passer une ligne par tous ces points, et on a l'équerre ou le gauche inférieur de la courbe semblable au supérieur.

Lorsqu'on a marqué ainsi toutes les lignes qui servent à donner l'équerre de dessus et de dessous de la courbe, on donne quelques coups de scie de distance en distance sur le bois qui doit être enlevé; on hache ce qu'il y a de trop, et on achève de les corroyer au rabot, en faisant attention de ne point dépasser les lignes d'équerre, tant sur les arêtes convexes que sur les concaves, et la courbe sera terminée.

Escalier à noyau rond suspendu, appelé vis Saint-Gilles, à jour.

(Planche 34.)

On appelle escalier à vis à jour celui dont le noyau rampe et tourne, laissant un vide dans son milieu, ce qui fait que ceux qui sont à l'extrémité supérieure de la vis voient jusqu'au bas de la première marche; la montée est fort agréable et facile à éclairer.

Avant de tracer le plan de cet escalier, il faut, comme pour les autres, prendre avec des règles la hauteur du dessus du carreau à l'autre dessus, et tracer une ligne comme le représente la figure 11, sur laquelle on fera autant de divisions qu'il doit se trouver de marches dans la montée, en combinant leur hauteur avec leur largeur; ensuite on trace le plan horizontal.

On marquera le noyau à jour dont la base sera contournée, ensuite on tracera les limons; puis, du point du milieu de la vis à jour comme centre, on décrira la ligne ponctuée ou de giron, sur laquelle on espacera la quantité de marches que l'on doit avoir pour toute la montée, et de ces points on tendra des lignes au centre qui seront le devant de chaque marche ; on marquera aussi les contre-marches ainsi que la saillie de leur profil et l'épaisseur des contre-marches. Le plan ainsi disposé, on fera le développement géométral.

D'équerre à la première ligne oblique 4, 8, on renverra les devants des marches 2, 3, 4, 5, 6, ainsi que la saillie et l'épaisseur des contre-marches, à l'endroit où elles rencontreront la face interne du noyau ; on croisera graduellement ces lignes par autant de hauteurs et d'épaisseurs de marches ; ensuite on portera au-dessus de chaque marche la hauteur du soc ou du champ que l'on veut mettre le long de la saillie des profils, fixé par la ligne pleine qui est l'arête supérieure, en contre-bas la largeur du limon ; on renverra de même les lignes de la face externe du noyau jusqu'à ce qu'elles puissent être croisées d'équerre au point où celles de la face interne croisent le dessus et le dessous de cette partie du noyau ; on fera passer une ligne ponctuée qui sera celle du gauche de la courbe (*fig.* 3).

Pour avoir la cerce allongée de cette courbe, il faut, de la superficie de la pleine et ponctuée, tirer la ligne G F, de laquelle on renverra d'équerre toutes celles élevées du plan, et sur laquelle on portera les distances prises de la ligne 8, 4, au limon extérieur ; on croisera ces lignes de l'une à l'autre, et on marquera l'épaisseur de la cerce et la circonvolution, ainsi que la courbe d'assemblage ; les autres parties du noyau sont développées et tracées de la manière que le montrent les figures 3, 4 et 5.

15..

Si l'on veut le développement géométral de toute la circonférence du noyau, on élèvera perpendiculairement le devant des marches, ainsi que la saillie et l'épaisseur des contre-marches, à l'endroit où leur collet rencontre la face interne du noyau ; puis on croise graduellement ces perpendiculaires par autant de hauteurs et d'épaisseurs de marches, et on porte au-dessous de chacune d'elles la hauteur du soc, et en contre-bas la même largeur de la courbe (*fig.* 3), et on fera passer par tous ces points les lignes pleines, qui sont l'arête interne supérieure et inférieure de la courbe ; on relèvera de même les lignes de la face externe, qui sont le prolongement des marches tendues au centre, jusqu'à ce qu'elles puissent être croisées d'équerre aux points où celles de la face interne rencontrent les lignes droites ; puis l'on fait passer les ponctuées, qui donneront l'arête externe ou de gauche.

Les faux limons se développent à l'ordinaire, c'est-à-dire qu'à chacune des faces du plan on élève perpendiculairement le devant des marches, ainsi que la saillie et l'épaisseur des contre-marches, à l'endroit où elles touchent la face interne du limon. Les marches et contre-marches arrêtées, on porte au-dessus et en contre-bas la même largeur qu'à la courbe (*fig.* 3), ce qui donnera les lignes qui fixent la largeur du limon. Ces limons s'assemblent les uns dans les autres en enfourchement et à queue. Il faut faire attention, dans la distribution des assemblages, de placer les tenons dans la partie inférieure du limon, et les enfourchements dans leur partie supérieure, afin que leurs dessus s'affleurent convenablement.

Quant à l'exécution de la vis à jour, si toutefois on la fait de quatre pièces, il faut avoir du bois de l'épaisseur du plan, suivant chaque ligne qui le divise, de longueur et largeur, selon l'élévation géométrale ; on les trace chacun à leur développement donné, avec l'attention de bien marquer juste les coupes d'assemblage.

Les marches seront tracées sur le plan chacune à part ; la première accompagnera le cintre. Nous ne parlerons pas de la manière de tracer le noyau dans son élévation, attendu qu'elle n'offre aucune difficulté, et que d'ailleurs le plan étant dessiné très-correctement, peut suffire et remplacer tout ce que nous pourrions dire à ce sujet.

Escalier à deux montées sur plan elliptique dont les révolutions se font les unes sur les autres, par limon à crémaillère.

(Planche 35.)

Ce genre d'escaliers n'est pas commun ; on en voit cependant quelques-uns à peu près semblables à Paris, où ils font le sujet de la curiosité et de l'admiration des amateurs. En effet, leur élégance et leur usage offrent quelque chose de surprenant. Il est surtout curieux de voir deux personnes descendre ou remonter au même endroit sans être ensemble, et sans pouvoir se rencontrer, par conséquent sans se nuire dans leur marche ; c'est ce qui rend la distribution de cet escalier commode et agréable, tout en ne présentant pas de difficultés dans l'exécution.

Lorsque la cage d'un semblable escalier est donnée, comme ici, par le carré A B C D, on trace le plan des limons circulaires ou elliptiques, comme celui figure 1 ; puis on fait entre ces limons et le mur de la cage la ligne ponctuée ou de giron, sur laquelle on espacera la quantité de marches données par la hauteur de l'escalier, lesquelles sont tendues pleines du centre de chaque point qui a servi à décrire l'ellipse. Quand on aura tracé le devant de chaque marche à partir de la première montée, on porte en arrière la saillie de la moulure par une ponctuée, et en arrière de cette dernière la même largeur de la saillie pour déterminer la largeur de la contre-marche qui précède, et sur laquelle repose la marche de celle qui suit. On porte aussi le dedans de la moulure en dedans de l'ellipse ou en dehors, et de là on la coupe d'onglet sur la saillie de la marche jusqu'à l'épaisseur du limon, ainsi qu'on peut le voir, 1, 2, 3, sur la marche 5 de la première montée.

Les marches ainsi disposées, on décrit au bas du limon une volute autour de laquelle figure la première marche de chaque montée. Le plan horizontal tracé, on fait le développement des limons suivant l'épaisseur du bois que l'on veut employer, car c'est toujours d'après cette idée que l'on distribue la quantité de courbes qui doivent former les limons, comme ici, en trois par exemple; suivant cette combinaison, on marque les coupes d'assemblage et on fait le développement des marches dans lesquelles ces coupes se trouvent comprises, ce qui servira à tracer le crochet et à donner une largeur déterminée au limon. Cela se fait de la manière suivante.

Sur une ligne pour base de la coupe, on élève perpendiculairement les deux largeurs de marches que l'on croise par trois hauteurs, et à ces points on fait passer la courbe rampante et sa parallèle à la largeur que l'on veut donner au limon; sa largeur ainsi déterminée, on trace l'assemblage d'équerre suivant une des lignes rampantes, ce qui donnera le crochet que l'on descend en plan par des ponctuées pour avoir la coupe que l'on tend aussi du centre. Cette coupe tracée sur le plan, on marque la ligne de l'extrémité de la coupe interne et de la volute qui sera la base du développement de la première courbe du limon. Pour cela, on élève perpendiculairement à cette ligne tous les devants des marches, que l'on croisera d'équerre par autant de hauteurs, sur l'angle desquelles on fera passer la rampante; puis on prend la largeur déterminée du limon, que l'on porte sur chaque perpendiculaire et sur chaque point; on fera passer la parallèle pleine, qui sera celle du parement interne du bord inférieur de la courbe, puis on élève de la même manière les arêtes externes par des ponctuées que l'on coupe d'équerre à chaque angle de ligne pleine, et à la rencontre des ponctuées, on fera passer une ligne qui sera celle du gauche ou de l'arête supérieure et inférieure de la face interne de cette courbe. Cela terminé, on trace la coupe d'assemblage que l'on a préalablement élevée comme les marches ; on trace le bord interne du crochet par une ligne pleine et l'externe par une ponctuée.

Pour avoir la cerce rallongée de cette courbe, on s'y prend comme pour les précédentes : on trace une ligne oblique d'une extrémité à l'autre de la courbe, et du milieu de celle-ci, on prend la distance du point le plus saillant du champ du limon ; de cette ligne on renvoie d'équerre toutes celles élevées du plan, pleines et ponctuées ; puis on prend en plan la distance de la base à chaque point où le devant des marches croise l'épaisseur du limon en dedans et en dehors, qui ont été portés en élévation, que l'on porte sur chacune d'elles correspondante, ainsi que les contours de la volute ; puis on fait passer une ligne par ces points, et on a la cerce rallongée de la courbe qui indique la largeur et l'épaisseur du bois qu'il faut avoir pour l'exécuter suivant les mêmes principes émis pour les courbes rampantes (*pl.* 7, *fig.* 2).

Quant à la seconde montée, elle est pareille à la première, tant pour le développement que pour les crochets et les cerces rallongées qui sont tracés de la même manière, et par conséquent il est inutile de la décrire une seconde fois.

L'exécution n'est pas bien difficile : il faut une pièce de bois corroyée et mise d'épaisseur à la largeur des limons ; la pièce de bois ainsi préparée, on la place suivant son épaisseur sur la courbe pour être tracée selon les perpendiculaires pleines et ponctuées, ainsi que la coupe d'assemblage, suivant la méthode inscrite pour la planche 19. Les marches et contre-marches se tracent sur le plan horizontal comme dans les autres escaliers ; la première marche de chaque montée est massive, c'est-à-dire qu'elle forme patin.

L'élévation géométrale (*fig.* 9) fait voir deux montées d'escalier dont les révolutions se croisent les unes sur les autres; on fera remarquer que l'on n'a élevé que les deux extrémités des marches, et que l'on a omis à dessein l'épaisseur des limons, pour des raisons faciles à saisir. On n'a pas besoin de dire que ces escaliers sont placés au milieu d'une cage carrée et sur deux entrées différentes : tout cela se conçoit; en conséquence, nous n'entrerons pas dans de plus longs détails à leur égard, attendu que le plan étant correctement dessiné, peut remplacer le reste de l'explication dont il peut être susceptible.

Escalier suspendu vis à jour, appelé vulgairement à escargot.

(Planche 36.)

Cet escalier est propre à être placé dans une tour creuse. Il renferme toutes les difficultés qui peuvent se rencontrer dans l'exécution des escaliers dont le plan est d'une forme irrégulière ; c'est pour cela qu'il a été mis ici, afin de faire naître toutes les difficultés et d'établir les moyens d'y remédier.

Avant d'en tracer le plan, il faut, comme pour tous les autres, se rendre compte de sa hauteur et de la place qu'il doit occuper, afin de connaître à peu près le nombre de marches qui doit y entrer.

La position de l'escalier étant donnée, comme ici, par la figure 1 qui en est le plan, on divise en deux parties égales l'espace compris entre la ligne extérieure circulaire et celle formant la vis à jour, que l'on marque par une ponctuée, laquelle servira pour espacer le nombre de marches que cet escalier doit avoir; ensuite, pour tracer le limon formant la vis à jour, la planche 7 (*fig.* 9), indiquant la manière de tracer la spirale, servira pour cette opération.

Le plan ainsi tracé, on aura soin de numéroter chaque point de centre qui aura servi pour décrire une partie de la courbe, afin de tendre à ce centre tous les devants des marches et contre-marches qui y seront attachés.

Chaque courbe sera développée séparément, c'est-à-dire que l'on tracera une ligne oblique sur le plan, et que l'on relèvera perpendiculairement sur cette ligne oblique toutes les marches qui auront leur collet sur cette partie de courbe, comme il a été fait pour tous les autres escaliers; ensuite on croisera par des hauteurs de marches toutes ces perpendiculaires, et l'on fera passer par tous ces points une ligne qui sera la face interne du limon; puis on prend sur les figures 2, 3 et 4 la largeur du limon que l'on porte parallèlement sur la ligne de la face interne, afin d'avoir la parallèle ou largeur du limon des figures 5, 6, 7 et 8; après ce, on marquera la saillie et l'épaisseur des profils.

Les figures 2, 3 et 4 ont été tracées afin de faire voir comment étaient les coupes d'assemblage ; nous ne jugeons pas nécessaire de les mentionner de nouveau, attendu que toutes les coupes d'escalier suspendus que nous produisons ont leur assemblage presque semblable ; ainsi, les figures 3 et 4 de la planche précédente suppléeront au raisonnement que nous pourrions donner.

Pour tracer la cerce rallongée de la courbe (*fig.* 5 et 8), il faut tracer une ligne sur laquelle on relèvera tous les devants des marches prises sur le plan; ensuite, sur la ligne oblique tracée sur le plan, et de son milieu, on prendra la distance de celle-ci à l'endroit le plus saillant de la courbe, que l'on portera parallèlement sur la ligne qui traverse les perpendiculaires renvoyées du plan, ce qui donnera l'épaisseur du bois qu'il faut employer pour cette courbe ; ensuite on portera sur chaque perpendiculaire correspondante la hauteur prise sur le plan, on fera passer une ligne par tous ces points, et l'on aura la cerce rallongée des courbes (*fig.* 5 *et* 8).

L'élévation géométrale (*fig.* 10) se développera perpendiculairement au plan horizontal (*fig.* 1); ces perpendiculaires renvoyées du plan seront coupées par les horizontales de la figure 9. D'ailleurs, la vue du dessin suffit pour faire connaître sa construction ; aussi, nous nous bornerons à ce que nous avons déjà dit, attendu qu'elle n'a été placée ici que pour faire voir la forme du développement.

Escalier à deux limons, cintrés en S.

(Planche 57.)

Nous avons dit, en parlant des escaliers sur plan elliptique, que la méthode de tendre les points de division de marche au centre du plan, comme dans les circulaires, était défectueuse, et qu'il fallait, pour que le rampant des elliptiques fût régulier, faire les divisions égales sur chaque face des limons.

Nous observerons que ni l'une ni l'autre de ces méthodes ne peut être applicable aux escaliers dont le plan est en forme de S. Il est bon, néanmoins, d'observer que l'on peut, dans tous les cas possibles, mettre d'équerre une courbe irrégulière, suivant les points tendus au centre, en faisant les divisions égales sur chaque face des limons; mais alors les marches ne peuvent pas être tracées selon ces divisions, mais bien par des compartiments inégaux entre eux, c'est-à-dire suivant la manière que l'on appelle faire danser les marches. Cette méthode a le défaut de ne pas avoir des champs égaux le long de la saillie des marches ; mais elle a l'avantage de procurer un rampant régulier, ce qui n'est pas peu à considérer par rapport aux rampes, en ce que la première donnerait sur chaque limon des largeurs de marches qui seraient très-différentes les unes des autres, ce qui produirait un mauvais effet dans la construction, attendu que ces différentes largeurs de marches rendraient l'usage de cet escalier difficile, et les limons d'une forme désagréable et peu propre à recevoir une rampe, si toutefois on avait l'intention d'en ajouter une.

La seconde méthode donne trop d'obliquité aux marches, lesquelles approchent du milieu de l'escalier, et deviennent plus étroites que celles des deux bouts, ce qui rend la montée incorrecte et fatigante.

Cette dernière méthode, qui consiste à faire les divisions égales, ne peut être convenablement employée que quand les escaliers en S doivent avoir des rampes; hors ces cas, on fera bien, pour remédier aux divers inconvénients précités, de faire danser les marches, en conservant toutefois autant de régularité que possible dans les compartiments, ce qui s'opèrera ainsi qu'il suit.

Le plan horizontal A B C D étant tracé, on divise en deux parties égales l'espace compris entre les deux limons, pour avoir la ponctuée 1 K, sur laquelle on espacera également la quantité de marches donnée par la hauteur de l'escalier, combinée avec la sinuosité de cette ligne; c'est à partir de cette ponctuée que l'on dirigera sur chaque face de parement des limons le devant des marches, en les faisant obliquer convenablement, pour qu'il y ait le moins de disproportion possible entre elles; on marquera aussi par deux parallèles au devant des marches la saillie de leur profil et l'épaisseur des contre-marches. Le plan horizontal ainsi terminé, on fera le géométral de cette manière :

Sur la ligne D E pour base, on élèvera perpendiculairement les devants des marches 2, 3, 4, 5, 6, 7, 8, 9, 10, 11, ainsi que la saillie et l'épaisseur des contre-marches, aux points où elles touchent la face interne du limon G F ; ces perpendiculaires seront croisées graduellement par autant de hauteurs prises sur l'élévation (*fig.* 2). Ensuite on marquera à part le développement mesuré, suivant la ligne cintrée en S, en prenant alternativement les largeurs des marches à l'endroit où elles rencontrent la face de son plan que l'on portera sur une horizontale, comme l'indique la figure 4 ; on élèvera d'équerre à cette ligne ces largeurs que l'on croisera par autant de hauteurs de marches, puis on portera une largeur donnée pour le champ qui doit régner le long de la saillie, on fera passer une ligne courbe par ces points, et on aura le rampant supérieur de ce développement ; on portera au-dessous de cette courbe et suivant les lignes élevées d'équerre la largeur que l'on veut donner aux limons, et on fera passer une parallèle, laquelle désignera le rampant inférieur ; de sorte que les hauteurs fixeront celles des vraies courbes rampantes, en les portant sur chacune des perpendiculaires du devant des marches correspondantes marquées des mêmes chiffres, comme l'indique la figure 3. On aura par ce procédé le rampant des arêtes supérieures et inférieures de ce limon. Le cintre du second limon étant conforme au premier, on opèrera de la même manière, c'est-à-dire qu'on se servira aussi de la figure 4 pour avoir le développement de son rampant ; c'est pourquoi nous n'en ferons aucune démonstration.

Quant au calibre rallongé, il se trace à l'ordinaire en prenant la distance qu'il y a de la ligne D E du plan aux cintrées en S, que l'on porte sur chaque perpendiculaire correspondante, retournée d'équerre sur l'oblique de l'élévation (*fig.* 5).

Pour l'exécution de ces limons, il faut corroyer et dresser le bois suivant le plan, d'une longueur et d'une largeur égales au parallélogramme F G, Q N (*fig.* 6). Quant à la manière de tracer le calibre rallongé sur les deux faces supérieure et inférieure de la pièce de bois, on la pose suivant son épaisseur sur le parallélogramme, on relève toutes les perpendiculaires qui ont servi à la courbe pour être ensuite retournées d'équerre sur les deux côtés de la largeur de la pièce de bois, ainsi qu'il a été enseigné dans les planches précédentes.

La pièce de bois ainsi tracée, on porte dessus et dessous la distance qu'il y a de D E au centre du plan, de la même manière que pour tracer le calibre rallongé en plan géométral (*fig.* 5).

Il est bon d'observer qu'il faut faire attention, en refendant ces limons, que la scie soit toujours dans une situation très-parallèle aux perpendiculaires du devant des marches ; sans cette précaution, on pourrait les gâter. Il est inutile de dire comment on doit s'y prendre pour corroyer et dresser les marches, ainsi que les contre-marches ; on observera seulement qu'il faut qu'elles soient mises de largeur et d'épaisseur selon leur plan respectif et tracées suivant les contours des cintres du plan, afin de les élever sur les limons.

Nous n'étendrons pas davantage la démonstration de cet escalier, attendu que les lignes pleines indiquent le parement interne, et les ponctuées la face externe ou du gauche ; que ces lignes du devant et du derrière sont régulièrement relevées de chaque point nécessaire à son instruction, et que l'examen seul du plan et de son élévation géométrale est plus que suffisant pour remplacer toute autre explication.

TROISIÈME PARTIE.

Suite de l'Art du Trait.

CHAPITRE PREMIER.

Des plafonds d'escalier et des chaires à prêcher.

ARTICLE PREMIER.

PLAFOND RAMPANT EN PLEIN BOIS PAR JOINTS TENDUS AU CENTRE.

(Planche 38.)

La connaissance de ces espèces de plafonds en plein bois est très-avantageuse dans la pratique des escaliers, surtout aujourd'hui que l'on en fait souvent de suspendus, dont les marches massives, contre-profilées par les bouts, forment le plafond et le limon. Il est beaucoup de mode maintenant de faire des escaliers de chaire à prêcher en marbre, dont les marches sont gauchies pour former le plafond dans les mêmes principes que ceux que nous développons ici; par conséquent, cette méthode peut servir à la construction de ces genres de plafonds.

Pour en tracer le plan, bien entendu suivant les

mesures qui en seront prises, du milieu de l'horizontale comme centre, on décrira les deux portions de cercle A F B et D E C qui en fixeront la largeur, puis on divisera l'arc A B en autant de parties égales que l'on veut y mettre de morceaux de bois ou claveau, lesquelles lignes de division A, 1, 2, 3, F, 4, 5, 6, B seront tendues au centre du plan (*fig.* 1 *et* 2), et couperont en parties égales l'arc de cercle D C aux points D, 12, 11, 10, E, 9, 8, 7, C. Le plan horizontal ainsi terminé, on fera l'élévation géométrale selon la méthode des rampes, c'est-à-dire que l'on opèrera comme si l'on avait à élever l'épaisseur d'un limon rampant, ce qui se fait de cette manière :

Sur l'horizontale A B du plan pour base, on élèvera perpendiculairement les lignes des claveaux à l'endroit où elles rencontrent les portions de cercle; on croisera graduellement ces perpendiculaires par autant de hauteurs divisées sur l'élévation totale 1, 2, 3, 4, 5, 6, 7, 8, lesquelles donneront, par les angles qu'elles formeront avec les perpendiculaires, les points G, 1, 2, 3, E, 4, 5, 6, B; C, 7, 8, 9, E, 10, 11, 12, D, par lesquelles on fera passer les deux arêtes supérieures, extérieures et intérieures D C, G B; puis on marquera les arêtes inférieures, et on aura l'épaisseur et l'élévation géométrale de ce plafond (*fig.* 5.)

Pour connaître l'épaisseur, la largeur et la longueur du bois propre à faire les claveaux qui composent ce plafond rampant, on prolonge à volonté le devant de l'un des claveaux, et on opèrera comme pour les planches 40 et 44, qui sont les mêmes principes que celle-ci, ainsi que pour la largeur et le gauche ; d'ailleurs, la figure 4 étant parfaitement dessinée, on peut aisément, sans avoir recours aux explications, voir la projection.

Lorsqu'on a déterminé l'épaisseur que l'on veut donner aux claveaux, on la marque en faisant des sections par lesquelles on fait passer deux lignes qui déterminent cette épaisseur ; ensuite d'où ces lignes croisent les perpendiculaires, lesquelles déterminent aussi la largeur du claveau.

Pour déterminer l'épaisseur du claveau, on fait passer une ligne parallèle, et on aura les deux parallélogrammes, lesquels désignent la longueur et l'épaisseur du bois qu'il faut avoir pour la construction de ce claveau.

L'exécution de ce plafond n'est pas difficile : si on voulait le faire d'une seule pièce, il faudrait avoir un morceau de bois corroyé et dressé suivant la longueur et l'épaisseur du parallélogramme, et une largeur égale au plan (*fig.* 1), que l'on tracerait et débillarderait selon la méthode des courbes rampantes.

Pour le construire avec des claveaux, il faut avoir autant de pièces de bois qu'il y a de divisions dans le plan, lesquelles sont corroyées et dressées suivant la longueur du plan du claveau ; l'épaisseur, la largeur et le gauche seront pris et tracés ainsi que l'indique la figure 4.

ARTICLE 2.

ESCALIER DE CHAIRE A PRÊCHER A DEUX RAMPES

(Planche 39.)

De tous les escaliers, ceux des chaires sont les plus compliqués dans leur développement, en raison des diverses coupes et assemblages des parties qui les composent.

Il n'y a que les menuisiers instruits qui puissent entreprendre d'exécuter les escaliers des chaires à prêcher, compliqués de rampes et de plafonds, comme ceux de la planche 26. C'est dans l'exécution de ces sortes d'ouvrages qu'ils peuvent développer les connaissances qu'ils ont acquises dans l'art du trait, se faire une réputation avantageuse sur cette partie, et s'attirer des éloges de leurs confrères. Autrefois ces connaissances faisaient rechercher celui qui les possédait; aujourd'hui comme alors elles peuvent procurer les mêmes avantages, attendu que l'on s'empresse de toute part de réparer nos églises et nos temples, et de les enrichir de tout ce que les arts produisent de mieux. On ne peut mettre en doute qu'une élégante forme de chaire à prêcher n'en devienne le plus bel ornement. Elles se pratiquent non-seulement dans les églises et les temples, mais encore dans les édifices publics, dans les écoles, enfin dans tous les endroits destinés à l'instruction publique.

La grandeur du corps de la chaire doit être en rapport avec sa forme et la position de l'escalier ; elle varie selon la position qu'elle occupe, et encore aussi suivant la forme de leur plan. Il en est de circulaires, d'octogones, de carrés longs, d'ovales, d'autres dont la face antérieure est cintrée en S ou bombée, etc.

Le dessous des chaires se termine assez généralement par un cul-de-lampe ou par des consoles cintrées en S, découpées et sculptées de différentes manières. On y place aussi quelquefois des figures ; mais cette mode est usée, et l'on en met rarement aujourd'hui.

Quant aux ornements des chaires, il en est comme de leur forme : c'est souvent le goût de l'artiste et la dépense que l'on veut faire qui les déterminent ; mais en général il faut éviter les cintres trop contournés, et de les surcharger de sculptures, surtout dans les rampes qui doivent être traitées avec autant de régularité que possible.

Les chaires sont presque toujours (on dit presque toujours parce qu'il s'en fait de portatives, c'est-à-dire que l'on peut les transporter où l'on veut, et d'autres sont faites pour être placées au milieu d'un temple ou autre édifice, par conséquent isolées des colonnes ou autres), adossées contre une colonne ou un pilier quadrilatère, autour duquel leur escalier fait sa révolution. Les rampes doivent être douces et d'un contour agréable. On doit éviter de faire des angles à la rencontre des parties horizontales, afin que les moulures puissent profiler convenablement. La hauteur des rampes prise carrément, selon leur rampant, doit égaler celle de la chaire avec laquelle on doit l'assembler.

Pour déterminer avec régularité la largeur et l'épaisseur des courbes, leur champ et la saillie de leur profil, ainsi que la hauteur totale des rampes, on fait à part la figure 1, sur laquelle on place toutes les mesures propres pour servir à la distribution du plan; une semblable opération doit être faite pour la petite rampe, attendu que l'épaisseur, la largeur, les champs et les profils ne sont pas les mêmes que ceux de la grande.

La position de la chaire étant donnée, comme ici par la colonne A, on opèrera ainsi qu'il suit.

Du point A comme centre, on décrit le plan horizontal des courbes de l'escalier (*fig.* 1, *pl.* 24); puis on divise en deux parties égales l'espace compris entre les limons B A et D C, pour avoir la ligne ponctuée P P, sur laquelle on espacera également la quantité de marches données par la hauteur totale. Cette hauteur est déterminée par celle du plancher de la chaire, laquelle donne douze marches pour l'élévation géométrale. Il faut donc diviser cette ponctuée en onze espaces, dont chacune des lignes sera un devant de marche que l'on tendra au centre A, lesquelles diviseront les deux limons en parties égales, tant à l'intérieur qu'à l'extérieur. On marquera aussi par deux parallèles au-devant des marches la saillie de leur profil et l'épaisseur des contre-marches.

On doit remarquer qu'il faut que les marches qui avoisinent l'entrée de la chaire soient cintrées en plan au fur et à mesure qu'elles approchent de son entrée, afin de s'accommoder avec sa circonférence ; mais elles sont toujours, comme à l'ordinaire, tendues au centre, de sorte que leur cintre est pris aux dépens de la ligne du milieu et non des courbes, ainsi qu'on peut l'apercevoir.

Lorsqu'on a distribué les marches, placé et marqué la largeur des appuis horizontaux, des pilastres rampants, des traverses montantes, de leur champ et de leur moulure, les panneaux de l'une et de l'autre rampe, et ceux du corps de la chaire, chacun à sa position respective, on trace le plan du plafond, ce qui se fait de la manière suivante.

Du même point de centre A, qui a servi à décrire les courbes des rampes, on trace celles du plafond, en observant d'augmenter la largeur de la languette qui doit entrer dans les limons; puis on marquera aux extrémités les traverses et celles du milieu avec son ovale ; ensuite on marquera la largeur des champs et des moulures; du point qui a décrit les courbes, on trace les panneaux, en observant aussi d'augmenter la largeur de leur languette qui entre dans les bâtis, comme il est démontré par le plan (*fig.* 1). Le plan horizontal ainsi terminé, on fera l'élévation géométrale.

Avant d'entreprendre l'élévation géométrale du plan, nous entrerons dans quelques détails sur la manière de fixer la hauteur des rampes comparativement avec les appuis horizontaux auxquels elles doivent s'assembler, et de la manière d'opérer leur raccordement.

Pour avoir la hauteur de chaque rampe, laquelle doit être la même à toutes les deux prises perpendiculairement, selon leur rampant, on s'y prend de la manière suivante.

On élèvera à part (*fig.* 6) deux largeurs des divisions des marches prises sur la face interne du grand limon, que l'on croisera par autant de hauteurs de l'élévation, au-dessus desquelles on portera la largeur du champ que l'on veut laisser le long de la saillie des marches; puis on fera passer une ligne oblique par ces points, dont le rampant sera celui de la courbe développée.

La pente développée de la rampe étant une fois connue, on en a la hauteur perpendiculaire en menant une parallèle à la ligne oblique dont la distance sera égale à celle donnée ; puis on prend la largeur perpendiculaire de chaque courbe et des panneaux en prenant la distance qu'il y a suivant une des lignes des devants des marches, pour les porter sur chaque perpendiculaire de la rampe (*fig.* 5), et on aura les points qui donneront la largeur de chaque courbe et la hauteur déterminée de la rampe.

On fera la même opération pour la petite rampe (*fig.* 8 *et* 9), lesquelles doivent être de la même hauteur que la grande prise perpendiculairement. Lorsque les courbes rampantes sont, comme ici, ornées de moulures, elles ne peuvent se raccorder avec celles des appuis horizontaux qu'en faisant ce que l'on nomme leur raccord adouci, tel qu'on le voit (*pl.* 43, *fig.* 14).

Il existe différentes manières de faire raccorder les champs et les moulures des courbes rampantes avec les appuis horizontaux ; mais nous ne parlerons que de celle à angle arrondi, en ce qu'elle suffit pour donner aux raccords une forme agréable, et qu'elle est applicable aux autres coupes. Pour que les rampes puissent se raccorder avec les appuis horizontaux, il faut qu'elles soient d'une égale largeur à leurs appuis, prises carrément suivant leur pente, comme l'indique la figure 6. Cette méthode est très-bonne; mais on lui reproche de donner trop de hauteur perpendiculaire à la rampe, comparaison faite avec la chaire ou les appuis horizontaux.

Pour obvier à cet inconvénient, on fera partir du même point de centre le raccord du dessus et du dessous de la rampe, ce qui conservera une hauteur égale de panneaux, tant dans l'appui que dans la rampe, en prenant toutefois cette hauteur perpendiculairement à son rampant.

Lorsque les limons sont à raccords adoucis, on fait partir la division des marches de l'angle que forme la rencontre de la partie horizontale avec la partie rampante, c'est-à-dire qu'il faut que le raccord affleure avec le dessus de la marche de la chaire.

Pour tracer le raccord adouci, on abaisse une perpendiculaire que l'on prolonge indéfiniment; ensuite, d'un point donné, on fera partir le raccord adouci, ce qui donnera une forme avantageuse au panneau et une hauteur perpendiculaire convenable à la rampe.

Ayant déterminé la manière de marquer la hauteur des rampes et les raccords adoucis, on fera le développement comme à l'ordinaire.

Pour les courbes de la grande rampe, on commence par le limon du bas. Sur la ligne 4, 3 pour base, on élèvera perpendiculairement les devants des marches, ainsi que la saillie et l'épaisseur des contre-marches; on croisera ces perpendiculaires par autant de hauteurs de marches, au-dessus desquelles on portera la hauteur désignée pour le champ que l'on veut laisser le long de la saillie des marches, et à ces points on fera passer une ligne courbe qui sera l'arête supérieure et interne du limon; puis on prend la distance à la figure 6, que l'on porte au-dessous de l'arête supérieure, et suivant chaque perpendiculaire qui donnera, en faisant passer une ligne, la largeur déterminée du limon; ensuite on relève les lignes du gauche ou du parement, car dans cette courbe le parement est à la face externe; de même, sur cette ligne on élèvera perpendiculairement la continuation du devant des marches à l'endroit où elles rencontrent la circulaire qui borne l'épaisseur du limon; on élève aussi l'épaisseur totale, c'est-à-dire la circulaire qui fixe la saillie du tore. On observera que l'on a compris la saillie des grandes moulures dans les vues de gagner du bois et du temps;

mais lorsqu'on n'a pas de bois assez large, on les fait séparément. Quelle que soit la manière de les construire, il faut toujours les marquer et les relever du plan comme si elles étaient d'une seule pièce. Ces perpendiculaires seront prolongées et croisées d'équerre à la hauteur de chaque point qui a fixé l'arête supérieure et inférieure, et les angles que ces petits traits carrés forment avec chaque perpendiculaire correspondante seront les points par lesquels on fera passer les lignes ponctuées qui désigneront l'arête supérieure et inférieure externe, par conséquent l'équerre de la courbe. On marquera les raccords adoucis pour faire profiler les moulures avec celles de la chaire et la base avec les piliers d'appui, ainsi qu'il a été dit précédemment.

Il est presque inutile d'observer qu'il faut relever, en même temps que le limon, le pilier d'appui horizontal, et la dernière ligne de l'assemblage des courbes avec la chaire pour avoir le point fixe de la rampe.

Le limon ainsi tracé, on portera partiellement du dessus de l'arête supérieure de cette courbe la hauteur totale de la rampe; de cette manière, on prendra la distance de la figure 6, que l'on portera verticalement à partir des points qui ont servi à marquer l'arête supérieure et interne désignée par la ligne pleine et suivant chaque perpendiculaire; on portera de même la largeur de la courbe, et de chacun des points on renverra un petit trait carré jusqu'à la ponctuée correspondante, par les angles desquels on fera passer les lignes pleines et ponctuées, lesquelles désigneront les deux arêtes supérieures et inférieures de cette courbe.

On observera que cette manière de se servir des mêmes perpendiculaires qui ont marqué la largeur du limon n'est employée que lorsque cette courbe est de la même épaisseur que lui; mais si on voulait faire cette courbe et l'appui rampant d'une seule pièce, il faudrait le lever suivant toute l'épaisseur de la main-courante, ce qui se ferait de cette manière. Sur la même ligne qui a servi de base au limon, on élève perpendiculairement le devant des marches sur la circulaire interne de la main-courante ou appui rampant; ensuite on prend sur la figure 6 la hauteur que l'on porte verticalement sur chaque perpendiculaire à partir de l'endroit où elles croisent la ligne pleine qui désigne l'arête supérieure du limon. On portera de la même manière la largeur de la courbe, et on fera passer sur ces points les deux lignes pleines qui marqueront l'arête supérieure, inférieure et interne de l'appui rampant.

On élèvera aussi perpendiculairement la face externe ou du parement de l'endroit où le devant des marches croise la circulaire; ces perpendiculaires ponctuées seront prolongées pour être croisées carrément avec les lignes pleines correspondantes des arêtes internes, et par les angles de ces petits traits carrés on fera passer les deux lignes ponctuées, lesquelles fixeront l'arête supérieure inférieure de la face externe de la courbe, par conséquent l'équerre de l'appui rampant (*fig.* 7). Il est bien entendu que le raccord adouci doit être marqué avec la courbe, ainsi qu'il a été dit en parlant du limon, et qu'il est démontré par le rampant avec le plan horizontal de la chaire (*fig.* 1).

Les courbes ainsi tracées, on élèvera de même perpendiculairement le pilastre rampant, les traverses montantes jusqu'à la hauteur des lignes pleines des courbes, avec lesquelles on les coupera d'équerre pour en avoir le gauche, dont l'une et l'autre ligne serviront à tracer les arrasements des susdites traverses. On aura l'attention de marquer la largeur des tenons, ainsi que leur gauche, comme aux arrasements.

Le bâtis géométral de la rampe ainsi terminé, on élèvera les panneaux comme les courbes, ce qui se fait de cette manière.

Sur une ligne pour base, on élèvera perpendiculairement la face interne du panneau à l'endroit où le devant des marches la croise ; puis on prend la hauteur sur la figure 6, que l'on porte verticalement suivant chaque perpendiculaire à partir des points où elles croisent les lignes pleines des courbes, ou bien on porte seulement la longueur de leur languette au-dessus de chaque ligne pleine des deux courbes toujours sur les perpendiculaires élevées du plan, et de ces points des languettes on renvoie un petit trait carré de la ligne pleine à la ponctuée correspondante, par les angles desquels on fera passer, comme pour les courbes, les lignes pleines et les ponctuées, lesquelles désigneront les arêtes supérieures, inférieures, internes et externes du panneau.

Le panneau de la même rampe se développe de la même manière en suivant les raccords des courbes; il est, par conséquent, utile d'en faire la démonstration.

La petite rampe se développe de la même manière que la grande. Sur la même ligne, pour base, on élève perpendiculairement les devants des marches aux points où elles croisent la face interne du limon du plan (*fig.* 1); on croisera graduellement ces perpendiculaires par autant de hauteurs de marches qu'il y en a dans le grand limon; on marquera aussi l'épaisseur des contre-marches; on donnera la même largeur de limon et la hauteur totale de la rampe prise perpendiculairement, égale à celle (*fig.* 6); mais on fera remarquer que la courbe ou appui rampant n'est pas la même, attendu qu'il n'a point de parement; les champs sont moins larges et les moulures plus petites, ainsi qu'il est démontré par la figure 1, sur laquelle les hauteurs doivent être prises pour tracer le plan de cette rampe (*fig.* 8).

Il est presque inutile de dire de relever le pilier d'appui horizontal, les traverses rampantes, les panneaux et les saillies du profil de l'appui rampant, et d'en faire les raccords adoucis pour que les moulures puissent profiler avec celles de la porte d'entrée de la chaire et le pilier d'appui horizontal. On fera remarquer que la base du limon n'a point de raccord adouci; elle se trouve coupée carrément avec le petit pilier d'appui, avec lequel elle est assemblée.

Pour bien entendre la construction des courbes rampantes, il faut les considérer comme prises dans un cylindre creux, de manière que toutes les parties qui composent les surfaces intérieures et extérieures de ces courbes soient exactement comprises dans celles du cylindre et tombent à plomb des lignes intérieures et extérieures du plan de ce même cylindre, ce qui n'est pas difficile à concevoir.

Le cercle qui doit former les courbes de cette planche est divisé en deux parties dont l'une sert à démontrer la manière de développer les limons des escaliers avec leur cerce rallongée, et de tracer les coupes d'assemblage pour les réunir lorsqu'ils sont faits de plusieurs pièces; l'autre fait voir la manière de développer une simple courbe rampante avec la cerce rallongée. Dans la moitié de ce cercle, on a développé deux parties de limon avec leur coupe d'assemblage pour ne rien laisser à désirer sur la manière d'exécuter ces courbes.

Lorsqu'on veut construire une courbe rampante, il faut calculer la quantité de bois qui doit entrer dans sa confection, car, si l'on avait une courbe à faire du diamètre d'un des demi-cercles (*fig.* 1), il est certain qu'on ne pourrait pas la prendre dans une seule pièce de bois, à moins que le fil du bois ne fût perpendiculaire au plan, ce qui ne vaudrait rien et ne serait pas solide; donc, pour donner plus de solidité à la courbe, et pour que le fil du bois suive la rampe, on doit le faire de plusieurs pièces assemblées à joints rompus ou à traits de Jupiter, ce que l'on fait de la manière suivante.

On commence par faire le plan horizontal (*fig.* 1), que l'on divise en un nombre quelconque de parties égales ; de chacun des points de division on tendra au centre A autant de rayons, lesquels diviseront parallèlement la face interne et externe du cercle, dont chaque division sera un devant de marche pour la partie de l'escalier, et pour la courbe la ligne qui doit servir à former le gauche du rampant de cette même courbe ; ensuite on marque sur le plan les assemblages selon la longueur et le nombre de courbes que l'on veut employer. Il est nécessaire d'observer que, dans cette courbe, les lignes pleines sont tirées de la circonférence externe du cercle, et les ponctuées de l'interne. Dans les autres courbes d'escalier, c'est la face interne qui forme le parement, par conséquent la ligne pleine. D'après ce principe, si on faisait des courbes d'escalier ou des limons, ce serait autour de la circonférence externe que seraient placées les marches ; mais, règle générale, c'est toujours de la face interne ou parement que doivent partir les lignes pleines.

Nous n'étendrons pas davantage l'explication de cette rampe, attendu que les principes en sont suffisamment développés dans la figure 7, et qu'ils peuvent servir pour toutes les deux, à quelques modifications près.

Quant à la manière de préparer le bois pour l'exécution de ces rampes, elle est toujours suivant les dimensions du plan des parties qui les composent : pour les courbes, suivant les longueur, largeur et épaisseur des parallélogrammes tracés comme les limons de la planche 20 ; pour les appuis horizontaux, pilastres et traverses rampantes, ainsi que les panneaux, leurs largeur, longueur et épaisseur, suivant leur plan horizontal, et leur hauteur selon leur élévation géométrale.

Quant au moyen de relever les lignes sur les pièces de bois et de tracer les cerces rallongées sur les deux faces supérieure et inférieure des courbes, il est le même que celui employé pour les limons planche 34, excepté qu'il faut conserver la longueur des tenons qui doivent entrer dans les appuis, comme aussi, lorsqu'on met ces courbes de largeur, avoir l'attention de marquer les raccords adoucis, comme il est démontré par le développement des courbes, et de ne point oublier de marquer la place des mortaises, ainsi que tout ce qui a rapport à l'assemblage.

Les appuis horizontaux, les traverses rampantes, les pilastres se tracent aussi sur le plan et sur l'élévation, c'est-à-dire les mortaises des piliers d'appui et les arrasements des limons, des pilastres et des traverses se marquent sur les lignes pleines et ponctuées des courbes qui forment les rampes, c'est-à-dire le pilier horizontal, par exemple, ou le plan, sur le champ le long des lignes de l'élévation, et on relève la largeur du limon et celle de la courbe sur les lignes pleines; on retourne les traits sur l'épaisseur du pilier, et on marque la largeur que l'on veut donner aux mortaises pour recevoir le limon des courbes.

Pour les pilastres et les traverses, après les avoir corroyés et dressés suivant l'épaisseur et la largeur du plan, on les trace pour le gauche comme les courbes, et pour les arrasements on les marque sur les lignes pleines rampantes de chaque courbe, en relevant leur pente sur chaque côté de la traverse ou du pilastre; on fait la même opération pour les rampantes ponctuées, pour avoir l'arrasement externe ou du gauche.

Les panneaux se tracent et se débillardent de la même manière que les courbes, dans les rainures desquelles ils entrent comme tout autre panneau dans un bâtis droit.

Du plafond rampant d'assemblage.

(Planche 40.)

Ce plafond est celui qui doit servir de revêtissement à la chaire à prêcher déjà décrite; nous l'avons transposé à part, afin que le nombre infini de lignes et de lettres ne rendît pas confuse la planche précédente, et afin de ne pas embrouiller la vue de celui qui aura à prendre quelques mesures.

Pour tracer le plan d'un plafond d'assemblage, on se sert de la même manière que pour celui de l'escalier, c'est-à-dire que le même point de centre qui a servi à décrire la face interne des limons sera aussi celui duquel on partira pour tracer les courbes du plafond, ce qui se fait de cette manière :

Du point A comme centre, on décrit les courbes B C, D E (*fig.* 1), en observant d'y comprendre la largeur de la languette qui doit entrer dans les limons ; on marque la ligne des champs et des moulures, les traverses des extrémités et celle du milieu, dans laquelle on trace un rond ou un ovale ; on marque aussi les panneaux et leur languette, qui doivent entrer dans les bâtis ; ensuite on décrit la ligne ponctuée 7, 9, sur laquelle on fait le même nombre de divisions des marches qu'il y en a sur celle de l'escalier, lesquelles seront aussi tendues au centre A.

Le plan horizontal ainsi terminé, on fera le développement géométral (*fig.* 3) comme pour les limons rampants; sur la ligne D E pour base, on élève perpendiculairement le devant des lignes des divisions 1, 2, 3, 4, 5, 6, 7, 8, 9, 10, 11, 12, à l'endroit où elles croisent la face interne de la courbe ; on croisera ses perpendiculaires par autant de hauteurs de marches, au-dessous du nu desquelles on porte l'épaisseur que l'on veut donner aux courbes. Ces épaisseurs donnent, par les angles qu'elles forment avec les perpendiculaires pleines et ponctuées, les points par lesquels on fait passer les arêtes supérieures, inférieures, internes et externes de cette courbe, c'est-à-dire que les lignes pleines désignent les arêtes de la face interne ou le côté des panneaux, et les lignes rampantes ponctuées désignent celles de la face externe ou le côté du limon. La petite courbe (*fig.* 5) se développe de la même manière que la grande, et toujours suivant les mêmes principes que pour les courbes rampantes ; c'est pourquoi nous n'entrerons dans aucun détail à son égard.

Les traverses du plafond ont aussi leur développement et leur gauche, ce qui se fait par le moyen de diverses inclinaisons prises à leur extrémité, comme P O, 3, 6, O C, 2, 4, et de leur inclinée. Ces coupes sont représentées toutes ensemble, ce qui détermine au juste l'épaisseur du bois qu'il faut avoir pour ses traverses, que l'on fera d'après les mêmes principes que les claveaux du plafond gauche. Il faut que ces traverses soient toujours d'équerre selon leur gauche, et la ligne du milieu doit toujours servir pour tracer les arrasements de face et de l'autre, par autant de hauteurs de marches, au-dessous desquelles on porte l'épaisseur que l'on veut donner au panneau, c'est-à-dire que de la perpendiculaire interne on renvoie une ligne, carrément à cette dernière, jusqu'à la correspondante externe, au-dessous de laquelle on porte l'épaisseur donnée ; on continue de la même manière de l'une à l'autre, et par les angles que ces épaisseurs forment avec les perpendiculaires seront les points par lesquels on fera passer les lignes qui désigneront les arêtes supérieures, inférieures, internes et externes de l'épaisseur du panneau (*fig.* 14). Le panneau O, P, 6, 3 du plan et de l'élévation (*fig.* 13) se développe de la même manière, à l'exception que sa partie supérieure sera à raccords suivant celui des courbes.

Quant à la manière de couper les panneaux dans la traverse du milieu, on élève de même perpendiculairement les bouts de la languette sur la ligne rampante, et toutes les autres sur chaque correspondante, et à ces points d'intersection on fait passer une ligne courbe qui marquera l'arête supérieure de la coupe du panneau qui entre dans les contours de l'ovale (*fig.* 6); on fait la même opération pour la coupe de l'autre panneau, et on a le développement et les coupes des panneaux du plafond. Leur calibre rallongé se fait de la même manière que les courbes; par conséquent, il est inutile d'en parler.

Pour l'exécution de ce plafond, il faut, comme pour l'escalier, corroyer et dresser du bois suivant les dimensions du plan : pour la grande courbe, une pièce de bois d'une longueur et d'une largeur égales au parallélogramme P Q R (*fig.* 3), et d'une épaisseur égale à celui P Q D (*fig.* 5); pour la petite courbe, suivant le parallélogramme S V R 6 (*fig.* 13). Quant à la manière de relever les lignes et de tracer les cerces rallongées sur les deux faces supérieure et inférieure des pièces de bois, elle est la même que pour les limons rampants ainsi que les panneaux; c'est pour cela que nous n'en ferons aucune démonstration. Ainsi qu'il a été dit, pour exécuter les traverses du plafond, il faut qu'elles soient corroyées et dressées d'une longueur égale au dehors des champs des courbes et d'une largeur égale à leur plan, et l'épaisseur de chaque bout ainsi qu'il est marqué dans les courbes. Il est inutile d'observer que la traverse supérieure du plafond est cintrée pour s'accommoder avec le contour de la chaire, et qu'il faut que ce contour soit tracé suivant la retombée du plan.

Nous avons dit que l'ovale de ce plafond était fait de deux pièces de bois, et suivant la largeur et l'épaisseur de chaque côté de la courbe avec laquelle elle est assemblée. Lorsque ces pièces seront corroyées et dressées suivant le plan, on trace les arrasements de la ligne du milieu qui a été marquée sur chaque face, que l'on porte dessus et dessous, suivant le rampant et le gauche ; on colle ces deux pièces ensemble, et on trace l'ovale ou le rond du milieu ; on figure le panneau, si toutefois on le fait massif.

Plan et développement d'une chaire à prêcher.

(Planches 41 et 42.)

Il n'est pas moins agréable de voir dans une église ou un temple une belle chaire à prêcher, surtout quand cette pièce se trouve faite avec toute la justesse possible ; mais ce ne sont pas tous les menuisiers qui peuvent construire de pareils ouvrages. On en voit cependant qui peuvent le faire, et encore par des moyens incertains, ce qui leur procure une perte de temps et de bois. Donc, pour tâcher de développer l'intelligence et éviter tout inconvénient, nous avons cru convenable de donner la marche la plus simple et la mieux en rapport avec cette sorte d'ouvrage.

Soit le plan (*fig.* 1) du point A comme centre, on décrira le cercle ponctué qui doit représenter la grosseur de la colonne; ensuite on tracera du centre A en B une droite nommée sécante, et du point B comme centre, on décrira le grand cercle, lequel représente le plan de la saillie de la corniche. A l'endroit où se croiseront ces deux cercles sera l'ouverture de la chaire, comme de 7 à 8 et de 1 à 8 pour le revêtissement de la colonne. On espacera également le restant du cercle comme 1, 2, 3, 4, 5, 6, etc.; de ces points on mènera au centre des lignes qui donneront les pans coupés du polygone, et du même point de centre B on tracera le cul-de-lampe que l'on coupera aussi par pans parallèles à la grande circonférence, laquelle, comme il a été dit, donne la saillie de la corniche; ensuite sur les lignes 1, 2, 3, 4, 5, 6, etc., menées au centre, on marquera la largeur des champs et des moulures. Le plan ainsi disposé, on fera l'élévation géométrale de la manière suivante :

On élèvera perpendiculairement du plan (*fig.* 1) les points 5 *c*, *c* 8, sur l'élévation (*fig.* 2), aux points 10, 7, 6, 9 sur la saillie de la corniche et à l'aplomb de l'impériale; on fera le profil de la corniche et celui de l'impériale cintré en S en élévation; on indiquera la largeur des champs et les moulures, ainsi que les profils des panneaux; ensuite on divisera l'un des profils de l'impériale en autant de parties égales que l'on voudra, en quatre par exemple, comme dans celle-ci, et de chaque point de division on mènera transversalement une ligne jusqu'à la saillie de l'autre côté, mais parallèle à la corniche. On fera observer que plus il y a de lignes de division, plus la courbe en S est régulière.

La hauteur totale de la chaire, à partir de la première marche jusqu'au-dessous de l'impériale, peut être de $4^m,50$, laquelle hauteur est répartie comme il suit : du plafond de la chaire à l'appui, $1^m,00$; de l'appui au plafond de l'abat-voie, $1^m,50$. Par conséquent, la hauteur de l'escalier doit être de $2^m,00$. On ne peut trop préciser de dimensions, attendu qu'on est obligé de mettre cette pièce en rapport avec le plan qu'elle occupe et suivant la grandeur du local auquel elle est destinée ; nous nous bornerons donc à celles que nous avons données.

Pour le développement du cul-de-lampe, on fera, comme pour l'impériale, la forme que l'on voudra et que l'on divisera pareillement en autant de parties égales que l'on jugera convenable ; on abaissera en plan les points 1, 2, 3, 4, 5 du cul-de-lampe jusqu'à l'arête du pied, lesquels points seront contournés, parallèlement aux pans coupés du grand cercle, jusqu'à l'arête sur laquelle on voudra faire le développement ; ensuite, parallèlement à l'arête 7, 7, on fera une ligne de la largeur du champ, sur laquelle on élèvera perpendiculairement les retombées de chaque ligne ; après ce, parallèlement à cette dernière, on fera à part la ligne K 1, sur laquelle on portera les hauteurs prises en élévation de cette manière.

La distance K à 5 prise sur l'élévation (*fig.* 2) que l'on portera de K en 5 (*fig.* 3); celle de 4 à 4, de 4 en 4; celle de 3 à 3, de 3 en 3; celle de 2 à 2, de 2 en 2, on fera passer une ligne par les points 1, 2, 3, 4, 5, et on aura le développement de l'arête du pied; ensuite on coupera carrément à l'arête du pied ou à sa parallèle les points 4, 3, 2, lesquels donneront le gauche total du pied; on fera passer une ligne par le point 4, partant du point de centre C qui a donné l'arc 5, 3, que l'on prolongera en dehors de la portion du cercle, et que l'on coupera perpendiculairement par celle M P; on portera de chaque côté de cette ligne la largeur de l'arête du pied 7, 7, prise en plan à sa parallèle; ensuite, sur la ponctuée passant par le centre C, on portera la distance qu'il y a du point 4 à la seconde ligne (*fig.* 3) sur la ligne M P; de chaque côté et de ces points on tirera deux obliques qui devront se joindre au point E; on prendra en plan l'épaisseur du pied que l'on portera sur la coupe et que l'on coupera d'équerre aux deux obliques; on donnera sur le derrière le point d'épaisseur que l'on aura porté; ensuite on prendra la distance de cette coupe du point E au point F que l'on portera sur le développement du point 4 sur la ligne ponctuée partant du centre, et on aura l'épaisseur totale du pied.

La quatrième ligne du développement (*fig.* 3) est prise sur la retombée de la largeur du champ, portée de même sur la ponctuée partant du point de centre C.

Les coupes (*fig.* 4) sont toutes prises de la même manière et sur la largeur du pied du cul-de-lampe ; il est par conséquent inutile d'en parler.

Pour les panneaux nous ne donnerons pas de description ; l'inspection seule du dessin peut suffire pour remplacer tout raisonnement à cet égard.

Nous n'avons fait sur cette feuille que le développement du cul-de-lampe à dessin, attendu que celui de l'impériale est identiquement le même, et afin que la multiplicité des figures et lignes ne puisse nuire au développement de l'intelligence.

Nous n'étendrons pas davantage cette description, attendu que le peu de raisonnement que nous en avons fait peut suffire pour bien comprendre les développements et le tracé du plan.

Chaire à prêcher avec son escalier à rampe à raccords adoucis et à tombeau.

(Planche 43.)

La rampe de cette chaire à prêcher est une de celles qui offrent ce qu'il y a de plus difficile et de minutieux dans la distribution des pilastres qui la composent ; c'est dans ces sortes de rampes, dites à tombeau, qu'il est nécessaire de bien connaître l'art du trait des escaliers, et de marquer bien juste le développement du plan, ainsi que sur la coupe des bois d'assemblage qui doivent servir à la confection. Il est d'autant plus nécessaire de porter toute son attention sur le développement et le tracé des courbes qu'au premier point manqué il est impossible de pouvoir le réparer sans perdre beaucoup de temps et de bois.

Lorsqu'on a déterminé la grandeur et la forme que doit avoir la chaire, on fait une échelle afin de distribuer plus convenablement la hauteur, la largeur, l'épaisseur des bois, des champs et des moulures (*fig.* 1); ensuite la figure 3, sur laquelle on marque la hauteur de la rampe, la largeur et l'épaisseur des courbes, des panneaux, des champs et des moulures; puis on trace le plan horizontal de l'escalier et de la chaire A B G C, P D R C, suivant la position de la colonne et les principes émis pour les autres escaliers et à la planche 39.

D'un point supposé être pris du centre de la colonne, on décrit l'épaisseur des courbes et des panneaux qui ont été pris sur la figure 3, de même pour celle de la chaire; puis, au milieu du grand et petit limon, la ponctuée sur laquelle on doit espacer la quantité de marches données par la hauteur de l'escalier 1, 2, 3, 4, 5, 6, 7, 8, 9, 10, 11, 12. Cette dernière doit être le plancher de la chaire, lesquelles sont tendues au centre du point qui a décrit les courbes; on marque la saillie des marches par une ponctuée et l'épaisseur des contre-marches parallèlement à chaque ligne de compartiment de marche.

Cela posé, on marque suivant les dimensions convenues le pilier d'appui horizontal, avec sa saillie, ses champs et ses moulures, de même que pour le pilastre de la chaire avec la rampe, et celui au milieu, afin d'avoir des panneaux d'une égale longueur; on en fait autant pour celui du milieu de la chaire ; on opère de la même manière sur la courbe de l'appui de la rampe, avec cette différence que le pilier et les pilastres ont moins de largeur vers leur extrémité supérieure, différence occasionnée par le cintre en S ou à tombeau, qui est sur toutes les faces, comme on le voit par le pilier d'appui horizontal ; on marque de chaque côté des pilastres la largeur des traverses montantes, dont chacune de ces largeurs ainsi que la languette des panneaux sont coupées d'équerre du point du centre qui a décrit les courbes, ce qui n'a pas besoin d'être démontré.

Lorsqu'on a ainsi distribué le plan horizontal de l'escalier et celui de la chaire, on en fait le développement ; si toutefois on désire faire la rampe en deux parties, afin de mieux faciliter l'emploi du bois, on en marquera l'assemblage sur le plan horizontal avant de procéder au vertical.

Pour cela on s'y prend de la même manière que pour les précédents, c'est-à-dire que l'on élève perpendiculairement à une ligne tirée deux largeurs de marches ; puis, sur chaque perpendiculaire, on la croise par une hauteur de marche qui sera celle aussi de l'escalier; on trace la largeur du limon et celle de la courbe de la rampe, et on fait les crochets

2, 3, 4 et 3, 4, 5 (*fig.* 5), qui, descendus en plan, donneront sur les courbes la largeur des assemblages pour l'appui de la main-courante, ce qui se voit parfaitement par les lignes ponctuées qui conduisent chaque point où il doit être. L'assemblage tracé sur le plan, on fait le développement partiel de la rampe.

Pour la première partie, on tire une ligne ponctuée de l'arrasement interne du limon avec le pilier horizontal à l'extrémité de l'assemblage, laquelle ligne sera la base sur laquelle on élèvera perpendiculairement le devant des marches qui y sont comprises et celles qui se trouvent dans le pilier horizontal. A partir de 1, 2, 3, 4, 5, 6, 7, 8, on croisera ces perpendiculaires par autant de hauteurs de marches, qu'on fera parallèles à 3, 8, ce qui donnera 1, 2, 3, 4, 5, 6, 7, 8 (*fig.* 5). On élèvera de la même manière tous les autres points formés par la ligne pleine des marches avec les courbes ; les unes serviront à fixer la largeur du limon, les autres celle de la courbe de la rampe, y compris les panneaux, en portant sur elle la hauteur déterminée suivant son inclinaison, prise sur les perpendiculaires de la figure 12, qui peut servir de mesure pour cette largeur.

Les raccords de cette première partie ne partent pas, comme ceux de la chaire, d'un seul point, mais bien de l'arrasement qui lui est propre ; c'est du point E, C, que l'on a décrit les raccords des champs et des moulures. Cette différence des points de raccord est occasionnée par l'inégalité des arrasements, par conséquent de la saillie des profils.

Le pilier horizontal n'a besoin d'aucune explication ; la manière de le construire est suffisamment indiquée par les ponctuées élevées du plan. Il s'assemble avec la première marche et avec le dessus de la rampe par ses tenons et celui C, E (*fig.* 14), qu'il reçoit de la courbe de la rampe ; le pilastre du milieu est de même élevé du plan, comme on le voit de 6, 7, 8 (*fig.* 5). Les traverses montantes sont indiquées par les lignes qui les ont produites ; les ponctuées 2, 3, 4, 5, 6, 7, sont le résultat des divisions égales pour la hauteur des pilastres et panneaux, afin de pouvoir les couper d'une manière plus assurée et plus juste.

Enfin, il deviendrait abusif d'expliquer une seconde fois la construction de cette chaire, la précédente peut suffire ; de plus, le plan et l'élévation étant dessinés correctement, on pourrait à la rigueur se passer de tout ce qui a été dit pour leur construction. Ainsi, nous terminerons ici cette démonstration, en invitant celui qui se trouvera obligé de consulter ce livre à bien étudier le développement des corps solides, afin d'avoir plus de facilité pour concevoir les plans des tracés.

Plafond rampant d'assemblage.

(Planche 44.)

Ce genre de plafond a été exactement décrit sur la planche 40, qui indique ponctuellement la manière de l'établir, comme étant destinée au même but, c'est-à-dire de revêtissement à l'escalier d'une chaire à prêcher de même forme. Néanmoins, pour tracer le plan horizontal, on se servira de la même manière que pour celui de l'escalier, c'est-à-dire que le même point de centre qui a décrit la face interne du limon sera aussi celui duquel on partira pour tracer les courbes du plafond. Il deviendrait superflu d'entrer dans de plus longs détails à l'égard de cette pièce; il suffira d'en suivre exactement les principes et la justesse voulue pour la confection de ces sortes d'ouvrages, le plan étant dessiné très-correctement. On observera seulement le raccord de l'escalier de la rampe.

CHAPITRE II.

Des chapeaux pyramidaux et de leurs arêtiers; des pavillons carrés, biais et en tour ronde.

ARTICLE PREMIER.

PLAN ET DÉVELOPPEMENT D'UN PAVILLON CARRÉ.

(Planche 45.)

Lorsqu'on veut construire un pavillon carré, dont la longueur et la largeur sont données par le parallélogramme A B C D (*fig.* 5), on procède de la manière suivante.

Soit les quatre piliers sur lesquels on doit placer des arêtiers qui supportent le comble, on déterminera la hauteur de la face avec l'épaisseur de la toiture, ainsi qu'il est démontré par les chiffres 1, 2, 3 et C 2 (*fig.* 5 *et* 6); ensuite, des angles de piliers en plan, du point C on porte la diagonale C 1, 3, 4, 2, et du point A on mène une parallèle à la diagonale au point E ; on joint le point 2 au point E, et par une parallèle à cette ligne on marque la largeur de sarêtiers ; on aura de même la longueur, l'épaisseur et leur fausse équerre (*fig.* 7), on conduit ensuite la ligne horizontale, en coupant le plan en deux parties égales du point C au point 7, pour avoir la hauteur d'un arêtier (*fig.* 8), et sur la perpendiculaire C 7 (*fig.* 9), pour avoir la longueur et la largeur du trapèze.

ARTICLE 2.

PLAN ET DÉVELOPPEMENT D'UN ARÊTIER PYRAMIDAL.

Soit les quatre piliers A B C D (*fig.* 1), qui représentent le plan d'un pavillon ou tout autre ouvrage, dont la toiture est de forme pyramidale, sur lesquels piliers on veut placer des arêtiers qui en supportent le comble: on commence par déterminer la hauteur de sa face avec l'épaisseur de cette toiture, ainsi que le montre le triangle C D C (*fig.* 2); ensuite, des angles de piliers on tire des diagonales, lesquelles donnent la largeur des arêtiers; pour en avoir la longueur, l'épaisseur et leur fausse équerre, on prend la hauteur du comble, que l'on porte sur une diagonale, et de ce point à l'angle du pilier on mène une ligne qui désigne le dessous de l'arêtier; pour avoir son épaisseur de l'angle A, on tire une parallèle jusqu'à ce qu'elle rencontre la diagonale en un point, et la ligne est la longueur du dessous de l'arêtier, et par conséquent l'épaisseur est donnée par l'intervalle de ces deux lignes.

Pour trouver la fausse équerre de l'arêtier, du centre du pilier, on tire une ligne, laquelle divise l'arêtier en deux parties égales; puis on élève sur l'épaisseur de l'arêtier une perpendiculaire; ensuite on prend la distance, la hauteur en plan, ce qui forme le losange qui est la coupe de l'arêtier pris perpendiculairement à l'une de ses faces, et qui, par conséquent, donne sa fausse équerre.

Lorsque l'on a ainsi disposé le plan de l'arêtier, on le coupe en pente; ces deux coupes donnent l'une le losange, et l'autre le carré qui était la chose cherchée.

On fera remarquer que la face de ces coupes ne se prend pas sur les faces de l'arêtier, mais bien de l'arête interne à celle externe.

On conçoit que, pour mettre de largeur et d'épaisseur cet arêtier, on n'a qu'une parallèle à mener à cette coupe, et ensuite déterminer la largeur de son champ, ainsi qu'il est démontré par les figures 3 et 4, qui enseignent la manière de tracer et débillarder un arêtier à angles saillant et rentrant.

Quand un pavillon n'est pas d'une forme carrée, comme la figure 1, mais d'un carré long, comme la figure 5, on le trace de même. Si nous avons fait plus haut ce morceau de description, c'est afin de l'avoir plus tôt sous les yeux et d'éviter les recherches.

Cette planche est si facile à comprendre, que nous ne poursuivrons pas plus loin la démonstration, attendu que l'inspection seule des figures est plus que suffisante pour tenir lieu d'explication.

ARTICLE 3.

PLAN ET DÉVELOPPEMENT GÉOMÉTRAL D'UN PAVILLON ASSEMBLÉ SUR TASSEAU.

(Planche 46.)

Lorsqu'on a un pavillon à construire, dont la longueur est donnée, comme ici, par le parallélogramme A B C D (*fig.* 1), on trace le plan horizontal en faisant attention que la croupe soit plus raide que le long-pan, et que le maître-entrait ne porte pas à faux ; le plan ainsi tracé, on fait l'élévation des arêtiers et de coupe ainsi que des herses.

Sur la ligne B C pour base, on élève perpendiculairement la largeur du plan, les abouts et gorges des empanons, etc. Les empanons se coupent en faisant un trait carré à l'about et à la gorge pour le démaigrissement. Pour bien comprendre cette méthode, il n'y a qu'à faire attention aux coupes des deux empanons C C (*fig.* 1), et à remarquer les lignes qui partent de leur gorge et de leur about, lesquelles sont 2, 2, 2, 2 ; l'empanon qui n'est marqué d'aucune lettre en plan est rapporté sur le chevron de croupe (*fig.* 4), et les empanons C C D D en plan. On produit sur les chevrons de croupe les lignes à plomb, qui sont les lignes du milieu de ces mêmes empanons. Pour tracer les mortaises, il faut faire un trait carré au bout de l'arêtier en plan, prendre de ce trait carré aux abouts et aux gorges de ces empanons, et rapporter ces distances en élévation (*fig.* 3) qui donneront les mortaises.

Pour tracer les petits arbalétriers, on renvoie les lignes qui partent des gorges et des abouts de l'arbalétrier, sur le milieu de l'aiguille (*fig.* 2), ce qui donne la chambrée juste des pannes, ainsi que pour l'épaisseur du bois; on fait paraître les pannes sur le plan où elles doivent être et sur la croupe de même hauteur; du dessous de ces pannes on renvoie des lignes d'équerre au chevron de ferme et de croupe (*fig.* 2 *et* 4); d'où ces lignes rencontrent celles du milieu, on les renvoie parallèlement jusqu'à ce qu'elles croisent celles du milieu P P de l'arêtier que la ligne du dessous des pannes a produit; on tire les lignes qui sont les pentes des mortaises ou des tasseaux ce qu'il faut relever de son délardement; car, si les mortaises n'étaient pas relevées ainsi, elles seraient trop basses, de même que les tasseaux de leur recreusement. Ce qui nécessite le refenillement des tasseaux, c'est la différence des pentes des lignes.

Pour faire le développement ou herse de ce pavillon, on tire la ligne horizontale A D, et au milieu la perpendiculaire G, sur laquelle on porte la largeur du chevron de croupe, et sur l'autre ligne on porte la longueur de la sablière de croupe qui formera le triangle A G D (*fig.* 5) pour les herses des longs-pans; on prendra du plan la longueur de la sablière, que l'on porte en herse, ce qui donnera les triangles B G A (*fig.* 6), G D C (*fig.* 7), herses des longs-pans ; les herses ainsi disposées, on espacera les empanons tels qu'ils sont au plan (*fig.* 1), ainsi que le délardement.

Pour couper les pannes à la herse, on les rapporte dans la même position qu'elles paraissent sur l'élévation, et pour avoir leur coupe on fait des traits carrés au couronnement des chevrons de ferme et de croupe ; on prend le démaigrissement à chacun, que l'on rapporte par ligne à plomb au nu du délardement.

Les coupes et les assemblages de ce pavillon sont tracés avec une telle régularité, que l'inspection seule des figures peut remplacer toute démonstration ; c'est pour cela que nous ne nous étendrons pas davantage à son égard.

ARTICLE 4.

PLAN ET DÉVELOPPEMENT D'UN PAVILLON, FORMANT CINQ-ÉPIS, CARRÉ.

(Planche 47.)

La position du cinq-épis étant déterminée, on trace le plan A B C D (*fig.* 1), les quatre poinçons ; ensuite on marque les arêtiers du milieu du poinçon ; on marque aussi les nones et on divise les empanons comme au pavillon précédent ; puis sur la ligne C B, pour base, on élève perpendiculairement le faîtage (*fig.* 2). Il faut observer que le couronnement soit d'égale hauteur, ainsi que l'indique la ligne G G, et que les grosseurs de bois soient réduites d'épaisseur selon leur rampe. Pour cela, on commence par la ferme, et du dessous on tire une horizontale où cette ligne croise le milieu des poinçons et le point fixe du dessous de chaque membre de l'ouvrage, comme nones, arêtiers et chevrons de coupe. Ces nones seront relevées de leur recreusement; quant aux arêtiers, il faut, des points que l'horizontale tirée au-dessous de la ferme a produits, les surbaisser de leur recreusement, parce que les arêtiers font arête par dehors et angle par dedans, et la none fait le contraire par rapport au faîtage. Pour l'about des mortaises, elles se rapportent comme au pavillon précédent, et paraissent sur la none et sur l'arêtier; de sorte que, si les lignes qui coupent l'empanon rencontraient en passant l'aisselier ou la contre-fiche, elles les couperaient de même qu'elles coupent les empanons.

Le développement des herses est à peu près le même que celui dont on vient de parler; on commence par tirer la ligne horizontale A D et sa perpendiculaire; on trace la herse de la croupe; ensuite on prend les longueurs des faîtages en plan, que l'on porte en herse, puis la longueur totale de la none, les longueurs du faîtage en plan, et on les rapporte aussi en herse; on prendra encore la longueur de l'arêtier sur l'élévation, plus la longueur des sablières des chevrons de croupe; ces lignes étant tracées, on rapportera le délardement.

Ensuite on espacera les empanons de la même

manière qu'ils sont sur le plan ; le développement ainsi terminé, on marquera le passage de la cheminée dans la croupe en faisant des lignes d'adoucissement dans son passage en plan pour les rapporter sur son chevron de croupe et sur l'élévation (*fig.* 4, 5 *et* 6.)

ARTICLE 5.
PLAN ET DÉVELOPPEMENT D'UN PAVILLON, A CINQ-ÉPIS, EN TOUR RONDE.
(Planche 48.)

Le plan d'un bâtiment en tour ronde peut être considéré comme un cône tronqué sur lequel on a tracé deux lignes d'équerre, afin d'en évider les angles, ce qui forme les deux faîtages et les quatre nones.

Pour tracer le plan de ce pavillon, du point N comme centre, on décrit le demi-cercle ou tour ronde A E D C B (*fig.* 1). Pour avoir les arêtiers, on commence par fixer les poinçons sur les faîtages; on divise les chevrons de croupe et les longs-pans en un même nombre de parties égales, en faisant attention de mener parallèlement au faîtage les lignes de division des longs-pans; puis, du centre N, on décrit les croupes, de sorte que les points où les lignes droites de division 1, 2, 3, 4, 5 rencontreront les circulaires 1, 2, 3, 4, 5 seront ceux du milieu des arêtiers.

Pour en faire l'élévation, on tire l'oblique E C, sur laquelle on élève des perpendiculaires des points où les horizontales viennent se croiser avec la ligne du milieu de l'arêtier ; ensuite on porte sur la ligne d'aiguille (*fig.* 3) la longueur de celle figure 7.

Les empanons du plan (*fig.* 1) sont rapportés en élévation où la coupe est tracée des deux bouts, et où celle du haut coupe en passant un petit aisselier.

Par la figure 8, on voit la none dans laquelle est tracée la mortaise du pied de l'empanon et son élévation. La manière de tracer cette figure est la même que pour le pavillon précédent; par conséquent, il est inutile d'en faire la démonstration.

Pour avoir la courbure des arêtiers, on divise la none en six parties égales, comme elle est en plan, et par les points de division on mène des lignes parallèles au faîtage, sur lesquelles on rapporte les longueurs des lignes de division 1, 2, 3, 4, 5 du plan, et on aura la courbure demandée.

Pour avoir les épaisseurs des bois des arêtiers en herse du côté des nones, on prend en plan sur les lignes de division la longueur des lignes depuis la face des bois des arêtiers jusqu'à la ligne du milieu de la none, et on porte ces longueurs sur chacune de leurs correspondantes, ce qui donnera la face des arêtiers du côté de la none.

Pour déterminer la longueur des sablières, on divise celle qui est en plan en autant de parties égales que l'on peut et qu'on rapporte en herse de part et d'autre.

Nous n'étendrons pas davantage l'explication de

cette tour ronde, attendu que les figures démontrent clairement ce qu'il faut faire pour parvenir à son exécution.

ARTICLE 6.

PLAN ET DÉVELOPPEMENT D'UN PAVILLON BIAIS, RAMPANT ET CINTRÉ EN S DANS SON ÉLÉVATION.

(Planche 49.)

Le plan de ce bâtiment est biais par un de ses côtés, comme le montre A B C D (*fig.* 1). Le plan ainsi disposé, les arêtiers et les chevrons de croupe, on élève carrément les extrémités A B, et on trace la maîtresse-ferme ; ensuite on prend le reculement de l'arêtier que l'on porte carrément à une ligne comme B D (*fig.* 3) ; puis, à partir de la ligne du milieu de la ferme, on fera autant de lignes d'adoucissement que l'on jugera convenable, et à égale distance les unes des autres, ainsi que l'indique la figure 2 ; on fera aussi le même nombre de divisions égales pour la figure 3, à partir de la perpendiculaire B B jusqu'au point D ; ensuite on prend la hauteur dans la ferme de chaque ligne perpendiculaire ou d'adoucissement, que l'on porte sur chaque ligne correspondante de la figure 3, ou bien on les conduit parallèlement à l'horizontale jusqu'à ce qu'elles rencontrent les perpendiculaires, et ces points de rencontre donneront les points fixes de la courbe de l'arêtier (*fig.* 3).

On fera la même opération pour tracer le berceau. Le devant de la jambette de la ferme étant descendu sur l'arêtier du plan, on prend la distance qu'il y a de ce point au milieu de l'aiguille, que l'on porte en élévation de la perpendiculaire B B sur la ligne d'about; ensuite on prend la longueur des lignes comprises en la ligne d'about et le berceau (*fig.* 2) que l'on porte sur chacune des lignes perpendiculaires qui leur correspondent dans l'arêtier (*fig.* 3), et les points où elles se termineront seront la ligne du berceau.

On a les délardements en les prenant en plan comme aux arêtiers ordinaires, en les rapportant sur chaque ligne horizontale (*fig.* 3) des extrémités de chacune de celles de l'arête, ce qui donne la courbe. Quant au recreusement de l'aisselier et de l'arêtier, on prend en plan le même espace que l'on a pris pour le délardement, que l'on rapporte par lignes horizontales de la ligne courbe, qui est celle du fond de recreusement, et qui donnera la courbe, qui sera la ligne d'affleurement.

Pour déterminer la courbe de la croupe, on prend son reculement en plan, que l'on porte sur une ligne droite quelconque; puis on fait autant de lignes d'adoucissement qu'il y en a dans la ferme, et on aura la figure 4, laquelle s'opère par le même procédé que la précédente.

Pour marquer la lierne dans le chevron de croupe, on la met de même hauteur que dans la ferme (*fig.* 2), en faisant attention que, pour son alignement, elle soit d'équerre à la courbe du dessus du chevron de croupe (*fig.* 4). Cet alignement arrivant, on rapporte en élévation (*fig.* 2) au point qui est la première ligne; on porte aussi le point de hauteur ; on tire la ligne qui sera celle de l'alignement de la panne ou mortaise pour le côté de la croupe.

Pour avoir la contre-fiche d'arêtier, du point où le dessous de celle qui est à la figure 2 rencontre le dessus de son chevron, on tire une ligne horizontale, jusqu'à ce qu'elle rencontre l'arête de l'arêtier (*fig.* 3); au point qui sera celui fixe du haut, pour celui de son pied, sera la contre-fiche d'arêtier. On doit remarquer que le pied de la contre-fiche qui est à la ferme venant jusqu'au-dessus de l'entrait, il faut que celle d'arêtier ne passe pas la ligne d'entrait.

La figure 5 est le développement de l'arêtier de l'angle droit en plan, qui est le même que celui de la figure 3. Par conséquent, nous n'en ferons aucune explication. Nous devons seulement dire un mot sur le renvoi de la mortaise, de la lierne, du long-pan sur ce même arêtier; pour cela on fait attention où se trouve le point du dessous de la panne (*fig.* 2). On a trouvé qu'il est au-dessus de la 9e ligne d'adoucissement; on le porte sur la ligne correspondante de l'arêtier (*fig.* 5). Pour avoir le même point pour son alignement, on fait attention que la lierne (*fig.* 2) vienne joindre la ligne d'about à la 5e d'adoucissement; ainsi, du point qui est commun à la ligne d'about (*fig.* 5), et la 5e correspondante dont on mène la ligne 5 qui sera l'alignement de la mortaise de la lierne, ou celui du tasseau de l'arêtier.

La figure 6 indique le plan et le développement

d'un comble en pavillon, et la figure 7 un comble à deux égouts, où il y a un faîtage et une ferme à chaque bout; mais ni l'une ni l'autre de ces figures ne sont difficiles à construire, c'est pour cela que nous ne ferons aucune démonstration à leur égard.

CHAPITRE III.

Des courbes de chambranles, de corniches; des éventails des voûtes d'arête et trompes sur l'angle.

ARTICLE PREMIER.

COURBE DE CHAMBRANLE CINTRÉE, TOUR CREUSE EN PLAN, PLEIN CINTRE EN ÉLÉVATION, AYANT SES ÉQUERRES PERPENDICULAIRES A LA BASE DU PLAN.

(Planche 50.)

Quoique les équerres de cette courbe soient perpendiculaires à la base du plan, on se sert toujours du même mode de développement que pour celles dont les équerres tendent au centre du plan.

Soit P C la moitié du plan (*fig.* 3), on trace la largeur du parement de la courbe, comme de A à C; puis on élève de l'angle C une perpendiculaire jusque sur l'horizontale K C B, et du point C comme centre on décrit le quart du cercle, sur lequel on fera autant de divisions égales que l'on jugera à propos : on abaissera ces divisions K 8, 9, 10 L sur le plan aux points 1, 2, 3, 4, qu'on élèvera sur l'oblique pour porter dessus les hauteurs de l'élévation de cette manière.

On élève perpendiculairement à l'oblique toutes les divisions qui se trouvent dans cette partie de cercle, tant à l'extérieur qu'à l'intérieur; pour ménager le papier, on les a transportées figure 2, cotées des mêmes chiffres que sur le plan. Ensuite on prend sur l'élévation géométrale la hauteur des divisions, que l'on porte sur chaque ligne correspondante du développement, tant pour le dessus que pour le dessous de la courbe; on marquera le gauche par des lignes parallèles à la base, puis par chaque point on fait passer les ponctuées, lesquelles désignent les arêtes postérieures, supérieures et inférieures de la courbe.

Si on voulait avoir le calibre rallongé, on le tracerait de la même manière que pour les figures 1 et 2.

Ces sortes de courbes peuvent être mises en usage dans le cas d'un revêtissement d'arcade ou d'un chambranle de porte dont le champ intérieur doit être apparent et s'aligner avec l'enfilade. Elles ont le défaut, lorsqu'elles sont à double parement, d'être d'inégale largeur, à moins de les faire aiguës par dehors, ce qui ne peut être lorsqu'on a des rainures et des moulures à y faire; dans ce cas, on met le dehors de la courbe d'équerre.

La manière de tracer et d'exécuter ces sortes de courbes est parfaitement expliquée par le développement de chaque figure, c'est pourquoi nous ne poursuivrons pas plus loin l'explication.

Courbe de chambranle cintré, tour ronde, en plan et plein cintre en élévation, ayant son épaisseur tendue au centre.

(Planche 51.)

Cette espèce de courbe, cintrée en plan et en élévation, se rencontre assez souvent dans la pratique.

Soit le plan A B C *(fig.* 1), on le divise en autant de parties égales qu'on le jugera à propos, et que l'on tendra au centre du plan, lesquelles tendantes désignent les équerres de la courbe. Le plan horizontal ainsi terminé, on fera le géométral ainsi qu'il suit.

Sur la ligne de base C *(fig.* 1) on élèvera perpendiculairement les angles A B de la face antérieure du plan sur l'horizontale correspondante de l'élévation, et du centre on décrit le demi-cercle pour le dessous de la courbe, et pour le dessus on porte la largeur déterminée de la courbe ; où cette même largeur est tracée on élève des perpendiculaires à la base, on décrit l'arc qui désigne l'arête antérieure et supérieure de la courbe ; ensuite, de chaque endroit où ces perpendiculaires croisent les deux demicercles de la face antérieure, tant au-dessus qu'au-dessous, on renvoie de petites lignes d'équerre à partir des lignes pleines ou de face; on fera la même opération sur l'autre demi-cercle, et ces points, sur lesquels on fait passer les lignes ponctuées, désignent le gauche de la courbe prise dans son développement.

La méthode que nous avons employée pour tracer la courbe de chambranle n'est bonne que pour en faire connaître le développement général, car il serait trop dispendieux de la construire d'une seule pièce; c'est pour cela, et pour faciliter l'intelligence de cette sorte de courbe, que nous allons donner la manière de la faire de deux pièces séparées.

De l'oblique pleine tirée du point C, on élève perpendiculairement les lignes de division, tant sur la face antérieure que sur la postérieure de la moitié du plan (*fig.* 1), sur lesquelles on porte la moitié de la courbe géométrale de cette manière.

On fait la ligne de base C parallèle à celle du parallélogramme posé sur la moitié du plan (*fig.* 1); puis on prend sur la figure 3 la hauteur de chaque perpendiculaire à la base marquant l'épaisseur que l'on porte à la figure 2 sur chaque ligne correspondante, et par tous ces points on fait passer une courbe, laquelle désigne l'arête antérieure et inférieure de cette portion de courbe.

On opèrera de la même manière pour avoir la ligne de l'arête supérieure, et on tracera les lignes de gauche ainsi qu'on l'indique par les ponctuées; on place les tenons pour être assemblés avec la moitié de la courbe du côté opposé, et on aura le développement et la manière de construire le chambranle de deux pièces séparées. Il est bien entendu qu'on fera la même opération pour l'autre côté.

Le calibre rallongé se trace comme ceux des pièces précédentes, ainsi qu'il est indiqué par la figure 2.

Courbe de chambranle cintré, tour creuse, en plan et plein cintre en élévation, ayant son épaisseur tendue au centre.

Toute la différence qui existe entre cette courbe et celle que nous venons de décrire (*fig.* 1), c'est qu'elle est cintrée sur plan en tour creuse.

Soit le plan ou la moitié du plan G C L (*fig.* 4), on trace la largeur de la courbe, laquelle largeur augmente du côté de la face postérieure en raison de l'éloignement du point de centre; puis on divise le plan en autant de parties égales qu'on le juge à propos, et que l'on tend au centre pour avoir les équerres de la courbe; le plan ainsi disposé, on trace le cintre géométral de la courbe perpendiculairement au-dessus du plan de cette manière.

Sur l'horizontale C L on élève de l'angle antérieur une ligne perpendiculaire que l'on coupera par une parallèle formant la base de l'élévation; du centre de cette dernière on décrit le quart de cercle; ensuite on prend en plan la largeur de la courbe, que l'on porte sur l'élévation, et on décrit l'arête supérieure; puis on élève sur ces deux parties d'arc autant de perpendiculaires qu'il y a de divisions, tant à la face interne qu'à l'externe du plan de cette courbe ; puis on trace le gauche comme à la précédente, ce qui n'a pas besoin d'autres explications.

On fera suivant l'oblique L C le développement de la moitié de cette courbe, ainsi que le calibre rallongé, de la même manière qu'il a été indiqué par la figure 2.

ARTICLE 2.

COURBE DE CORNICHE CINTRÉE EN S EN PLAN ET SUR L'ÉLÉVATION, AYANT SES ÉQUERRES PERPENDICULAIRES A LA BASE DU PLAN.

(Planche 52.)

Ainsi qu'il a été dit, il faut que les équerres des courbes cintrées en plan et en élévation soient parallèles entre elles et perpendiculaires ou obliques à la base du plan, la méthode de leur construction est toujours la même que celles dont les équerres tendent au centre du plan.

On fera remarquer que les plans des courbes que l'on donne dans cette planche sont doubles, c'est-à-dire que chaque plan renferme la traverse sur laquelle repose la corniche, ainsi qu'il sera démontré.

Après avoir tracé le plan horizontal de la traverse A C B B, et celui de la saillie de la corniche C D C E (*fig.* 1), ainsi que leur élévation géométrale pour la traverse et la corniche (*fig.* 2), on divise la longueur de la ligne de base A *d* B du plan en autant de parties égales que l'on jugera à propos pour avoir des équerres aux courbes, que l'on conduit perpendiculairement à travers le plan de 1 à 2, de 2 à 3, de 3 à 4, de 4 à 5, de 5 à 6, etc., et sur l'élévation géométrale de même.

Le plan horizontal et géométral ainsi disposé, on fait le développement de la traverse et de la corniche de la manière suivante.

Sur le côté (*fig. 4*) on mène parallèlement des lignes de chaque point où les perpendiculaires de division croisent l'arête supérieure et inférieure de la courbe ; puis, à partir d'une perpendiculaire placée à volonté, comme celle BG par exemple, on porte sur chacune de ses parallèles la profondeur du plan, ainsi qu'il suit.

On prend la distance qu'il y a de chaque perpendiculaire, que l'on porte en élévation sur sa correspondante (*fig. 4*), pour chaque perpendiculaire de même ; puis de ce point on abaisse une perpendiculaire sur la parallèle de l'arête inférieure, et sa parallèle de l'épaisseur du bois déterminée pour la courbe, et ainsi de suite. On fait le parallélogramme (*fig. 4*), et on a la largeur de la courbe, d'équerre et d'épaisseur, suivant chaque point de division du plan horizontal et géométral propre à son exécution.

On opère de la même manière pour avoir le développement de la saillie de la corniche, c'est-à-dire que l'on mène parallèlement autant de lignes qu'il y a de points donnés par les divisions du plan, comme

6, 5, 4, 3, 2, C pour l'arête supérieure, 5, 4, 3, 2, 1, D pour l'arête inférieure; ensuite on prend sur la ligne pour base la distance qu'il y a de 5 à 6, que l'on porte en élévation sur la correspondante (*fig.* 3) de 5 à 6, et du point 6 on abaisse une perpendiculaire sur celle de l'inférieure; puis la distance de 4 à 5, que l'on porte aussi sur la figure 3 de 4 à 5; on abaisse de même perpendiculairement une ligne qui fixe la saillie de la corniche sur ce point de division, et ainsi de suite jusqu'à A et à la ligne A D du plan; on portera de la même manière la saillie de la corniche; on marquera le profil, ainsi que la feuillure qui repose sur la traverse, et on aura les coupes d'équerre, de largeur et d'épaisseur, suivant chaque point de division de la courbe (*fig.* 2), ainsi qu'il est démontré (*fig.* 3); on fera les parallélogrammes, lesquels donneront deux épaisseurs de bois différentes, l'une pour construire la corniche volante, et l'autre pour la mettre dans son épaisseur.

Courbe cintrée en S verticalement et droite en plan vers sa partie inférieure cintrée en S, au fur et à mesure qu'elle approche de l'arête supérieure pour recevoir une corniche cintrée en S en plan et en élévation.

Cette espèce de courbe est quelquefois employée pour les traverses d'armoire, de placard ou autres, lorsqu'on veut avoir des portes droites sur leur face et la corniche cintrée en plan et en élévation. La manière de construire cette courbe a beaucoup de rapport avec celle qui pénètre un berceau; par conséquent, on peut se servir des mêmes principes.

Le développement de cette traverse se trouve dans son élévation. Soit donc le plan géométral A B de la corniche (*fig.* 5), on mène, comme pour la précédente, parallèlement et horizontalement, autant de lignes qu'il y a de points donnés par les divisions sur la largeur de la rentrée de la traverse sous la corniche sur le côté (*fig.* 6); puis on prend la hauteur de chaque ligne de division, que l'on porte sur la correspondante, et du point on abaisse une perpendiculaire sur la ligne de dessous; on fait la même opération pour les autres, et on fera passer des lignes courbes par les angles jusqu'à celui inférieur de la traverse, et on aura le développement du cintre de la courbe, suivant chaque point de division renfermé dans le parallélogramme (*fig.* 6).

La corniche de cette traverse se développe de la même manière que celle figure 3; par conséquent, il est inutile de la décrire.

On observera que pour mettre cette courbe de largeur il faut toujours en faire le développement sur une ligne droite, afin d'avoir la hauteur des perpendiculaires qui servent à sa construction. Il en sera de même pour toutes les courbes cintrées en plan et en élévation de cette espèce.

Autre courbe de corniche cintrée, tour creuse, en plan et en S, en élévation, ayant ses équerres tendues au centre du plan.

La manière de faire le développement de cette courbe est la même que celle dont les équerres sont tendues au centre du plan, ainsi qu'il a été déjà démontré.

Soit le plan pour la traverse et la corniche (*fig.* 7), que l'on divise en autant de parties égales que l'on juge à propos pour avoir des équerres à la courbe, on marque l'assemblage au milieu pour être fait en deux pièces, comme on peut le voir; ensuite d'une ligne tirée des deux extrémités de la courbe on élève autant de perpendiculaires qu'il y a de points donnés par les lignes de division, tant à l'intérieur qu'à l'extérieur du plan (*fig.* 7), sur lesquelles on porte de la parallèle la hauteur géométrale du cintre de la courbe, ainsi que la largeur (*fig.* 8) prise suivant le cintre de chaque perpendiculaire, que l'on porte sur sa correspondante, et ainsi de suite; on fait le calibre rallongé à l'ordinaire, c'est-à-dire que l'on porte la distance qu'il y a entre l'oblique et le derrière du plan sur les perpendiculaires retournées d'équerre (*fig.* 8).

On élèvera de même sur l'oblique la saillie de la corniche par autant de perpendiculaires qu'il y a de points donnés par les divisions sur chaque face du plan, sur lesquelles on portera la hauteur géométrale, que l'on prendra aussi sur la figure 7, et que l'on portera (*fig.* 9) sur chaque correspondante ; on marquera le gauche avec les lignes de derrière, et on aura la moitié de la courbe de corniche cintrée en plan et en S, en élévation.

Nous n'étendrons pas plus loin la démonstration de cette pièce, attendu que l'inspection du plan et des figures doit suffire pour en donner l'intelligence.

ARTICLE 3.

ÉVENTAIL CINTRÉ EN PLAN ET EN ÉLÉVATION, DONT LES ÉQUERRES TENDENT AU CENTRE DU PLAN.

(Planche 53.)

Les éventails cintrés en plan et en élévation se rencontrent assez souvent dans la pratique ; leur usage est assez connu pour qu'il soit nécessaire d'en parler, mais la manière de les construire ne l'est pas aussi bien.

Après avoir pris les mesures de hauteur, de largeur et de profondeur, on les combine de manière à pouvoir distribuer convenablement les différentes pièces qui entrent dans la construction de cet éventail. Ces dimensions prises, on trace le plan horizontal A B C, ainsi qu'il est indiqué figure 1, et l'élévation géométrale, comme le montre la figure 3, c'est-à-dire que sur la largeur donnée A B on trace la largeur et l'épaisseur des battants dormants et de leur traverse ou courbe, l'épaisseur en saillie de l'imposte, la largeur et l'épaisseur des battants des châssis, ainsi que les montants; on marque les assemblages quand on les fait de plusieurs pièces, puis on divise le plan en autant de parties égales qu'on le juge à propos pour avoir les équerres ou gauches des courbes des montants et des petits bois.

On en fait de même pour le plan de hauteur, la largeur des traverses ou courbes de l'imposte et jet d'eau.

Le plan ainsi disposé, on trace l'élévation géométrale, ce qui se fait de la même manière que pour les courbes de chambranle. Sur une ligne parallèle à A B, on abaisse autant de perpendiculaires qu'il y a de points de division, tant à l'intérieur qu'à l'extérieur du plan, ce qui se fait dans l'ordre suivant : des angles de la face antérieure des battants dormants on abaisse des perpendiculaires sur l'horizontale figure 3, et du point R comme centre on décrit le demi-cercle A C B, puis on porte la largeur du battant et on fait un autre demi-cercle parallèle à celui A C B ; ensuite on abaisse de tous les points de division de la face antérieure et postérieure autant de perpendiculaires jusqu'au demi-cercle dont les antérieures sont pleines et les postérieures ponctuées ; puis, des points où ces perpendiculaires pleines croisent les deux demi-cercles, on renvoie de petites perpendiculaires à celles de division jusqu'à la rencontre de chaque ligne ponctuée, lesquelles désignent l'équerre ou le gauche du dessus et du dessous de la courbe supérieure externe ou dormante; on marque les assemblages pour faire la courbe en plusieurs pièces.

On opérera de la même manière pour avoir l'élévation de la courbe du châssis. Des angles antérieurs de la courbe on abaisse des perpendiculaires sur l'horizontale A B, et du centre on décrit le demi-cercle, puis on prend la largeur de la courbe que l'on porte sur la ligne du milieu, et par ce point on fait passer un demi-cercle; on abaisse aussi de tous les points de division de la face antérieure et postérieure de l'épaisseur de la courbe autant de perpendiculaires désignées en pleines et en ponctuées, et de chaque point où ces dernières croisent les deux demi-cercles on renvoie de petites lignes pour avoir le gauche comme pour la précédente; ensuite on marque la traverse et le trompillon, on abaisse de même des perpendiculaires de la face antérieure et de la postérieure de la petite courbe traversière; puis de la ligne de division comme milieu on décrit la ponctuée, le demi-cercle du dessous de la courbe, au-dessus duquel on porte sa largeur, et on fait le demi-cercle supérieur gauche avec les ponctuées comme pour les courbes précédentes.

Les courbes ainsi terminées, on abaisse le montant du milieu, on distribue les autres ainsi que les petits bois, comme il est démontré figure 3; on marquera aussi leur gauche à chaque point où les perpendiculaires se croisent, on fera leur coupe avec les courbes, et on aura l'élévation géométrale de l'éventail cintré en plan et en élévation.

Le développement que l'on vient de faire pourrait suffire, s'il était possible de trouver du bois assez large pour construire la courbe d'une seule pièce ; et, quand même cela serait, il y aurait trop de bois et de travail à perdre ; c'est pourquoi on les fait de plusieurs morceaux, selon le bois que l'on a à employer. La courbe dormante de celui-ci est distribuée pour être faite en trois pièces, et celle du châssis en deux, que l'on développe chacun en leur particulier de la même manière que les autres cintrées en plan et en élévation.

Sur l'oblique A 7 on élève autant de perpendiculaires qu'il y a de points donnés par les lignes de division sur chaque face de cette portion du plan, puis, parallèlement à A 7, on fait la ligne A D, de laquelle on porte sur chaque perpendiculaire la hauteur géométrale de la courbe dormante prise de cette manière sur la figure 3.

La hauteur de la perpendiculaire J 7 (*fig.* 3) se porte sur la correspondante (*fig.* 4) de D à P, et ainsi de même pour chaque perpendiculaire ; ensuite on fait passer des lignes pleines, lesquelles désignent les arêtes supérieures, inférieures de la face antérieure de la courbe dormante ; puis, de chaque point où ces arêtes se croisent, on renvoie un petit trait carré, par l'angle duquel on fait passer les courbes ponctuées qui marquent les arêtes supérieures, inférieures de la face postérieure. On trace les arrasements pour la coupe d'assemblage, et on a le développement de cette partie de courbe (*fig.* 4). Les deux autres portions de courbe se développent de la même manière, comme on peut le voir par les figures 5 et 6 ; c'est pourquoi nous n'en ferons aucune explication.

Il est aussi inutile de répéter que le châssis se développe de la même manière que la courbe dormante.

Pour la petite courbe, on prend les hauteurs des perpendiculaires (*fig.* 3), que l'on porte sur leur correspondante, comme pour les figures 4 et 6 ; et par ces points et par celui élevé du plan, on fait passer une ponctuée, qui sera celle du milieu de la petite courbe ; pour le dessous de la traverse, on fait aussi passer une ligne pleine par ces points et celui du plan ; on en fait autant pour le dessus, et on marque le gauche de la pleine à la ponctuée, comme pour la grande courbe ; ensuite on marque la largeur de la traverse inférieure, le trompillon, les montants et les petits bois, en prenant leur hauteur sur la figure 3, ce qui n'a besoin d'aucune explication.

On trace les arrasements d'assemblage comme pour le développement de la courbe dormante.

Quant à la manière de préparer le bois et de tracer la courbe, il n'est pas nécessaire d'en faire la démonstration, attendu que l'inspection seule des figures doit suffire pour en donner l'intelligence ; c'est pour cela que nous n'étendrons pas plus loin l'explication.

D'une croisée cintrée en plan et en élévation, avec son éventail.

La construction de cette croisée n'est pas difficile; le plan de la même manière et des mêmes divisions que celui de l'éventail (*fig.* 1), le plan géométral (*fig.* 3) sur lequel on a marqué la hauteur des carreaux, et les différentes largeurs et épaisseurs des pièces de bois qui servent à sa composition.

Nous ne croyons pas nécessaire de faire la démonstration de cette croisée, attendu que l'inspection seule des figures doit suffire pour en donner l'intelligence et remplacer toute espèce d'explication.

Nous ferons remarquer seulement que la distribution des carreaux est différente sur chaque moitié de croisée, comme l'indiquent les figures 5 et 6, ainsi que sur l'éventail (*fig.* 3). Ceci ne dérange en rien la construction, et n'a d'autre utilité que de favoriser le choix des carreaux, etc.

Éventail cintré en plan et en élévation, biais et rampant, propre à être placé dans une tour creuse.

(Planche 54.)

Il n'est pas rare d'avoir à construire de ces sortes d'éventails, attendu que dans un escalier en tour creuse son usage se trouve indispensable; c'est pourquoi nous allons en donner une légère explication.

Après en avoir pris exactement les mesures de hauteur, de largeur et de profondeur, on le dirige de manière à pouvoir distribuer convenablement les différentes pièces qui entrent dans sa construction.

Ces dimensions prises, on trace le plan horizontal A B C, ainsi qu'il est indiqué (*fig.* 1), et l'élévation géométrale, comme le montre la figure 2, c'est-à-dire que sur la largeur donnée du plan A B C on trace les largeurs et épaisseurs des battants dormants et de la traverse ou courbe, l'épaisseur en saillie de l'imposte, les largeurs et épaisseurs des battants de châssis, ainsi que les montants ; on marque les assemblages quand on les fait de plusieurs pièces ; puis on divise le plan en autant de parties égales que l'on jugera convenable, pour avoir les équerres ou gauches des courbes, des montants et des petits bois ; pour le plan géométral la largeur des traverses ou courbes.

La difficulté de cet éventail n'est que dans son arc rampant ; mais nous ne le décrirons pas, vu que la planche 7 (*fig.* 1 *et* 2) donne exactement la manière de le tracer.

Une plus longue explication de cette pièce deviendrait parfaitement inutile, attendu qu'elle ne peut être décrite autrement que sur les mêmes principes et selon les mêmes opérations employées à l'éventail précédent, lequel est décrit d'une manière à ne rien laisser à désirer.

ARTICLE 4.

PLAN ET DÉVELOPPEMENT DES COURBES, DES VOUTES D'ARÊTE ET EN ARC DE CLOITRE.

(Planche 55.)

On appelle voûte d'arête celle dont l'angle saillant est produit par la rencontre de deux voûtes en arc de cloître, celles dont la réunion des deux voûtes en berceau donne un angle rentrant, par conséquent inverse de la voûte d'arête.

Ces sortes de voûtes sont souvent mises en pratique par les tailleurs de pierre et les maçons; il peut aussi arriver que les menuisiers et les charpentiers aient de semblables ouvrages à construire, ou à en faire le revêtissement.

Quoique la manière de tracer les courbes des angles saillants des voûtes soit la même que pour ceux des angles rentrants, nous ne les avons pas moins placés tous deux sur le même plan dans leur position respective, afin que l'on puisse plus facilement connaître leur développement qui, pour l'une comme pour l'autre, est toujours suivant la pénétration des corps (*pages* 87 *à* 96, *pl.* 10).

Après avoir pris les mesures des murs à la retombée des voûtes, on trace le plan A B C D E F (*fig.* 1) aux angles, l'épaisseur et la largeur des courbes prolongées jusqu'à l'élévation géométrale par un quart de cercle (*fig.* 4), lequel on divise en un nombre de parties égales, et du point D comme centre, on tire des rayons pour chacune des divisions, que l'on abaisse perpendiculairement sur l'horizontale F E; ensuite on porte ces perpendiculaires en plan (*fig.* 1) de cette manière.

La distance qu'il y a d'une division à l'autre doit être portée carrément sur la ligne C D, enfin jusqu'à la saillie du plan ; puis de ces mêmes points on conduit parallèlement autant de lignes jusqu'à la rencontre des diagonales et on les renvoie de la même manière de chaque côté de ces diagonales pour former les joints des autres berceaux.

Le plan ainsi disposé, on fait le cintre des arêtiers.

Pour la courbe à angle saillant, on élève perpendiculairement à la ligne diagonale C D des lignes sur lesquelles on porte l'élévation géométrale prise sur chaque perpendiculaire (*fig.* 4), c'est-à-dire la hauteur que l'on porte sur la correspondante en plan de C D ; puis par les points on fait passer une ligne qui est celle de l'arête saillante ou de face.

La ligne de face ainsi terminée, on marquera la seconde ainsi qu'il suit. On fera de la largeur antérieure de la courbe les lignes parallèles où ces lignes couperont celles des joints et formeront autant de perpendiculaires jusqu'à la hauteur déterminée par les divisions de la coupe, avec lesquelles on les croisera d'équerre, de manière que l'espace compris entre ces deux lignes sera le gauche ou débillardement de cette courbe pour chaque face, d'après la largeur antérieure.

Pour avoir la ligne d'épaisseur de cette courbe, on s'y prend comme pour la face antérieure, en portant les joints de l'extrados sur le plan; ensuite de l'angle postérieur de la courbe on tire des lignes où elles couperont les joints; on y élèvera autant de perpendiculaires sur lesquelles on portera la hauteur des divisions de l'extrados ; puis on fait passer une ligne par ces points, et on aura la face externe de l'épaisseur de la courbe à angle saillant.

Cette méthode de développer les courbes d'arête est suffisante tant que cette courbe est considérée comme pleine ; mais quand on veut la construire évidée avec des champs égaux, comme pour y pousser des moulures, on s'y prend de la manière suivante.

Le plan de l'angle rentrant déterminé, ainsi que sa retombée par la diagonale A B, on fait l'arête de face comme pour l'angle saillant, c'est-à-dire que l'on élève à la ligne autant de perpendiculaires qu'il y a de joints, sur lesquelles on porte la hauteur des divisions de la coupe (*fig.* 2), ce qui donnera l'arête de face ; puis on fera à volonté des parallèles pour avoir deux autres lignes courbes ponctuées où la parallèle coupera les joints ; on y élèvera autant de perpendiculaires sur lesquelles on portera aussi la hauteur de chaque division de la coupe (*fig.* 2), et coupée d'équerre avec celles de la face. On opérera de la même manière sur l'autre parallèle pour avoir la ligne courbe; puis, du point de centre qui a décrit l'arête de face, on mènera des lignes, lesquelles serviront à donner le gauche de chaque point.

Pour avoir les différentes largeurs de la courbe, c'est-à-dire pour qu'elle soit égale dans toute sa longueur, on fera à part autant de coupes séparées ou renvois qu'il y a de joints.

A l'horizontale A B on élève la perpendiculaire B G, laquelle représente la diagonale, de chaque côté de laquelle on fera les deux lignes d'un espace égal aux parallèles du plan ; ensuite on prend sur la division de 3 à l'horizontale que l'on porte sur la perpendiculaire correspondante (*fig.* 3) ; on prend la distance en deux que l'on porte de même ; ensuite on fait passer par ces points les deux lignes A G, sur lesquelles on portera la largeur du champ ou de la courbe, prise sur l'un des angles, et à cette largeur on coupe d'équerre la ligne ; on fait les lignes qui marquent l'épaisseur ; on marque la rainure pour recevoir les panneaux, et on a la coupe des joints, c'est-à-dire la largeur de la courbe sur ce point.

Les coupes de renvoi ainsi terminées donneront à leur tour les lignes d'arête de courbe.

L'exécution de la courbe d'arête à angle saillant n'est pas difficile. Une pièce de bois corroyée de la largeur et de la longueur (*fig.* 5), et d'une épaisseur égale à celle du plan, on la coupe en pente, selon que l'indique la ligne A B ou celle C D ; puis on fait deux calibres, l'un du cintre intérieur et l'autre de l'extérieur, lesquels servent à tracer et à chantourner la courbe en dedans et en dehors ; la courbe ainsi disposée, on y trace une coupe de trusquin, qui divise l'épaisseur en deux parties égales et marque les arêtes ; pour la mettre d'équerre, on porte le petit et le grand calibre, et on enlève le bois qu'il y a de trop. Cette manière d'exécuter les courbes d'arête est bonne tant qu'elles sont pleines ; mais lorsqu'elles sont évidées et revêtues de moulures avec des panneaux, il faut les tracer sur le plan de développement et porter avec le compas les gauches donnés par les différentes coupes.

Les courbes de voûte d'arête peuvent se construire de deux pièces, surtout lorsqu'elles sont à angle rentrant, afin d'éviter de mettre du bois d'une trop forte épaisseur et de gagner du temps et du travail.

Quant à l'exécution de la courbe à angle rentrant, si toutefois on la fait d'une seule pièce, il faut corroyer un morceau de bois de la largeur, de la longueur de l'élévation et de l'épaisseur du plan; on place cette pièce de bois suivant le parallélogramme; on élève les perpendiculaires qui ont déterminé les arêtes internes et externes de la courbe, que l'on tracera de la même manière que l'on a fait pour le plan, ce qui donnera l'angle rentrant sur chaque ligne de joint, ainsi qu'il est indiqué par les coupes, lesquelles ont donné les arêtes internes et externes de l'angle rentrant, ce qui est assez démontré par le développement du plan, sans être obligé d'entrer dans une plus longue explication.

ARTICLE 5.

PLAN ET DÉVELOPPEMENT D'UNE TROMPE SUR L'ANGLE.

(Planche 56.)

On appelle trompe sur l'angle une ouverture qui pénètre une voûte ou berceau dont l'intérieur va en rétrécissant. Cette espèce de trompe est souvent pratiquée dans les églises, temples ou autres monuments publics; son usage est de donner de l'air et d'éclairer la partie où elle est placée.

Pour avoir cette pièce, on commence par s'assurer de la forme du cintre de face, si l'évasement des côtés est égal entre eux et égal à celui de l'élévation. Toutes les dimensions prises, on trace le plan (*fig.* 1), l'élévation (*fig.* 2), et la coupe (*fig.* 3); ensuite, de l'ouverture extérieure du plan, on mène l'horizontale, dont on élève les deux extrémités sur la base de l'élévation (*fig.* 2), et du centre on décrit le demi-cercle, sur lequel on fera autant de divisions égales que l'on jugera à propos, tendantes au centre; ensuite on conduit parallèlement à C D la hauteur du rayon G sur la coupe (*fig.* 3) au point H, pour avoir la ligne qui est aussi celle du cintre de face, représentée (*fig.* 2) par la ligne C D, de sorte que la distance G H est égale à D, partant du centre (*fig.* 2).

Cela ainsi terminé, du centre de face on conduit sur la ligne les horizontales où elles la rencontrent; on fait passer des lignes tendantes au sommet du cône, lesquelles sont les équerres de la courbe, ainsi que celles du plan ; après, des points où les lignes inclinées rencontrent l'arc de la coupe, on conduit des horizontales au travers de l'élévation, jusqu'à ce qu'elles rencontrent les lignes de division tendantes au centre, lesquelles donnent des points pour trouver la courbe, qui forment ces lignes, ainsi qu'on l'indique dans les figures 4 et 5, qui sont le développement des coupes sur les lignes tendantes au cintre de face ; ensuite, des points où ces horizontales rencontrent les lignes tendantes au centre, on abaisse autant de perpendiculaires aux lignes du plan correspondantes, et par chaque point de rencontre on fait passer une ligne courbe qui trace sur le plan les courbes de produit, la coupe faite par celles tendantes au centre, lesquelles lignes donnent les projections ou coupes de largeur.

Pour avoir les coupes des lignes tendantes au centre du cintre de face, on trace à part la perpendiculaire D H, dont la hauteur est égale à la distance G de l'élévation (*fig.* 2); puis on prend la distance des ponctuées, que l'on porte sur l'horizontale (*fig.* 3), et par chacun de ces points on élève autant de perpendiculaires à C D, lesquelles représentent celles qui descendent de la tendante sur le plan (*fig.* 1), et qui servent à y décrire la projection de largeur ; ensuite on prend, sur chacune des perpendiculaires descendues en plan pour base, leur distance que l'on porte sur la figure 4 ; puis sur ces points on fait passer une ligne courbe, qui est la coupe produite par la ligne tendante au centre ; ensuite, du point qui est perpendiculaire et d'une ouverture de compas égale à la largeur de la courbe, on fait une section de laquelle on élève une perpenciculaire suivant une ligne, à laquelle on donne de longueur l'épaisseur de la courbe, que l'on continue jusqu'à ce qu'elle rencontre la ligne de pente, ce qui donne la coupe de la courbe dans cet endroit ; puis, des angles des épaisseurs de cette coupe, on conduit les perpendiculaires, ce qui donne la largeur de la courbe vue géométralement et l'extrémité de la ligne d'équerre.

On opèrera de la même manière pour les autres coupes, ainsi qu'il est indiqué par celles déjà tracées.

Lorsque les coupes sont tracées, on porte toutes leurs hauteurs sur les lignes tendantes au centre du cintre de face, ce qui donne la largeur de la courbe, ainsi que son épaisseur, tant du dedans que du dehors ; ensuite on trace l'arête et la largeur de la courbe sur le plan et la coupe, ce qui se fait suivant les distances prises sur les coupes, en observant toujours de prendre et de porter ces distances perpendiculairement aux lignes du derrière des coupes ; puis on fait passer une ligne par ces points et par ceux du plan, et des points on élève des lignes tendantes au sommet du cône, lesquelles sont les équerres de la courbe, semblables à ceux de la coupe, et on a le développement de la trompe sur l'angle.

Cette trompe peut être considérée comme le fondement de toutes les trompes qui pénètrent un corps quelconque ; on doit remarquer que le dessous des

20..

coupes ne peut être d'aplomb dans aucune trompe de ce genre, mais bien d'une obliquité égale à la pente du cône.

CHAPITRE IV.

Des autels à tombeau et des confessionnaux.

Les différents ouvrages de trait d'assemblage dont nous allons parler semblent être d'une plus difficile exécution que ceux qui ont précédé, en raison du tracé des panneaux, des bâtis et des différentes coupes dont ils sont susceptibles; mais si l'on possède bien la théorie des ouvrages en plein bois, il sera fort facile de parvenir à la connaissance de ceux-ci, attendu que toute la difficulté consiste dans l'augmentation des lignes, et cette difficulté sera bientôt surmontée lorsqu'on s'apercevra que le plan, l'élévation et les diverses coupes se marquent comme ceux des mêmes parties en plein bois, en ajoutant seulement des panneaux, des champs et des moulures dont on veut les orner.

ARTICLE PREMIER.

AUTEL A TOMBEAU.

(Planche 57.)

On appelle autel une espèce de table de bois, de pierre, de marbre ou de métal, sur lequel on sacrifie à quelque divinité. Quelques auteurs assurent que ce nom lui vient d'une constellation méridionale, composée de sept étoiles, appelée *Altare*, qui signifie autel, et, suivant la fiction de quelques poëtes, elle est l'autel sur lequel les dieux prêtèrent serment de fidélité à Jupiter avant la guerre contre les Titans, et que ce dieu compta entre les astres après sa victoire.

Dans le premier âge, la matière et la forme de ces autels répondaient à la simplicité des mœurs ; ce furent d'abord de l'argile, de vieux troncs d'arbres mutilés, des pierres informes qui servirent à cet usage. L'autel de Jupiter-Olympien n'est qu'un amas de cendres ; celui de Diane, à Éphèse, n'était qu'un assemblage de cornes entassées d'animaux que l'on croyait que la déesse avait tués à la chasse. Moïse fait souvent mention des cornes des autels. Sur d'autres sont empreints des divinités, des génies ; sur d'autres encore on remarque aux quatre coins des têtes de bœufs, de sangliers et d'autres animaux. L'architecture, grossière à sa naissance, ne pouvait leur prêter sa régularité et ses ornements ; mais, en ces derniers temps de malheur, on cherchait bien moins d'apparat : deux chaises, une planche dessus, un monceau de paille, un fagot de bois, formaient un autel sur lequel on disait la messe.

Leur origine remonte à la plus haute antiquité. On présume que les Égyptiens, instituteurs des rites sacrés, furent les premiers qui les introduisirent dans le culte public ; mais comme ce serait s'écarter de notre sujet que de fouiller dans la nuit des temps pour en rapporter l'origine et l'étymologie, nous dirons seulement que les autels sont mis en usage dans toutes nos églises pour servir d'asile aux ornements sacrés et pour célébrer le saint sacrifice de la messe. Il s'en fait de différentes formes ; mais les plus ordinaires sont carrés, à angles saillants ou à tombeau. On les appelle à tombeau parce que les premiers chrétiens, suivant l'histoire de l'Église, tenaient souvent leurs assemblées aux tombeaux des martyrs, et y célébraient les saints mystères ; c'est de là que leur est venu ce nom, à cause de leur ressemblance avec un tombeau.

Les autels ont leurs proportions comme bien d'autres ouvrages, desquelles on ne peut guère s'écarter sans manquer aux règles reçues pour leurs dimensions.

Le corps de l'autel doit avoir de $1^m,00$ à $1^m,20$ de hauteur, sur $0^m,80$ à $0^m,85$ de profondeur, et en longueur de $2^m,00$ à $3^m,00$, même $3^m,30$ lorsqu'il s'agit des maîtres-autels dans les grandes cathédrales.

Les autels sont toujours élevés de deux ou trois marches au-dessus du sol, dont la dernière doit former un marchepied de $1^m,00$ à $1^m,20$ de largeur sur le devant de l'autel, et de $0^m,20$ à $0^m,22$ de chaque côté ; ces marches doivent être fixées solidement sur un bâtis de charpente afin qu'elles ne fléchissent pas sous les pieds.

Au-dessus et sur la moitié postérieure de l'autel, on place des gradins de $0^m,18$ à $0^m,20$ de hauteur, sur $0^m,18$, $0^m,30$ ou $0^m,33$ de largeur, sur lesquels on place des chandeliers, des vases et autres articles propres à la décoration des autels.

La méthode dont on se sert pour construire les courbes d'un autel à tombeau est la même que pour celles des voûtes d'arêtes à angles saillants.

Soit fait le plan horizontal A B C D, E F G H (*fig.* 1), et l'élévation géométrale C D, 1, 1 (*fig.* 2), on divisera l'un des côtés, comme D 1, en autant de parties égales que l'on jugera à propos, pour avoir les équerres des courbes, qu'on abaisse perpendiculairement à l'horizontale C D du plan, côté D B, aux points G, 2, 3, D, desquels on mène des parallèles sur l'angle 1, 2, 3, 4; ensuite de la diagonale G D on élève autant de perpendiculaires qu'il y a de points sur cette ligne, sur lesquelles on porte la hauteur de l'élévation (*fig.* 2) de cette manière. La hauteur de chaque perpendiculaire étant portée sur la correspondante, on fera passer une ligne, ce qui donnera le cintre en S rallongé (*fig.* 3) semblable à celui du côté D 1 (*fig.* 2), qui est aussi celui de l'arête saillante.

Puis on fait à volonté des parallèles, et de chaque point où elles rencontrent les joints on élève autant de perpendiculaires, sur lesquelles on porte la hauteur de chaque division de la coupe (*fig.* 2), ou bien d'équerre de 1, 2, 3, 4, ce qui revient au même, pour avoir les deux courbes ponctuées, et des points de centre de la courbe on décrit les lignes; ensuite on fera à part autant de coupes qu'il y a de joints, pour avoir la largeur et l'épaisseur de la courbe dans toute son étendue. Ces coupes peuvent se faire séparées ou réunies sur les mêmes parallèles, selon la position du papier, ainsi qu'il suit : sur une horizontale on élève une perpendiculaire, laquelle représente la diagonale G D de chaque côté, d'un espace égal aux parallèles du plan (*fig.* 1); ensuite on prend sur la division de 2 à 3 que l'on porte sur les deux parallèles ; on fait les obliques et on porte sur elles la largeur du champ pris en plan ; à cette largeur d'équerre de l'épaisseur déterminée de la courbe, les perpendiculaires fixent la saillie ou retombée de la courbe sur ce point de division.

On opèrera de la même manière pour avoir les autres coupes ; on marquera les panneaux dans les bâtis, comme il est indiqué par les chiffres 1, 2, 3, etc., que l'on portera sur chaque correspondante du plan et de l'élévation ; on porte de la même manière les autres figures, et on fait passer une ligne par les joints qui désignent l'arête de la face antérieure, et par les points 1, 2, 3, 4, celle qui fixe l'arête externe ou épaisseur de la courbe ; on fera passer aussi une ligne par ces points, qui sera celle de la face antérieure des panneaux, et par les points 1, 2, 3, 4, celle de la face postérieure ou épaisseur des panneaux que l'on arrête dans la courbe, comme on l'indique ; ensuite de ces mêmes points on abaisse des perpendiculaires, sur lesquelles on porte la saillie des champs ou retombée de la courbe.

On place ordinairement au milieu de la face antérieure de l'autel un rond, un ovale ou un losange, ce qui fait très-bien dans ces sortes d'ouvrages ; mais, quelle qu'en soit la forme, la manière d'opérer est à peu près la même pour ces trois figures.

Sur le côté qui représente la coupe du milieu, on fait des deux extrémités des champs la diagonale sur laquelle on décrit de l'arrasement et des moulures le demi-losange, l'intérieur du losange et la moulure ; on y marque aussi la largeur du panneau ; puis on prend sur les perpendiculaires de la diagonale la largeur du losange, que l'on porte sur le milieu de l'élévation et sur chaque joint correspondant ; on portera de la même manière le panneau et les lignes internes du losange, ainsi qu'il est marqué des mêmes chiffres, et par ces points on fait passer des lignes, lesquelles désignent la position respective du losange et de ses coupes ; ensuite on abaisse en plan autant de lignes perpendiculaires sur chaque joint correspondant du bâtis ainsi que des panneaux, ce qui donne la retombée de l'une et de l'autre. Ceci n'a besoin d'aucune autre explication.

Quant à l'exécution des courbes de cet autel, elle n'est pas difficile. Après avoir corroyé deux pièces de bois de la largeur et de la longueur de la courbe (*fig.* 3), et d'une épaisseur égale à celle du plan (*fig.* 1), on les trace sur le calibre (*fig.* 3) de la même manière que l'on a fait pour les développer ; puis on prend sur le plan pour la largeur des champs ou sur les coupes. On trace les panneaux de la même manière, et les courbes de la face de derrière suivant le cintre en S de l'élévation et une largeur des champs.

Le losange du milieu sera fait en deux pièces, d'une largeur égale au plan et de la longueur de l'élévation, en augmentant les tenons de chaque côté.

Nous n'étendrons pas plus loin la manière de tracer les courbes ainsi que les traverses, attendu que l'inspection seule des figures doit suffire pour en donner l'intelligence.

ARTICLE 2.

D'UN CONFESSIONNAL CINTRÉ EN PLAN ET EN ÉLÉVATION.

(Planches 58 et 59.)

Les confessionnaux, comme les autels, sont des ouvrages d'église qui ont des dimensions données, desquelles on ne peut s'écarter sans déroger aux usages reçus; il s'en fait de différentes formes, de carrés, à pans coupés, en tour ronde, avec divers cintres, ou, comme celui-ci, cintrés en plan et en élévation.

On peut considérer un confessionnal comme composé de trois parties, dont l'une pour le confesseur, et les deux autres pour les pénitents, qui doivent y être à genoux, de telle sorte qu'ils soient un peu plus bas que l'ecclésiastique.

On lui donne ordinairement de $2^m,00$ à $2^m,50$ de haut, pris du milieu de sa face antérieure, non compris la plate-forme, qui doit avoir de $0^m,10$ à

$0^m,12$ de hauteur, et de $2^m,00$ à $2^m,10$ de largeur, sur $0^m,70$ à $0^m,90$ de profondeur, pris du milieu du dehors en dedans, et la profondeur du côté des pénitents, de $0^m,33$ à $0^m,35$, pris de la face antérieure du pilastre au derrière de l'ouvrage; pour celle du côté du confesseur, $0^m,90$ de dehors en dedans. On donne au siége du confesseur de $0^m,45$ à $0^m,47$ d'élévation, comme de G à B (*fig.* 5), et en plan $0^m,35$ dans son milieu, et de $0^m,45$ à $0^m,47$ dans les angles, sur $0^m,70$ de long ou $0^m,80$, tout compris. Les accoudoirs du confesseur doivent être de $0^m,75$ à $0^m,80$ environ au-dessus du marchepied, sur $0^m,07$ à $0^m,08$ de largeur à l'endroit des jalousies, et se terminent en plinthe dans le reste de leur longueur. Les accoudoirs des pénitents doivent être de la même hauteur que ceux du confesseur, pris du dessus du marche-pied; on leur donne environ $0^m,005$ de pente sur une largeur de $0^m,33$, y compris la partie du bas qui doit être de $0^m,05$ à $0^m,07$, et retourné de niveau et sur le côté en forme de quart de cercle CC (*fig.* 1).

On donne aux jalousies $0^m,33$ à $0^m,35$ d'ouverture, et elles sont remplies par un panneau percé à jour par des trous carrés de $0^m,02$ à $0^m,22$ de largeur, diagonalement aux angles du panneau, dont les divisions sont espacées de manière qu'il reste la moitié d'un carré au pourtour du panneau, afin que les arêtes ou angles ne se coupent point.

Ces jalousies sont fermées par de petites portes qui ouvrent en dedans du confessionnal, ferrées avec de petites fiches; mais le plus souvent elles ouvrent à coulisse, ce qui est assez commode, attendu que l'on n'a pas besoin de se déplacer pour les ouvrir.

On fera remarquer que le pourtour des jalousies doit être renfermé par un champ dont les moulures profilent avec celles du panneau de côté, que la traverse du dessus de la jalousie ne passe pas de toute sa largeur de côté, et qu'elle est assemblée d'onglet avec le montant et forme un angle rentrant dans le panneau.

On place au dedans du confessionnal, et au-dessus du confesseur et des pénitents, des doubles plafonds, lesquels sont assemblés dans les côtés et les derrières de l'ouvrage, et suivant tous les contours extérieurs, comme le montrent le plan horizontal et le plan de celui du haut vu par-dessous, le plan de celui placé au-dessus de ce dernier, lequel se lève à volonté; ces plafonds ont leurs champs égaux comme ceux du dedans du confessionnal.

Ayant ainsi distribué toutes les mesures, on trace le plan horizontal A B (*fig.* 1), la retombée de la corniche et le géométral des côtés externes jusqu'aux ponctuées du dessous de la corniche (*fig.* 3) et du dedans représenté d'après les indications données ci-dessus; ensuite sur D, pour base, on élève perpendiculairement toutes les largeurs, longueurs et épaisseurs des parties du plan pour l'épaisseur des battants ou montants des côtés et du dedans, pour la largeur de ceux du derrière de D à L, comme pour les pilastres ou pied-cornier de la face antérieure, pour la longueur des panneaux du derrière, les battants de la porte de l'avant-corps, ainsi que son panneau, dont le dessus en élévation est construit en grillage ; puis on trace l'élévation des courbes, la corniche, les traverses dans lesquelles entrent les panneaux du plafond supérieur (*fig.* 4), qui se lève à volonté avec toutes les parties de la corniche ; on marque le siége et les accoudoirs, l'ouverture des jalousies, ainsi qu'il a été dit ci-dessus.

Le plafond (*fig.* 4) est celui sur lequel sont assemblées les traverses cintrées de l'élévation ainsi que les montants du derrière et les pilastres de la face antérieure ; il est par conséquent des mêmes dimensions que celui horizontal (*fig.* 1), aussi bien que la retombée de la corniche. Ainsi qu'il a été dit, les équerres des courbes seront obliques ou perpendiculaires à la base du plan comme celles en arc de cercle (*fig.* 6), ou comme celles cintrées en S (*fig.* 3). Le principe de leur construction est presque toujours le même que pour celles dont les équerres tendent au centre du plan. Le plafond (*fig.* 6) est celui qui s'assemble avec le corps de la corniche comme l'indiquent les traverses et les panneaux, lesquels sont représentés dans le plan de ce plafond.

On observera que l'on n'a fait paraître les traverses et les panneaux sur l'élévation (*fig.* 3) que pour mieux en faciliter l'intelligence, car ils se montrent en dehors ce qu'ils sont en dedans.

Nous ne poursuivrons pas plus loin les détails de chacune de ces parties, attendu que ce serait multi-

322   LA SCIENCE DES ARTISTES.

plier sans utilité les démonstrations, et que l'inspection seule des figures est plus que suffisante pour en donner l'intelligence et le moyen de corroyer et de tracer le bois propre à l'exécution de ce confessionnal cintré en plan et en élévation, en suivant les principes qui précèdent.

CHAPITRE V.

Des voûtes ou calottes et arrière-voussures en plein bois.

ARTICLE PREMIER.

CALOTTE CINTRÉE EN PLAN ET EN ÉLÉVATION.

(Planche 60.)

Nous commençons par une calotte plein cintre, comme étant d'une construction très-facile et par conséquent très-aisée à comprendre. Dans toutes les pièces de trait comme celle-ci, il faut toujours commencer de la position qu'elles doivent occuper, c'est-à-dire prendre les mesures de profondeur et de hauteur pour les combiner ensemble, afin d'être à même de pouvoir distribuer convenablement le le plan horizontal et le géométral, ce qui se fait pour ce plafond de la manière suivante :

Sur l'horizontale K H, et du point 8 comme centre, on décrit la circulaire K L H et celle qui fixe l'épaisseur que l'on veut donner à la pièce. La courbe du plan ainsi tracée, on fait l'élévation (*fig.* 1). Sur la ligne K H du plan (*fig.* 2), pour base, on élève perpendiculairement l'épaisseur du devant de la courbe jusqu'à la hauteur de l'horizontale K H (*fig.* 1) ; puis du point 8 comme centre on décrit avec la même ouverture de compas qui a fixé le plan, le demi-cercle K L H (*fig.* 1) et son épaisseur, ainsi que la coupe du milieu (*fig.* 3) ; ensuite on divise la hauteur de la coupe du milieu en autant de parties qu'on le juge à propos, selon l'épaisseur du bois que l'on veut employer, puis par chaque point de division on fait passer autant de lignes parallèles entre elles et à la base du plan, que l'on conduit jusqu'à ce qu'elles croisent la face externe de l'élévation et de la coupe (*fig.* 1 *et* 3) aux points 1, 2, 3, 4, 5, 6, 7, 8, lesquelles lignes représentent les joints ; ensuite on abaisse, de chaque point où ces parallèles croisent la face interne de l'élévation, les perpendiculaires, jusqu'à ce qu'elles rencontrent l'horizontale K H aux points H, 1, 2, 3, 4, 5, 6, 7, 8 ; et du point 8 comme centre on décrit autant de demi-cercles qu'il y a de lignes perpendiculaires, ainsi que l'indique le plan figure 2, de manière que chaque joint de cercle qui compose ce plafond est d'un diamètre plus ou moins grand, selon qu'il est placé en avant ou en arrière de ce dernier.

L'exécution de ce plafond est si facile, que nous n'entrerons dans aucun détail à cet égard, attendu que la longueur, la largeur et l'épaisseur des arcs sont marquées sur les figures, lesquelles indiquent suffisamment la manière de les tracer.

Calotte ou voûte demi-elliptique.

Ce plafond peut servir, comme le précédent, pour le revêtissement d'une voûte demi-elliptique ou d'une niche de la même forme.

Sur le milieu de l'horizontale C B, on élève une perpendiculaire comme A C; on marque la moitié de de l'ellipse ou ovale C C B, qui sera le plan horizontal (*fig.* 4), sur lequel on fera autant de lignes de joints qu'on le jugera à propos, selon l'épaisseur du bois que l'on veut employer; ensuite, sur la ligne A B pour base, on élève perpendiculairement l'épaisseur ou devant de la courbe, ainsi que les lignes de division des joints 1, 2, 3, 4, 5, 6, à l'endroit de la face interne du plan aux points 1, 2, 3, 4, 5, 6, jusqu'à la hauteur de l'horizontale F E, et du point M comme centre, on décrit autant de demi-cercles qu'il y a de perpendiculaires sur la ligne F E. Nous ne désignerons que la face interne pour ne pas multiplier les lignes; mais la face externe, qui est l'épaisseur de la courbe, devrait aussi être relevée par les joints, c'est-à-dire que les joints devraient être relevés de la face externe.

Le plan et l'élévation ainsi tracés, on fait la coupe de cette manière :

Sur l'un des côtés de l'élévation (*fig.* 5), et sur la ligne A C, on élève une perpendiculaire comme A C, dont la hauteur est donnée par C M; de l'élévation on renvoie l'épaisseur de la courbe A B, et les joints parallèlement de l'endroit où ils croisent la ligne du milieu C M aux points 1, 2, 3, 4, 5, 6; ensuite on prend la profondeur du plan (*fig*. 4), que l'on porte sur la coupe du milieu, sur l'horizontale A C et l'épaisseur de la courbe, et on fait le quart de l'ellipse (*fig*. 6), ou bien on porte chaque joint sur la ligne correspondante de la coupe et on fait passer une courbe par ces points.

Cette pièce est si facile à comprendre et à tracer que nous n'entrerons pas dans d'autres détails à son égard.

Des arrière-voussures en plein bois.

On appelle arrière-voussure une espèce de petite voûte placée à la partie supérieure d'une baie de porte ou de croisée, au dedans de la feuillure du tableau des pieds-droits, ou tout autre enfoncement, laquelle est terminée sur son élévation externe par un demi-cercle ou bien un autre cintre, ou par une ligne droite; mais ils sont différents dans les fonds de la baie, de sorte que si la face extérieure de la voussure est plein cintre, l'interne doit être surbaissée, et si le dehors est surbaissé ou droit, le dedans sera plein cintre. C'est à ces diverses formes que l'on reconnaît l'arrière-voussure d'avec un plafond.

On peut diviser les arrière-voussures en trois classes : la première comprend celle de Saint-Antoine, la seconde celle de Marseille, et la troisième celle de Montpellier. Chacune de ces classes est susceptible d'être divisée par des voussures de noms et de formes différents.

On nomme arrière-voussures de Saint-Antoine celles qui sont droites dans leur partie postérieure, cintrées en plein cintre par la face antérieure et sur plan rectiligne, quelle que soit la coupe du milieu.

Ces voussures sont ainsi appelées à cause de leur ressemblance avec celle de la porte de l'arc-de-triomphe qui existait dans la rue Saint-Antoine, à Paris.

Les arrière-voussures de Marseille sont celles dont les embrasures forment un quart de cercle semblable à la moitié du cercle du fond de la pièce. Cette espèce de voussure a été inventée pour que les venteaux des portes ou des croisées puissent ouvrir dans les embrasements; c'est pourquoi le plus bas de la courbe de la face antérieure doit être à la hauteur du plus haut de celle du fond.

Ces arrière-voussures sont ainsi nommées parce que la première de cette forme a été pratiquée à une porte de la ville de Marseille.

On appelle arrière-voussures de Montpellier celles dont les embrasements sont terminés par des lignes droites; ces sortes de voussures sont considérées comme faisant la contre-partie de celles de Marseille, que les ouvriers désignent sous le nom d'*oreille d'âne*, de *queue de paon*, etc.

Ce nom est survenu à cette espèce de voussure parce qu'on l'aura observée pour la première fois à Montpellier.

ARTICLE 2.

PLAFOND EN PLEIN BOIS, ÉVASÉ EN PLAN, PLEIN CINTRE EN ÉLÉVATION, PAR CERCES PARALLÈLES, ET DROIT EN COUPE.

(Planche 61.)

Ce genre de plafond est souvent mis en usage pour revêtir l'archivolte qui forme l'embrasure d'une porte ou d'une croisée en plein cintre.

Soit le plan évasé A B N (*fig.* 4), on ajoute l'épaisseur que l'on veut donner aux embrasures A B; on divise la profondeur G N du plan en autant de parties que l'on juge à propos, c'est-à-dire selon l'épaisseur du bois que l'on veut employer à cette construction, et par chacun des points de division, on fait passer une parallèle à l'horizontale A B du plan, comme 1, 2, 3, 4, puis on élève perpendiculairement des lignes de la rencontre de ses parallèles avec celles d'embrasure, que l'on prolonge sur la base A C de l'élévation (*fig.* 5), comme de A à A, de 1 à 1, de 2 à 2, etc.; et du point C sur la base comme centre, on décrit autant de demi-cercles qu'il y a de perpendiculaires élevées du plan, ce qui donne le cintre de chaque courbe qui entre dans la construction de ce plafond.

La coupe du milieu est prise sur la perpendiculaire L P de l'élévation et de la profondeur G N du plan, avec l'espace de toutes les lignes de division 1, 2, 3, 4, ainsi qu'il est démontré par cette même coupe (*fig.* 6).

L'exécution de ce plafond n'est pas difficile : il faut dresser quatre pièces ou morceaux de bois dont l'épaisseur est déterminée par l'espace des divisions du plan et la longueur par les embrasures ; la largeur se prend en élévation sur la cerce correspondante avec celle du plan qui lui est en rapport, avec l'attention d'augmenter l'épaisseur donnée par les courbes, qui n'est marquée ici que par celle de devant, comme on peut s'en apercevoir ; on les trace chacune suivant leur cintre particulier, ce qui donnera aux courbes l'évasement des embrasures.

Ceci est suffisant si on fait les courbes d'une seule pièce ; mais pour les construire de deux pièces, il faut tirer des diagonales de chaque quart de cercle et faire sa parallèle de l'extrados de la courbe qui donne la largeur du bois propre à faire la courbe de devant dont la diagonale sera la base et de laquelle on tracera le cintre et l'évasement de cette moitié de courbe ; ceci se conçoit facilement par l'inspection du plan et de l'élévation, ainsi que de la coupe, qui démontre la manière dont les courbes sont jointes et collées ensemble.

Plafond en plein bois, évasé en plan, plein cintre en élévation, par claveaux tendus au centre, et droit en coupe du milieu.

Ce plafond, comme le précédent, peut servir au revêtissement d'un berceau ou d'une archivolte qui forme l'embrasure d'une porte, d'une croisée ou de toute autre partie cintrée de ce genre.

Soit fait le plan évasé A B D (*fig.* 1), l'épaisseur des embrasures; on élève perpendiculairement à l'horizontale A B les angles antérieurs et postérieurs des embrasures que l'on prolonge jusqu'à la ligne de base de l'élévation (*fig.* 2), et du point C comme centre on décrit les demi-cercles; ensuite on divise la circonférence du grand demi-cercle de l'élévation en un nombre donné de parties égales que l'on dirige au centre, ce qui établit les joints des voussoirs; puis on les abaisse perpendiculairement en plan, ainsi qu'il est indiqué par les ponctuées.

Pour avoir la forme d'un claveau, c'est-à-dire la longueur et la largeur du bois propre à son exécution, on divise l'un des voussoirs en deux parties égales que l'on tend au centre comme leur joint, ou bien l'on prend sur celui du milieu, qui se trouve naturellement divisé par la perpendiculaire D E, et on opère ainsi qu'il suit : parallèlement à la base C, on mène de la rencontre des lignes du voussoir avec celles des demi-cercles, des points sur la coupe du milieu (*fig.* 3); on tire la ligne, et l'intervalle qu'il y a entre elle et la coupe désigne le bois qu'il faut enlever pour creuser le voussoir. Pour en déterminer la véritable largeur, on fait parallèlement à la ligne de la coupe la ponctuée, sur laquelle on abaisse des perpendiculaires des extrémités et celles données par les joints du claveau contigu; ensuite on prend la moitié de la largeur que l'on porte sur chaque côté de la ponctuée; de même sur le petit cercle on trace les lignes, lesquelles désignent les arêtes internes de la longueur du voussoir.

Pour avoir la largeur du derrière ou extrados, on mène aussi parallèlement des points de la rencontre des joints avec le demi-cercle interne, que l'on abaisse sur la ponctuée comme pour la face interne, puis on prend la largeur du milieu que l'on porte de chaque côté, ainsi que celles du grand et petit cercle; on tire les lignes, on décrit ensuite la convexité et la concavité, et on a les arêtes externes et la largeur du voussoir, et par conséquent sa longueur et sa largeur. Les autres claveaux se développent de la même manière, en leur faisant à chacun une coupe comme la figure 3, suivant la profondeur de leur plan et de leur élévation.

Pour exécuter un voussoir, on commence par corroyer un morceau de bois d'une épaisseur, d'une largeur et d'une longueur comme il est marqué sur le plan; puis on le coupe selon la pente indiquée, et on trace une ligne au milieu de sa longueur, tant à la face externe qu'interne, de laquelle on trace la largeur de chaque face. Lorsqu'on a coupé le voussoir de longueur, on le met de largeur et en pente ou d'équerre, tel qu'il est démontré sur l'élévation; ensuite on trace la concavité ou convexité du claveau au moyen d'un calibre pris sur le demi-cercle externe ou interne, ce qui n'a besoin d'aucune explication.

La réunion des voussoirs qui composent le plafond peut être faite à rainures et languettes rapportées, qui, étant collées ensemble, donneront toute la solidité convenable. On abandonne au génie de l'ouvrier le choix de la méthode qui lui paraîtra la plus appropriée.

Cette manière de construire les plafonds par voussoirs est très-bonne, en ce qu'elle économise le bois, surtout lorsqu'ils sont de grande dimension.

Plafond gauche, dit en corne de bœuf simple.

(Planche 62.)

Ce plafond a été appelé corne de bœuf à cause de la manière de le gauchir et de la ressemblance qu'il a avec une corne de bœuf ou de vache, ce qui lui a valu ce nom.

On appelle plafond en corne de bœuf un passage biais d'un côté, et dont les courbes sont gauches et plus longues les unes que les autres par leurs extrémités biaises. On se sert de cette pièce de trait pour le revêtissement de certaines ouvertures qui obligent à prendre quelquefois des passages ou jours de côté.

Soit le plan biais d'un côté et carré de l'autre, ainsi que le montrent les embrasures A B (*fig.* 3), sur lequel on fera autant de lignes de division que l'on jugera à propos, selon l'épaisseur du bois que l'on veut employer pour la construction des courbes; ensuite on partage en deux également le devant et le fond du plan, pour avoir l'oblique du milieu E 4; puis, perpendiculairement à l'horizontale A B, on élève des lignes de l'endroit où celles des joints croisent la face interne de l'embrasure biaise et de la ligne du milieu E 4, aux points E, 1, 2, 3, 4, P, jusque sur la ligne A D ; les lignes élevées de l'oblique E 4 donnent les points de centre desquels on décrit l'épaisseur des courbes ainsi que leurs joints ; ainsi, par chacun de ces points on trace les arcs de cercle correspondants aux chiffres du plan E, 1, 2, 3, 4, P, partant du bout évasé du plan jusqu'au bout droit, comme on le voit par l'élévation (*fig.* 4).

L'élévation ainsi décrite, on élève des perpendiculaires des points de centre sur chaque demi-cercle des joints correspondants, et de l'épaisseur des courbes aux points E, 1, 2, 3, 4, on fait passer par ces points une oblique et sa parallèle P, lesquelles désignent l'épaisseur et la pente de la coupe du milieu.

Pour avoir la coupe du milieu, on élève une perpendiculaire comme celle G 4 (*fig.* 5), et parallèlement à l'horizontale A D, on conduit l'épaisseur de la courbe et les lignes des joints; puis on prend sur l'oblique la profondeur du plan, que l'on porte sur l'oblique correspondante, et de la même manière par tous les joints on porte l'épaisseur, et on a la coupe du milieu.

Pour exécuter ces courbes, soit pour la courbe du devant, il faut un morceau de bois corroyé et dressé de l'épaisseur et de la longueur du plan de la largeur de l'élévation ; ensuite on place cette pièce de bois le long de l'horizontale A D, et on relève sur son épaisseur pour la face de devant, l'épaisseur de la courbe et la ligne du milieu ; pour la face du derrière ou du joint, la ligne du milieu qui sera comme celle du devant, le point de centre duquel on décrit les deux demi-cercles ; ayant ainsi tracé le devant et le derrière de cette courbe comme ils sont marqués sur le plan, on chantournera et on enlèvera d'un cintre à l'autre le bois qu'il y a de trop, et on aura l'obliquité biaise et le côté droit de la courbe de devant. Les autres se tracent de la même manière ; c'est pour cela que nous n'en parlerons pas.

On fera remarquer que chaque demi-cercle de joint doit avoir la ligne externe qui fixe son épaisseur ; mais on ne les a pas décrites, afin de ne pas multiplier les lignes inutilement, attendu que cela se comprend facilement.

Plafond gauche ou biais-passé, dit en corne de bœuf double, par douelles à joints parallèles tendant au centre.

Ce plafond, comme le précédent, est employé dans les bâtiments, lorsque certaines sujétions obligent à faire des portes ou des croisées en biais.

On fait le plan A B C D (*fig.* 2) à volonté, c'est-à-dire suivant les mesures qu'on aura prises ; puis on partage également en deux le devant et le fond du plan, pour avoir la ligne oblique du milieu ; cela terminé, on marquera à volonté les horizontales, sur lesquelles on élèvera perpendiculairement l'épaisseur des douelles, données par le devant et le fond des embrasures, aux points 1, 2, 3, 4, 5. On élèvera de même l'oblique du milieu sur la base de l'élévation, où seront les points de centre, desquels on décrira le devant et le fond des courbes, c'est-à-dire que du point C on décrit les demi-cercles C D, qui sont en rapport avec 1, 2, 3, 4, 5, de la face antérieure du plan, et du point V les demi-cercles A B, qui sont ceux de l'épaisseur de la face postérieure ; ensuite on divisera ces courbes de l'élévation (*fig.* 1) en autant de parties égales que l'on jugera à propos et que l'on mènera parallèlement à A D, et on tendra ces points de division au centre C pour la courbe de devant et à celui V pour celle du fond ou de derrière.

Pour faire le développement des douelles ou voussoirs, on abaisse sur le devant et le derrière du plan les joints 1, 2, 3, 4, 5, et ensuite on les coupe d'équerre aux autres joints des perpendiculaires ; on portera sur elles une largeur de division de l'une à l'autre de ces perpendiculaires, que l'on fera parallèles aux côtés de l'embrasure ; puis on prendra au derrière du voussoir la largeur que l'on portera, et on aura le développement du premier voussoir, et successivement celui des autres en continuant par la même opération.

Pour exécuter ce plafond, il faut avoir des morceaux de bois, suivant la largeur et la longueur de la figure 1, et l'épaisseur se prend dans les divisions de l'élévation. La manière de les tracer est si facile, que nous nous abstiendrons de tout raisonnement à cet égard, attendu que les figures sont développées de manière à ne rien laisser à désirer.

ARTICLE 3.

DE L'ARRIÈRE-VOUSSURE SAINT-ANTOINE SURBAISSÉE, ÉVASÉE EN PLAN, ET DROITE DANS SA COUPE DU MILIEU.

(Planche 63.)

Les arrière-voussures de Saint-Antoine en plein bois se construisent comme les plafonds dont nous venons de parler.

On fait le plan évasé dans l'embrasure A B C D (*fig.* 1), et on divise sa profondeur par des lignes parallèles, pour avoir les joints selon l'épaisseur de bois que l'on veut employer; ensuite on trace l'horizontale G à volonté, sur laquelle on élève perpendiculairement les angles des embrasures du fond et ceux du devant, jusqu'à la rencontre du cintre surbaissé (*fig.* 2) aux points 1, 2, et on fait les obliques, sur lesquelles on élève aussi les lignes des joints du dedans et du dehors des embrasures du plan sur l'élévation; puis on fait la coupe du milieu (*fig.* 3), sur laquelle on porte la profondeur du plan horizontal, ainsi que les joints, à partir de la perpendiculaire G F; ces joints, renvoyés parallèlement à G H sur la ligne du milieu G F, donneront les autres points, qui serviront à décrire la face interne et externe des courbes des joints de l'élévation (*fig.* 2).

Pour développer les embrasures et connaître la ligne des joints de l'extrados, on s'y prend de la manière suivante :

Sur l'une des embrasures du plan (*fig.* 1)', on élève perpendiculairement les points donnés par les joints; puis on prend en élévation (*fig.* 2) la distance qu'il y a de l'horizontale G au point A, que l'on porte en plan sur la perpendiculaire E ; on tire l'oblique D E et sa parallèle, ce qui sera l'épaisseur du bois désigné pour l'embrasure du plan ; ensuite on prendra la distance sur le plan, que l'on portera en élévation (*fig.* 2). perpendiculairement à la ligne G, aux points correspondants de chaque joint.

On fera la même opération pour les lignes ponctuées, lesquelles donneront les joints de l'extrados ou de derrière.

Cette manière de trouver l'arête extérieure des joints est la preuve du premier développement ; par conséquent, cela revient au même.

Arrière-voussure de Saint-Antoine, sur plan évasé et concave, plein cintre en élévation, et elliptique dans sa coupe du milieu.

On fait le plan A B D (*fig.* 4) à volonté, c'est-à-dire suivant les mesures qui auront été prises, et on divise la profondeur par autant de lignes de joint que l'on jugera à propos ; ensuite on trace l'horizontale A B parallèle à celle D, sur laquelle on élève perpendiculairement les angles de la face antérieure de la courbe et les joints où ils rencontrent la concavité interne des embrasures aux points A, 1, 2, 3, 4; du point D comme centre on décrit la courbe A H B (*fig.* 5); ensuite, sur l'un des côtés, on fait la coupe du milieu de cette manière : Sur l'horizontale C D (*fig.* 6), on élève la perpendiculaire G H, dont la hauteur est fixée par deux parallèles tirées de l'élévation ; on prend la profondeur C D du plan (*fig.* 4) que l'on porte de C à D (*fig.* 6), et on fait sur cette ligne le quart de l'ellipse D H ; on prend de la même manière les joints en plan, pour les porter sur cette figure ; puis on les conduit parallèlement à D C sur la ligne du milieu D H, et par chaque point que ces parallèles font sur cette ligne, avec ceux produits par les perpendiculaires élevées des embrasures du plan sur l'horizontale A B, on décrit les demi-ellipses. On opèrera de la même manière pour décrire les joints de derrière ou d'extrados, et on aura l'arête interne et externe des joints elliptiques de chaque cerce ou courbe.

On observera que ces ellipses deviennent un cercle à certains endroits de la voussure, et que, d'après ce point, les joints des courbes redeviennent des ellipses auxquelles la base de la pièce sert de grand axe.

Arrière-voussure faisant contre-partie de celle de Saint-Antoine, sur plan évasé, plein cintre en élévation, elliptique dans sa courbe du fond, et droite en coupe du milieu.

(Planche 64.)

On fait le plan A L B K (*fig.* 1) suivant les mesures données et l'épaisseur des embrasures ; on divise la profondeur en autant de parties égales que l'on veut avoir de joints ; ensuite on trace l'horizontale A C B (*fig.* 2), parallèle à celle A B du plan (*fig.* 1). sur laquelle on élève les perpendiculaires des angles antérieurs des embrasures 1, 2, 3, 4, 5, et ceux du fond, ainsi qu'à la rencontre des joints avec la face interne des embrasures ; et du point C comme centre, on décrit le demi-cercle de l'élévation (*fig.* 2) ; puis on prend la profondeur du plan, que l'on porte sur la ligne du milieu de l'élévation, lequel point N donnera le troisième point avec ceux A B, produits par les angles internes du fond, par lesquels on doit faire passer la demi-ellipse ou ovale surbaissé.

Quand on a disposé le plan horizontal et géométral, on trace la coupe du milieu, ce qui se fait ainsi :

Sur l'un des côtés de la figure 2, on mène parallèlement à A B une ligne du dessous N de la courbe du fond, sur laquelle on élève une perpendiculaire, comme L P (*fig.* 3), dont la hauteur est fixée par les deux parallèles ponctuées, tirées de l'épaisseur de la courbe du devant P ; ensuite on prend la profondeur du plan (*fig.* 1), que l'on porte sur cette coupe, la ligne K L du milieu du plan aux points K L de la figure 3; on tire l'oblique K et sa parallèle P, laquelle détermine l'épaisseur du bois pour les embrasures du plan; on porte les joints de la même manière, c'est-à-dire que l'on prend la hauteur des joints en plan, que l'on porte sur chaque correspondante, et de ces points on élève autant de perpendiculaires jusqu'à la rencontre de la ligne du derrière aux extrados; de chaque endroit où ces perpendiculaires se croisent avec l'oblique K de la coupe, on conduit des parallèles jusqu'à la ligne du milieu de l'élévation, et par chaque point que ces parallèles font sur la ligne du milieu et par ceux qui sont produits par les perpendiculaires élevées du plan horizontal pour les joints, seront les points par lesquels on fera passer les demi-ellipses.

Quand on voudra marquer l'arête externe des joints, on opèrera de la même manière, c'est-à-dire que l'on conduira aussi des parallèles de la ligne externe de la courbe à celle du milieu, et des embrasures externes on élèvera, par le moyen des perpendiculaires, les joints du plan sur l'horizontale de l'élévation. On fait les demi-ellipses comme il vient d'être dit, et on a le développement de l'arrière-voussure demandée.

L'exécution de cette pièce n'est pas difficile : il faut corroyer cinq morceaux de bois de l'épaisseur et de la longueur des joints du plan (*fig.* 1), et de la largeur de chaque courbe ou demi-ellipse de l'élévation, y compris la ligne de l'extrados, lesquelles se tracent de la même manière que l'on a fait pour le développement.

Arrière-voussure, contre-partie de celle de Saint-Antoine, sur plan évasé, elliptique en élévation antérieure, et plein cintre dans la courbe du fond, de niveau en coupe du milieu.

Faites le plan à volonté, c'est-à-dire suivant les mesures qui auront été prises, évasé dans l'embrasure A E B D (*fig.* 4); divisez la profondeur en autant de parties égales que vous désirez avoir de joints; faites l'horizontale A B C (*fig.* 5) parallèle à celle A B du plan (*fig.* 4); élevez sur elle les angles antérieurs des embrasures et ceux du fond, et les joints 1, 2, 3, 4, 5; ensuite du point C comme centre, décrivez le demi-cercle D, qui sera le dessous de la courbe du fond; puis, par le point D et par ceux qui sont donnés par les perpendiculaires élevées des angles antérieurs des embrasures et des joints sur l'horizontale A B C; on décrit les ellipses, qui toutes vont passer au point D par la méthode décrite (*fig.* 7, *pl.* 6, *page* 50). La première ellipse, celle donnée par l'angle antérieur de A B et sa parallèle, est l'épaisseur de la courbe. Il en est de même pour chaque joint, et on a l'arête interne des joints courbes en élévation.

On conçoit que si l'on voulait avoir l'arête externe des joints, il faudrait élever aussi les joints de la face externe de l'embrasure du plan des points externes sur l'horizontale A C B (*fig.* 5), et opérer de la même manière que pour les arêtes internes ; de sorte que toutes ces ellipses de l'extrados passeraient toutes par le point D, comme les internes.

Le plan horizontal et le géométral ainsi terminés, on fait la coupe du milieu (*fig.* 6), qui n'est pas absolument nécessaire pour cette voussure, de niveau à l'élévation (*fig.* 5), et de la profondeur du plan et des joints A, 1, 2, 3, 4, 5 (*fig.* 4).

Pour exécuter cette voussure, il faut corroyer et dresser, comme pour la précédente, cinq morceaux de bois de l'épaisseur et de la longueur des joints du plan (*fig.* 4), et pour la largeur prendre sur l'élévation (*fig.* 5), sur chaque demi-ellipse, en y comprenant la longueur de la courbe, à partir de l'horizontale A C B, comme de C à D, et on trace pour l'évasement du gauche comme on a fait pour le développement.

ARTICLE 4.

DE L'ARRIÈRE-VOUSSURE DE MARSEILLE.

(Planche 65.)

L'arrière-voussure de Marseille, ainsi qu'il a été dit, est celle dont la courbe du fond est cintrée plein cintre, et celle de devant surbaissée ; l'embrasure est en demi-cercle, comme le dessus de la courbe du fond, afin de pouvoir ouvrir et y placer les venteaux des portes, des croisées ou des volets.

Il est de règle générale, dans cette espèce de

voussure, que la courbe du fond soit autant qu'il est possible de la même hauteur que la profondeur du plan ; ou bien, que la profondeur soit de la moitié de la largeur du fond de cette pièce, et que le cintre de l'embrasement soit égal à celui de la courbe du fond, pour les usages ci-dessus désignés.

On fait le plan à volonté A B, D L (*fig. 4*), c'est-à-dire suivant les mesures qui auront été prises, avec l'attention que la largeur de l'embrasure soit égale à la moitié L D ou du fond du plan. On divise, comme pour la précédente, la profondeur en autant de parties égales que l'on veut avoir de joints ; ensuite on fait à volonté l'horizontale C, sur laquelle on élève perpendiculairement les angles postérieurs des embrasures. De la ligne du milieu du point C comme centre, on décrit le demi-cercle de la courbe du fond ; de la même ouverture de compas, portée sur la perpendiculaire élevée de l'angle antérieur et interne de l'embrasure, on décrit le quart de cercle, sur lequel on élèvera aussi les joints 1, 2, 3, 4, 5 ; puis, sur la ligne C pour base, sur laquelle on a élevé perpendiculairement les angles antérieurs de l'embrasure, ainsi que sur chacune de leurs faces, les joints 1, 2, 3, 4, 5 ; on les prolongera en la figure 5, et on prendra sur le centre de l'embrasure la hauteur de chaque perpendiculaire, que l'on portera en élévation sur chaque correspondante. Les hauteurs données par les embrasures seront renvoyées d'équerre sur les perpendiculaires ponctuées, que l'on élèvera de la face externe de l'embrasure aux points 1, 2, 3,

4, 5. On fera passer par ces points les lignes qui seront celles de la face interne et externe de l'embrasure. Cela ainsi disposé, on décrira d'un point donné sur la ligne du milieu la courbe du devant de l'élévation surbaissée, et pour son épaisseur la parallèle; ensuite on tracera la coupe du milieu de cette manière.

Parallèlement à l'horizontale C et du dessous de la courbe du fond G, on conduit une ligne à l'un des côtés de la voussure, sur laquelle on élèvera la perpendiculaire L N, dont la hauteur sera fixée par la hauteur de la courbe du devant; puis on prend la profondeur du plan (*fig. 4*), que l'on porte en coupe de L à D. De ce point à celui N on fait la portion du cercle (*fig. 6*), et pour sa parallèle l'épaisseur du bois déterminée par les embrasures du plan. On prendra les joints en plan pour les porter sur cette coupe, et de chacun de ces joints on élève une perpendiculaire jusqu'à la hauteur de la parallèle; puis, d'où ces perpendiculaires croiseront la face interne de la coupe, on mène des parallèles sur G N, et par chaque point que ces parallèles font sur cette ligne du milieu, et par ceux qui sont donnés par les perpendiculaires et la hauteur de l'embrasure 1, 2, 3, 4, 5, seront les trois points par lesquels on fera passer les cintres surbaissés des joints en élévation.

Si l'on voulait connaître l'épaisseur des bois dans quelques-unes de ces parties de la voussure, on ferait une coupe semblable à celle 6, 7, 8, dont la première ligne est tendue au centre C, la seconde du point qui a décrit le joint, la troisième ainsi de suite ; puis on prend chaque distance, que l'on porte sur chaque perpendiculaire (*fig.* 4). On portera l'épaisseur et on aura la coupe.

ARTICLE 5.

DE L'ARRIÈRE-VOUSSURE DE MONTPELLIER, FAISANT CONTRE-PARTIE DE CELLE DE MARSEILLE, ELLIPTIQUE DANS SA COURBE DU FOND, DROITE DANS CELLE DE DEVANT ET EN COUPE DU MILIEU.

Ainsi qu'il a été dit, l'arrière-voussure de Montpellier est celle dont l'embrasement se termine par des lignes droites ainsi que la courbe de devant ou de derrière.

La forme de cette voussure, c'est-à-dire la manière dont elle se déverse par l'effet de son gauche, lui a fait trouver quelque ressemblance avec les oreilles d'un âne, ce qui la fait désigner par quelques ouvriers sous le nom d'*oreille d'âne*.

Soit le plan à volonté A B D E (*fig.* 1), on divise la profondeur en autant de parties égales que l'on veut avoir de joints, combinée avec l'épaisseur du bois que l'on veut employer; ensuite on fera l'horizontale (*fig.* 2), sur laquelle on élèvera perpendiculairement les angles postérieurs des embrasures; puis on prend la profondeur du plan (*fig.* 1), que l'on porte sur la ligne du milieu (*fig.* 2); de ce point, et de ceux donnés par les perpendiculaires des angles postérieurs, on décrit la demi-ellipse ou demi-ovale, sui-

vant les principes émis figure 7, planche 6 et page 50.
On trace, selon l'élévation déterminée, la courbe de
devant jusqu'à la rencontre des perpendiculaires
élevées des angles antérieures A B des embrasures ;
on fait les obliques de l'embrasement, et on prend
perpendiculairement la distance qu'il y a de l'horizontale au point 1, que l'on porte en plan sur la perpendiculaire interne élevée antérieurement; de l'embrasure au point F, et on tire la ligne F, qui est le
prolongement de celle O du plan, sur laquelle on
élève les joints 2, 3, 4, 5; on élève aussi ces mêmes
joints perpendiculairement sur la figure 2, puis on
prend sur l'embrasure la hauteur de chaque perpendiculaire jusqu'à la ligne F, que l'on porte en
élévation sur chaque correspondante. Pour la coupe
du milieu du dessous C de la courbe du fond, on
mène une parallèle à côté de la pièce sur laquelle on
élève la perpendiculaire E, dont la hauteur est fixée
par l'épaisseur de la courbe du devant et la profondeur par celle du plan (*fig.* 1). On fait la droite D, et
pour sa parallèle l'épaisseur du bois déterminé; on
prend les joints en plan pour les porter sur cette
coupe, comme à la précédente, et on mène de chaque
point des joints des parallèles sur la ligne D (*fig.* 3),
et par chaque point que ces parallèles font sur cette
ligne du milieu C G, et par ceux qui sont donnés par
les perpendiculaires élevées des joints du plan sur le
côté (*fig.* 2), seront les points par lesquels on fera
passer les ellipses des joints de chaque cerce par des
centres placés sur le grand et le petit axes prolongés.

On observera que, pour avoir l'arête de l'extrados des joints, il faut faire la même opération que pour les joints internes. La manière de les exécuter se trouve marquée par leur développement; c'est pourquoi nous n'entrerons dans aucun détail à leur égard.

CHAPITRE VI.

Des plafonds des voûtes ou calottes et arrière-voussures d'assemblage.

ARTICLE PREMIER.

DES PLAFONDS.

Plan et développement d'un plafond gauche d'assemblage, dit en corne de bœuf simple.

(Planche 66.)

Ce plafond diffère de celui qui a été décrit en plein bois (*pl.* 62) en ce que l'embrasure biaise est oblique du devant au derrière, que les côtés sont d'inégales profondeurs, et qu'il est d'assemblage, c'est-à-dire avec des panneaux, des champs, des moulures et une coupe ronde au milieu.

Soit donné le plan oblique d'un côté, et dans le fond A B C D (*fig.* 1), on partage le plan en deux parties égales pour avoir la ponctuée du milieu et celle E F ; à la rencontre de ces deux lignes comme point de centre, on décrit le cercle du milieu, la moulure, la largeur du champ et une moulure. Le plan ainsi disposé, on fait les développements comme il suit :

Pour la ligne du milieu L M, on décrira du point C comme centre le demi-cercle (*fig.* 2), sur lequel on élèvera la largeur de champ et de moulure, et du même point de centre une parallèle de l'épaisseur des embrasures; on trace le panneau de chaque côté en indiquant la languette; ensuite on coupe d'équerre la largeur de champ au centre, et des angles postérieurs 3, 4, on abaissera en plan sur la ligne L M, aux points 3, 4, desquels points on fera des parallèles.

Pour la courbe du fond (*fig.* 3), on élève sur une ligne de base, et parallèles à C D, des perpendiculaires du parement de la courbe, des angles de l'épaisseur, et du point de centre donné par la ligne du milieu, on décrit des cercles, lesquels marquent l'épaisseur, et le gauche de la courbe sur laquelle on a une largeur de champ avec la moulure, que l'on tend d'équerre au centre; pour marquer la position de la coupe du milieu dans cette courbe, on élève des perpendiculaires des points G V J K, où elles se rencontrent en plan et tendues au centre.

Les panneaux s'élèvent de la même manière et sont arrêtés dans la courbe, ainsi que l'indique la figure 3.

On opère de la même manière pour la courbe de la face antérieure. Sur une parallèle à B A, on élève des perpendiculaires des angles du parement et ceux de l'épaisseur, et des points donnés par ces perpendiculaires et du point du centre on décrit les demi-cercles, la largeur du champ et de la moulure d'équerre au centre (*fig. 4*).

Pour l'assemblage de la coupe du milieu avec cette courbe, on élève aussi des perpendiculaires d'où elles se rencontrent en plan d'équerre au centre. Les panneaux s'élèvent de la même manière. On décrit du point de centre les arêtes, ainsi qu'il a été démontré par la courbe (*fig. 3*).

Le développement général des courbes ainsi terminé, on fait celui des panneaux par la même méthode dont on s'est servi pour le plafond en plein bois (*pl. 51*), dont la ligne du milieu représente le joint.

On fait la ligne de base à volonté, mais parallèle à A B, sur laquelle on élève des perpendiculaires du panneau de l'embrasure et pour le joint, puis on décrit du point de centre donné par la rencontre du panneau avec la ligne du milieu les demi-cercles, ensuite on les coupe de longueur pour entrer dans la coupe du milieu et les traverses des embrasures, ce qui se fait ainsi qu'il suit : On prend la hauteur de la ligne de base à la languette du panneau, que l'on porte en élévation ; on fait la parallèle, qui donne la véritable base du panneau, attendu que la première n'a été supposée que pour avoir le même cintre des courbes. Dans la coupe du milieu on élève des perpendiculaires sur le demi-cercle des points correspondants avec ceux du plan pour la courbe du fond ; on fait passer une ligne courbe par ces trois points ;

on coupe d'équerre avec l'épaisseur du devant et du derrière du panneau, et on a les panneaux coupés dans les embrasures et la coupe du milieu (*fig.* 5).

Pour terminer ce développement, on élève aussi sur ces demi-cercles des perpendiculaires des points où les joints et la largeur des panneaux rencontrent la ligne du milieu ; on fait passer l'oblique qui représente celle du plan, laquelle désigne la pente ou inclinaison des panneaux par rapport aux différentes hauteurs de courbe.

Pour avoir les différentes inclinaisons et le développement de la coupe du milieu (*fig.* 6), on s'y prend de la manière suivante :

On fait une horizontale à volonté 8, 2, sur laquelle on porte la largeur de la coupe prise en plan sur la ligne du milieu de E à F; ensuite on prend sur la figure 3 la hauteur 9, 8, que l'on porte sur la coupe figure 6 de 9 en 8, et celle 7 E (*fig.* 4); de même de 7 en E on fait une droite à ces deux points 8 et E; ensuite on prend en plan sur la ligne E F du milieu la distance E 1, que l'on porte de 1 en 7 et de 7 en 4, ce qui produit, en coupant de 1 en 4, le gauche de K J pris sur le plan (*fig.* 1).

Nous ne parlerons pas de l'exécution de cette pièce, attendu que l'inspection seule des figures est plus que suffisante pour faire connaître la manière de s'y prendre.

Plan et développement d'un plafond gauche d'assemblage, dit en corne de bœuf double, ou biais passé.

(Planche 67.)

Ce plafond est le même que celui en plein bois (*planche* 51), avec cette différence qu'il est d'assemblage, avec des panneaux, des champs, des moulures et une coupe dans son milieu.

Soit le plan oblique par ces côtés A B C D (*fig.* 1), donné à volonté, on ajoute l'épaisseur des embrasures, la largeur des champs, les moulures y étant comprises, et les panneaux ; ensuite on partage le plan en deux également pour avoir la ligne du milieu ponctuée et sa perpendiculaire ; à la rencontre de ces deux lignes comme centre, on décrit la ponctuée du milieu parallèle aux côtés évasés du plan; on élève par une ponctuée le point de centre en E, et de chaque côté l'espace de 2 à 3; on marque la petite moulure et les panneaux, et en dehors la largeur des champs de 1 à 5, coupée d'équerre au centre C ; on fait l'épaisseur de la courbe et les panneaux comme aux embrasures, puis on abaisse cette coupe sur la ligne du milieu du plan pour l'extrados. Pour les panneaux, on fait les droites, les champs, les moulures et les panneaux à la rencontre de ceux du plan ; ensuite on fait l'élévation géométrale des courbes et des panneaux de la manière suivante :

Pour la courbe du fond (*fig.* 3), on élève perpendiculairement la face interne et externe ainsi que les panneaux sur la face C D du plan, puis des points élevés du plan on décrit les demi-cercles qui leur sont correspondants ; on élève les panneaux du même point de centre que le parement de la courbe.

Pour la courbe du devant, on élève perpendiculairement à A B les angles de la face interne et externe de la courbe du panneau et de son joint sur la ligne de base, et de chaque point de centre correspondant, comme pour la précédente, on décrit les demi-cercles ainsi que les panneaux et le joint de son point de centre; on porte une largeur de champ. Bien entendu que la moulure y est comprise sur chaque base du parement des courbes, que l'on coupe d'équerre au centre correspondant; de suite, au-dessous, une longueur de languette de panneau que l'on coupe aussi au centre, ou des horizontales, lesquelles désignent l'arête antérieure et inférieure de la languette, et une ponctuée au derrière désignerait l'arête externe.

La courbe de la face antérieure (*fig.* 2) n'a été élevée à part que pour mieux faire connaître la manière dont elle est développée.

Pour tracer l'assemblage de la coupe du milieu avec les courbes, on s'y prend ainsi qu'il suit : Pour celle du fond, on élève perpendiculairement du plan de C à D; la courbe de devant de A B que l'on tend au centre correspondant ; ensuite on marque la coupe des panneaux de la même manière, c'est-à-dire que l'on élève des perpendiculaires du plan. Pour le joint et pour le côté du panneau de la courbe du devant, on fait passer une ligne courbe irrégulière par ces points, et on a le panneau tracé; on coupe de longueur pour entrer dans les courbes et la coupe du milieu.

La courbe (*fig.* 4) n'a été élevée qu'afin de mieux faire connaître la manière dont elle a été prise sur le plan, quoiqu'elle soit décrite sur la figure 3 pour la face de devant.

La coupe (*fig.* 5) est prise sur l'oblique du plan. Pour la largeur des champs, coupé d'équerre à la parallèle C D, on garde l'épaisseur de la courbe; pour les panneaux et l'épaisseur, comme aux embrasures. Cette figure désigne la longueur et l'épaisseur du bois propre à l'exécution pour le faire d'une seule pièce; c'est sur elle qu'on devra tracer les arrasements, ou bien sur la coupe du milieu (*fig.* 2) pour exécuter ce plafond.

ARTICLE 2.

DES VOUTES OU CALOTTES.

Calotte d'assemblage cintrée, plein cintre, en plan et en élévation, avec un montant au milieu et les panneaux par joints horizontaux.

(Planche 68.)

Les calottes sont des enfoncements circulaires ou elliptiques imaginés pour servir d'ornement à une chapelle d'église, d'un cabinet, d'une alcove, et pour le revêtissement des voûtes de même forme.

TROISIEME PARTIE.

Pour dessiner le plan, on fait la ligne de base A B (*fig.* 1), sur le milieu de laquelle on élève la perpendiculaire C D, et de C comme centre on décrit le demi-cercle A D B, et sa parallèle de l'épaisseur déterminée de la courbe ; on marque la largeur du champ, moulure comprise, que l'on coupe d'équerre au centre C ; puis on trace le montant du milieu d'une largeur de champ, et de chaque côté d'une largeur de moulure, dont le fond est tendu au centre, et du même point qui décrit la courbe, on fait les panneaux.

Le plan horizontal ainsi terminé, on élève le géométral ainsi qu'il suit. Sur la parallèle E F, on élève perpendiculairement l'épaisseur de la courbe, et d'une ouverture de compas égale à celle du plan et du point G comme centre, on décrit le demi-cercle E J P de l'élévation (*fig.* 3), et la coupe du milieu D C D (*fig.* 2) ; on marque la largeur des champs, le montant et les panneaux dans la courbe E J F ; ensuite on divise la hauteur géométrale des panneaux en autant de parties égales que l'on veut avoir de joints, comme 1, 2, 3, 4, 5, que l'on renvoie parallèlement à E F, sur la coupe du milieu (*fig* 2), et verticalement en plan (*fig* 1), de 1 à 1, de 2 à 2, de 3 à 3, de 4 à 4, de 5 à 5 ; puis on prend sur la coupe du milieu pour les porter en plan de cette manière :

On prendra les espaces à partir de la perpendiculaire, en 1, 2, 3, 4, 5, que l'on portera en plan sur l'horizontale de la base, et du point de centre qui a décrit la courbe on fait autant de cercles qu'il y a de points portés, et on a les joints des panneaux développés en plan.

On observera que l'on peut s'éviter de prendre les joints des panneaux sur la coupe du milieu pour les porter en plan, attendu que la pièce étant ronde, c'est-à-dire plein cintre dans toutes ses dimensions, les distances sont par conséquent égales, et ce n'est que pour faciliter l'intelligence de celles qui sont décrites.

Développement d'une calotte d'assemblage cintrée, plein cintre, en plan et en élévation, avec un ovale dans sa coupe du milieu.

Le plan et l'élévation de cette calotte se tracent de la même manière que la précédente. Sur le milieu de la ligne de A B (*fig.* 4), on élève la perpendiculaire D C, et du point C comme centre on décrit le demi-cercle A D B et sa parallèle de l'épaisseur déterminée de la courbe, et, d'une même ouverture de compas, l'élévation (*fig.* 5) et la coupe du milieu D C D (*fig.* 6); on détermine la largeur du champ et de la moulure, que l'on porte sur chaque courbe et la coupe, lesquelles sont tendues au centre correspondant.

On trace ensuite la coupe du milieu (*fig.*6). Sur une horizontale donnée, on porte la profondeur du plan; ensuite, pour obtenir le développement de l'ellipse, on trace une oblique; puis on divise l'intervalle de cette ligne au fond du centre en deux parties égales par une ligne coupée d'équerre des extrémités. C'est sur cette dernière que l'on doit décrire l'intérieur de l'ovale ainsi que l'intérieur et le panneau.

Pour tracer l'extérieur de l'ovale, on fait, de la même ouverture de compas qui a décrit le milieu sur l'oblique prolongée, une courbe sur laquelle on porte une largeur de champ, moulure comprise, et en dedans la languette des panneaux ; puis, des mêmes points de centre qui ont décrit l'intérieur de l'ovale, on trace l'extérieur de l'angle du parement de l'extrados et du panneau.

Le diamètre de l'ovale étant déterminé, on le trace en élévation sur la ligne du milieu, on prend perpendiculairement à l'oblique l'espace de l'angle du parement, que l'on porte de même sur la perpendiculaire à la ligne du milieu ; de ce point coupé d'équerre au centre sur sa parallèle, on marque une largeur de champ, y compris la moulure antérieure et extérieure ; ensuite on trace de l'angle externe une ligne, puis de cette ligne à la perpendiculaire partagée en deux parties égales, si l'on veut, c'est-à-dire en autant de parties que l'on veut avoir de coupes, et suivant l'épaisseur du bois que l'on veut employer à cet usage.

Pour tracer la coupe des panneaux dans l'ovale, on s'y prend ainsi qu'il suit : Au-dessous de chaque joint ou épaisseur, on marque deux lignes, ou plus, si l'on veut, que l'on conduit parallèlement sur la coupe ; et à chaque point que ces lignes font avec l'oblique on marque des perpendiculaires, sur lesquelles on porte l'espace donné par ces lignes au-dessous du joint : pour celui du milieu, la distance (*fig.* 5), que l'on porte sur chaque ligne correspondante. On fait passer une courbe par ces trois points. On opérera de la même manière pour les autres lignes, et on aura les cerces, qui donneront les points demandés.

Nous n'entrerons pas dans un plus long détail pour cette pièce ; seulement nous observerons que, pour marquer la retombée de la coupe de l'ovale et des panneaux, on abaissera en plan perpendiculairement sur chaque ligne correspondante à l'élévation.

La coupe ainsi terminée, on marquera la position de son assemblage dans les courbes, afin de distribuer et déterminer plus régulièrement la longueur des panneaux et de ne pas augmenter le plan de lignes inutiles.

Ainsi que nous l'avons déjà dit, ces coupes rondes ou ovales ne font pas très-bien dans une pièce de trait, surtout lorsque la capacité du fond est très-considérable ; alors cette grande distance produit un rond ou un ovale d'un diamètre trop fort, qui, joint aux largeurs des champs et des moulures, absorbe une partie du plan et réduit presque à rien les panneaux de côté, comme on peut s'en convaincre en voyant cette figure ; mais, pour satisfaire à l'habitude et à la nécessité où l'on peut se trouver quelquefois de les mettre en pratique, on pourra employer la méthode avec laquelle nous avons développé celle-ci.

Développement d'une calotte d'assemblage avec des rayons montants, sur plan et coupe elliptiques, et plein cintre en élévation.

(Planche 69.)

Cette espèce de calotte rayonnante varie dans sa forme ; mais qu'elle soit plein cintre, en plan ou elliptique dans son élévation, le principe de développement est toujours le même.

On fait le plan elliptique A B D (*fig.* 1) à volonté, mais suivant les mesures qui auront été prises, et, au milieu, le trompillon 9, 5 ; ensuite on porte une largeur de champ déterminée, moulure comprise, sur le devant de la courbe, que l'on coupe d'équerre au centre ; ensuite d'un champ à l'autre on divise cette demi-ellipse et le trompillon en quatre parties égales, et on trace les trois rayons d'une largeur de champ et d'une moulure de chaque côté, en observant que les divisions sur le trompillon soient égales entre elles et que les panneaux soient plus larges à cette partie que les montants, puis on trace les panneaux dans les bâtis ainsi qu'il est indiqué figure 1.

Le plan horizontal ainsi terminé, on fait l'élévation géométrale ainsi qu'il suit. Perpendiculairement à la ligne de base A B du plan, on élève sur celle A B l'épaisseur du bois de la courbe, et du point de centre C on décrit l'élévation A B P (*fig.* 2) ; puis, pour la coupe du milieu (*fig.* 3), on mène parallèlement à E D l'épaisseur ; ensuite on prend la profon-

23

deur du plan E D, que l'on porte en coupe du milieu sur l'horizontale E D et sur elle, et du point E on élève la perpendiculaire E P et on décrit le quart d'ellipse de la même manière que pour le plan figure 1 et sa parallèle de l'épaisseur de la courbe ; on marque sur les deux extrémités une largeur de champ, et vers la supérieure l'augmentation de la largeur du trompillon pris en plan et porté d'équerre au centre ainsi que le premier champ ; on trace le panneau ; ensuite on divise l'intervalle de la coupe en autant de parties que l'on veut pour avoir les lignes du développement des montants, sur le panneau pour avoir des joints selon l'épaisseur du bois que l'on veut employer, lesquels serviront aussi au développement des panneaux, ce qui se fait de la manière suivante.

Parallèlement à la base A B, on amène de la coupe du milieu (*fig.* 3) tous les points de division sur la figure 2 ; on en fait autant pour les joints des panneaux, puis on abaisse en plan pour ceux de la coupe ; ensuite on prend de la perpendiculaire la distance qu'il y a au cintre de la coupe, que l'on porte en plan sur la ligne du milieu ; puis à ces points on fait le quart d'ellipse comme à la coupe figure 3 ; on fait la même opération pour les autres points de division.

Cette opération terminée, on conduit de la coupe, mais parallèlement à E D, le parement du trompillon sur la figure 2, et du plan on élève sa largeur, on fait passer une ligne par ces trois points, et on a l'arête interne et inférieure du trompillon ; ensuite on fait le développement géométral des montants de chaque point où les lignes elliptiques rencontrent celles qui fixent la largeur des rayons en plan ; on élève autant de perpendiculaires pour avoir chaque division qui les a produits.

Perpendiculairement à la base A B, on élève sur celle parallèle (*fig.* 2), de 1, de 2, de 3, de 4, de 5 ; pour le côté P C B, de 5, de 6, de 7, de 8, et par ces points on fait passer une ligne courbe, laquelle donne les deux arêtes de la largeur du montant en élévation (*fig.* 2) ; le montant du milieu s'élève de la même manière de chaque ligne elliptique.

Pour faire le développement des panneaux, on s'y prend de la même manière que pour les montants. Par des parallèles à E D on amène de la figure 3 les joints des panneaux, que l'on abaisse en plan ; puis on prend sur la coupe la distance des panneaux, que l'on porte en plan ; on fait à ces deux points un quart d'ellipse et la même opération pour les autres joints, et de chaque point où ces quarts d'ellipse croisent les lignes qui déterminent la largeur des panneaux, on élève des points sur chaque joint correspondant, lesquels désignent ceux par lesquels on fait passer la ligne qui coupe le panneau dans les montants ; on fait passer, ainsi qu'il vient d'être dit, une ligne qui donne l'arête interne de la languette du panneau dans le montant et celle dans le montant du milieu ; pour le couper de longueur dans le trompillon, on amène de la coupe l'angle du panneau et du plan élevé de 9 en 5 ; et du même point qui a décrit l'arête interne de ce trompillon, on tire une ligne, et le panneau est dans sa position respective.

Lorsqu'on a ainsi terminé les montants et les panneaux, on en fait le développement pour les rendre propres au tracé et au débillardement, ce qui se fait ainsi que pour les montants.

Perpendiculairement à l'un des côtés de ce montant, on élève sur une semblable base P C l'épaisseur du rayon dans l'ellipse et tous les points donnés par les lignes de division, que l'on prolonge sur la figure 4, pour porter sur chacune d'elles la hauteur du rayon, prise en élévation, que l'on porte sur chaque correspondante (*fig.* 4), et par ces points on fait passer une courbe et du même point de centre l'épaisseur du montant ; on marque une largeur de champ à sa base et à sa partie supérieure qui s'assemble avec le trompillon.

Ce côté terminé, on fait l'autre de la même manière : on trace les petites lignes d'un point à l'autre ; les autres hauteurs étant les mêmes que celles du côté précédent, elles peuvent être coupées d'équerre de l'une à l'autre ; on fait passer une ligne courbe par ces points, et on a l'arête interne du rayon et son développement.

Pour mettre d'équerre ce montant suivant son plan et sa coupe, on fera derrière chaque ligne de division elliptique une épaisseur de courbe qui est aussi celle du montant, lesquelles sont coupées au centre correspondant ; on fait passer une ponctuée par ces points; elle désignera l'arête du derrière ou extrados. Pour avoir l'équerre ou le gauche à l'extrémité supérieure de ce montant, on fait une coupe à part (*fig.* 6), d'où la ligne de base est prise suivant l'obliquité donnée par la différence des hauteurs des côtés du montant sur le trompillon (*fig.* 2), puis on prend en plan la largeur du rayon, que l'on porte figure 6 ; on élève une petite perpendiculaire sur laquelle on porte la hauteur (*fig.* 4) ; on fait l'oblique, on la coupe d'équerre, on trace l'épaisseur et le panneau, ce qui donnera le gauche et l'équerre au sommet du montant, qui s'assemble avec le trompillon.

La coupe du panneau (*fig.* 6) se développe et se trace de la même manière que le rayon figure 4.

Perpendiculairement au côté du panneau, on élève sur la parallèle l'épaisseur et tous les points donnés par la rencontre des joints elliptiques avec les lignes qui désignent la largeur du panneau, que l'on prolonge sur la figure 6 ; ensuite on prend en élévation (*fig.* 2) les hauteurs, que l'on porte sur chaque correspondante ; on fait passer une ligne par ces points, et sa parallèle de l'épaisseur donnée, les autres panneaux se développent de la même manière et se tracent aussi de même, ce qui n'a besoin d'aucune explication.

L'exécution de cette calotte n'est pas difficile. On a pour la courbe du fond une pièce de bois de la longueur du plan de la largeur B 9 et de l'épaisseur de B à E ; pour le montant (*fig.* 4), un morceau de bois de longueur et de largeur au parallélogramme, et l'épaisseur selon la courbe ; pour le trompillon, suivant le parallélogramme (*fig.* 7), les panneaux de la longueur, de la largeur (*fig.* 6), et l'épaisseur sur son développement, si toutefois on le fait d'une seule pièce ; mais s'il est selon les joints, il faut autant de petits morceaux de bois de la même largeur et de la même épaisseur qu'il y en a de marqués sur la coupe (*fig.* 3).

La manière de tracer ces différents morceaux de bois sur ces figures se démontre assez par leur développement, sans qu'il soit nécessaire d'en étendre plus loin la démonstration, attendu que chaque partie est indiquée par des lignes ponctuées.

ARTICLE 3.

PLAN ET DÉVELOPPEMENT DE L'ARRIÈRE-VOUSSURE DE MARSEILLE, D'ASSEMBLAGE PLEIN CINTRE DANS SA COURBE DU FOND, SURBAISSÉE PAR DEVANT ET EN COUPE DU MILIEU.

(Planche 70.)

Cette arrière-voussure est la même que celle en plein bois (*pl.* 65, *fig.* 5), avec cette différence qu'elle est d'assemblage et a une coupe au milieu.

Pour dessiner cette voussure, on fait le plan évasé A B C D (*fig.* 1) à volonté, mais suivant les règles indiquées plus haut pour celle en plein bois ; on marque l'épaisseur des embrasures, la largeur des champs, moulures comprises, et les panneaux ; on divise ensuite la profondeur des embrasures ou du plan en deux parties égales pour avoir la ligne du milieu, puis en trois, par des parallèles qui désignent les joints, comme 3, 4, 5 ; on fait enfin l'élévation géométrale de cette manière. On observera, ainsi qu'il a été dit, que le nombre des joints n'est pas limité ; que plus il y en a, plus on est juste dans le tracé des pièces. Quand le nombre des joints est pair, la ligne du milieu se trouve comprise sur l'un des deux, et quand ils sont impairs, la ligne du milieu se divise séparément des joints, à moins qu'on ne veuille les faire d'inégale épaisseur.

Sur l'horizontale D C pour base (*fig.* 2), on élève perpendiculairement du plan, pour la courbe du fond, les angles D C, et d'une ouverture de compas égale à la profondeur du plan on décrit du point E le demi-cercle C D G pour celle de devant celle P ; on fait le cintre surbaissé de la hauteur donnée par la voussure, et celle des angles par la hauteur du cintre de la courbe du fond ou de la courbe d'embrasure ; du même point de centre l'épaisseur de l'embrasure, sa parallèle, et arrêtée par l'angle du plan ; ensuite on élève des perpendiculaires de la rencontre des joints avec l'un des côtés du plan, et d'une ouverture de compas égale à celle qui a décrit la courbe du fond on fait l'élévation de l'embrasure du point de la ponctuée V, le quart de cercle C V (*fig.* 3) ; puis, de chaque endroit où ces perpendiculaires croisent l'embrasure, on élève des perpendiculaires que l'on prolonge sur la figure 2, sur lesquelles on porte l'élévation du centre de l'embrasure (*fig.* 3) de cette manière : la distance des ponctuées que l'on porte sur chaque correspondante de la base D C sur l'embrasure de l'élévation (*fig.* 2); toutes ces hauteurs sont croisées d'équerre parallèlement à D C avec les lignes élevées de la face externe de l'embrasure, comme l'indiquent les perpendiculaires ponctuées; on fait passer une ligne par les angles et par les joints, et on aura en élévation la face interne et externe de l'embrasure, et les points qui doivent concourir avec ceux donnés par la coupe du milieu à tracer les joints des panneaux et de développement.

On fait la coupe du milieu (*fig.* 4) de la profondeur du plan et de la hauteur déterminée, que l'on divise en autant de parties que le plan ; par chaque point que ces divisions font avec cette portion de cercle surbaissée, on mène ses parallèles sur la perpendiculaire (*fig.* 2); par chaque point que ces parallèles donnent sur cette ligne, et par ceux produits par les perpendiculaires élevées du plan, on décrit sur G P les lignes de cerce surbaissées, pour la ligne du milieu et pour l'autre joint.

Pour avoir le développement des courbes et des panneaux, on fait autant de lignes que l'on veut sur l'élévation, lesquelles sont tendues d'équerre au centre de la courbe du fond sur la ligne du milieu, et de là sur celle du devant du même point de centre qui a décrit la surbaissée, ainsi que le montre 3, 0, 8, L ; J, 2, 3, 4, 5, 6 (*fig.* 2). Ces lignes servent à établir avec la profondeur du plan les coupes, lesquelles donnent à leur tour la largeur, l'épaisseur, l'équerre ou gauche des courbes et des panneaux, à l'endroit où elles sont prises. Pour cela, on opère ainsi qu'il suit : de chaque point que ces lignes font avec celle du milieu et les autres joints, on abaisse des perpendiculaires en plan, sur lesquelles on prend la profondeur des joints et la ligne du milieu de chaque coupe.

Pour la coupe de la cerce 3, 0, 8, on porte sur l'horizontale 3, P (*fig.* 5) la profondeur du plan ; on porte perpendiculairement la distance de 3 à 8 sur celle 3, 8, et pour la ligne du milieu de 3 à 0, que l'on porte de 3 à 0, ainsi celle des joints ; puis on prend sur la cerce la hauteur, que l'on porte sur leur correspondante, on fait passer une ligne courbe par ces points, et de l'épaisseur de la courbe, sa parallèle ; on marque la largeur des champs et les panneaux comme à l'embrasure, lesquels sont tendus d'équerre au centre abaissé des perpendiculaires des angles du parement et du derrière ainsi que du panneau, et on a la coupe 3, 0, 8, sur la figure 2.

On opère de la même manière pour les coupes figures 6, 7 et 8 ; ensuite on porte sur ces mêmes coupes, en élévation et en plan, les résultats de leur développement.

Pour la courbe du fond, on prend perpendiculairement la hauteur de l'angle du parement, que l'on porte en élévation sur la courbe du fond, celles de l'angle de derrière ; pour le panneau, la hauteur des angles du panneau se porte de la même manière sur la cerce opposée ; on prend et on porte de la même manière les coupes figures 6 et 7, puis on fait passer des lignes par ces points : les pleines désignent les arêtes internes des parements, et les ponctuées les arêtes externes ; ainsi on a la largeur et le gauche des courbes et des panneaux en élévation.

Ce que l'on vient de tracer donne bien la largeur des bois propres à l'exécution des courbes et des panneaux, mais n'en indique pas l'épaisseur ; pour la tracer on abaisse autant de perpendiculaires en plan qu'il y a de points donnés par les coupes en élévation, sur lesquelles on porte la largeur et la retombée des champs et des panneaux pris perpendiculairement à chaque horizontale des coupes.

On opère de la même manière sur chaque coupe et celle du milieu pour porter en plan sur chaque perpendiculaire correspondante abaissée de la courbe du fond, puis on fait passer une ligne pleine et une ponctuée, lesquelles désignent la retombée de l'arête interne et externe de la courbe du fond, par conséquent l'épaisseur du bois propre à son exécution.

Pour la courbe de devant, on en prend l'espace, que l'on porte en plan sur sa correspondante abaissée de l'élévation ; pour celle de derrière, on en fait de même : on les porte d'un point à l'autre. On prend sur les autres coupes et celle du milieu de la même manière, que l'on porte en plan sur chaque correspondante qui leur est en rapport ; on fait passer une ligne pleine et une ponctuée, lesquelles désignent la largeur ou retombée des champs de la courbe, et par cela même l'épaisseur du bois propre à son exécution; on prend et on porte en plan les panneaux de la même manière que les courbes, sur chaque perpendiculaire correspondante abaissée de l'élévation, comme on peut s'en apercevoir, lesquels sont marqués des mêmes lettres et chiffres d'où ils sont tirés; par conséquent, il est inutile d'en faire la démonstration.

Pour avoir le développement de la courbe d'embrasure, on fait parallèlement au côté du plan C B une ligne à volonté, de laquelle on élève perpendiculairement les points qu'elle fait avec les lignes 2, 3, 4, 6, ainsi que sur l'élévation figure 2, que l'on prolonge jusqu'aux lignes de division correspondantes à ces points, et on fera une ligne; ensuite on prend ces hauteurs, que l'on porte sur les mêmes lignes élevées sur la figure 2; on trace la ponctuée, laquelle sert à donner la hauteur des coupes qu'il faut avoir pour terminer cette courbe d'embrasure. Pour cela, on tend du centre des lignes que l'on prolonge ou que l'on porte à part, puis on fait sur chacune d'elles une coupe, telle que pour la figure 5 déjà décrite; cette opération faite, de chaque point que ces lignes font avec celles qui ont servi à tracer les courbes, on porte la retombée des champs et des panneaux; on porte aussi la retombée des autres coupes, et on fait passer des lignes par ces points, dont les pleines désignent l'arête interne de la retombée de l'embrasure et des panneaux, les ponctuées, les arêtes externes, les petites obliques et les équerres de ces mêmes coupes; ensuite on fait la projection de ces lignes en élévation.

Sur l'horizontale D C on élève perpendiculairement des points donnés par la rencontre des lignes de la retombée de la courbe avec celle du plan, que l'on prolonge en élévation sur chaque ligne correspondante, pour le parement de la courbe du fond, pour l'arête externe, pour le panné placé du côté opposé, l'arête du derrière; puis on fait les lignes; ensuite on trace l'arrasement qu'elle doit avoir pour s'assembler avec la courbe du fond et celle de devant, et on a le développement en plan et en élévation de cette courbe d'embrasure, laquelle indique les dimensions du bois propre à son exécution.

La manière de corroyer le bois qui entre dans la construction de cette arrière-voussure est assez indiquée par le plan, l'élévation et les coupes, sans qu'il soit nécessaire de les désigner.

Les courbes de côté ou d'embrasure s'assemblent à tenon et à mortaise avec la traverse du fond de cette voussure, ainsi que par leurs bouts supérieurs avec la courbe ou traverse de devant. La manière de les tracer, ainsi que les autres parties de la voussure, se trouve facilement, d'après les développements qui en sont donnés.

Arrière-voussure de Marseille, d'assemblage, plein cintre dans le fond et droite par devant, de niveau en coupe du milieu avec un rond.

(Planche **71**.)

Comme il se trouve des arrière-voussures de Marseille sur des élévations différentes pour les ouvertures des portes et des croisées, et qu'il est assez d'usage que la courbe de devant soit en cintre surbaissé et que celle-ci est droite, il ne faut avoir aucun égard à cette construction, attendu que la base du développement est toujours la même; il s'agit seulement que les portes ou croisées trouvent leur ouverture avec facilité. A cet effet, on suivra le même ordre expliqué pour la voussure précédente et celle en plein bois (*planche* 65).

Soit le plan A B C G (*fig.* 1), puis l'élévation (*fig.* 2), et la courbe d'embrasure, que l'on fait d'une même ouverture de compas égale à celle qui a décrit la courbe du fond (*fig.* 2) et la coupe du milieu (*fig.* 3), d'une largeur égale à celle de la profondeur du plan, avec le même nombre de divisions de joints, la ligne du milieu et les joints élevés perpendiculairement du plan et arrêtés par leur hauteur prise sur la courbe d'embrasure (*fig.* 4); on trace les coupes, que l'on tendra d'équerre au centre de la courbe du fond jusque sur la ligne du milieu et de la perpendiculaire suivant celle de devant. Ces coupes servent à en établir d'autres, qui donnent à leur tour la véritable largeur et gauche des courbes ou traverses ainsi que des panneaux, à l'endroit où elles sont prises. Pour cela, on développe ces coupes ainsi qu'il suit :

Pour la coupe (*fig.* 6) on porte parallèlement à la ligne tendue au centre (on observera que cette coupe ne peut être tendue au centre, ou qu'on peut la placer ailleurs, et qu'elle doit être toujours d'équerre sur une ligne quelconque) une largeur de division du plan coupé d'équerre par la base, ou, comme ici, sur une horizontale; puis on prend la hauteur, que l'on porte sur cette figure; on fait l'oblique, sur laquelle on marque une largeur de champ que l'on coupe d'équerre à cette ligne, et de l'épaisseur de l'embrasure sa parallèle, on trace le panneau et on abaisse une perpendiculaire de l'angle du parement de derrière ainsi que du panneau, et on a une coupe sur la ligne de la courbe du fond. On opérera de la même manière pour les autres coupes du fond ainsi que pour celles de la courbe de devant; on observera seulement que ces dernières coupes ont chacune deux largeurs de division du plan, attendu qu'elles vont jusqu'à la ligne du milieu, qui renferme aussi deux divisions de joints; ensuite on prend le produit de leur développement, que l'on porte sur chaque ligne correspondante qui a concouru à marquer la coupe, et de ces points on abaisse des perpendiculaires en plan, sur lesquelles on porte la retombée des courbes et des panneaux prise sur ces mêmes coupes, comme on a fait pour la précédente voussure.

On a tracé ces mêmes coupes dans toute leur grandeur, afin de donner différentes méthodes, au moyen desquelles on peut parvenir au développement de cette voussure.

Pour couper le panneau dans la voussure, il faut développer le rond de la coupe du milieu, ce qui se fait de la même manière que pour les pièces (*planches* 66, 67 *et* 68).

Du milieu des deux extrémités des champs de la coupe (*fig.* 3), on décrit l'intérieur du rond, puis on trace l'extérieur en augmentant le champ, bien entendu la moulure comprise, ce qui donne la largeur totale du rond et le cintre des panneaux, dont on avance la languette en dedans; puis on prend l'espace, que l'on porte sur la ligne du milieu (*fig.* 2); on tend d'équerre, au centre qui a décrit cette ligne et de l'épaisseur, la parallèle, et de l'angle du derrière on abaisse une perpendiculaire qui désigne la largeur du bois propre à faire cette coupe en deux pièces; ensuite on mène parallèlement sur la coupe (*fig.* 3) des points de l'endroit où la perpendiculaire croise les joints et la ligne du milieu. Pour avoir la coupe qui désigne l'arête interne du rond, on abaisse cette coupe en plan ainsi que le panneau qui se trouve coupé de longueur dans le rond de la coupe du milieu, ce qui n'a besoin d'aucune autre explication.

Les courbes d'embrasure s'élèvent perpendiculairement, comme pour la précédente, en élévation, et tout le reste est assez indiqué pour qu'on puisse le concevoir facilement à la suite par l'inspection des figures.

Arrière-voussure, contre-partie de Marseille, d'assemblage avec des rayons montants, l'élévation plein cintre par devant, surbaissée par derrière et droite dans ses coupes.

Cette arrière-voussure, dite *queue de paon* (ainsi nommée à cause de sa ressemblance avec la queue d'un paon qui, étant développée, représente à peu près l'ensemble de l'effet de cette pièce), peut se faire concave, en coupe du milieu, de quelque forme qu'on juge à propos, sans que cela change en rien la méthode de sa construction.

Soit fait le plan évasé comme pour la précédente A B D (*fig.* 8), on divise la profondeur en deux parties égales pour avoir la ligne du milieu ou de joint; ensuite on élève perpendiculairement l'élévation (*fig.* 9); on fait la courbe du fond surbaissée, et celle du devant plein cintre, la coupe du milieu (*fig.* 10) de la hauteur donnée et de la profondeur du plan, et celle des figures 11 et 12 de la hauteur des obliques 2, 5 et 1, 4; de même la profondeur du plan, les champs et les panneaux comme la figure 10; puis on porte le produit du développement de ces coupes en élévation et en plan, ce qui donne la largeur, l'épaisseur ou gauche des courbes ainsi que des panneaux, de cette manière :

Pour la courbe du fond, de l'angle du parement de la coupe (*fig.* 10), on mène sur la perpendiculaire de l'élévation l'épaisseur des angles du panneau ; puis on prend de la base la hauteur de l'angle du parement, que l'on porte en élévation sur la ligne qui a concouru à tracer cette coupe ; la hauteur du derrière, celle des angles du panneau sur la même ligne du côté opposé, et pour le joint du panneau la hauteur ; la base de la coupe se porte de la même manière sur sa correspondante ; ensuite on élève perpendiculairement du plan sur la ligne de base le parement de l'angle de derrière, l'épaisseur du panneau élevé du côté B et l'angle de derrière. (On a développé le panneau de côté afin de ne pas confondre les lignes avec celles des bâtis et pour donner plus de facilité à l'intelligence.) Puis on fait passer une ligne pleine et une ponctuée, dont la pleine désigne l'arête interne du parement de la courbe, et la ponctuée l'arête externe. Pour le panneau, on élève du côté B les angles, on fait passer une ligne par les points, et on a le panneau marqué dans la courbe.

Ayant ainsi disposé cette courbe en élévation, on marque en plan la saillie ou retombée de cette manière :

De chaque endroit où les obliques 5, 9, 7, 0, 4, se trouvent croisées par les arêtes internes et externes de la courbe et du panneau, on abaisse en plan des perpendiculaires ; pour la courbe du fond de 2, C C, 1, de même, ainsi que pour le panneau ; puis on prend horizontalement sur la coupe les distances de la ligne verticale, que l'on porte en plan sur la ligne du milieu, la distance du panneau, que l'on porte sur la même ligne; les champs et les panneaux des coupes (*fig.* 10, 11 *et* 12) se prennent et se portent de la même manière sur chaque ligne correspondante abaissée de l'élévation; puis on fait passer les lignes qui désignent comme en élévation la pleine, l'arête interne de la retombée du parement, et la ponctuée l'externe. Pour le panneau on fait aussi passer une ligne par les points et on a la retombée en plan du panneau et de la courbe, ce qui marque l'épaisseur du bois propre à sa construction, comme l'élévation désigne sa largeur.

Pour avoir la courbe de devant, on mène, parallèlement à la base de la coupe, sur la perpendiculaire du milieu de l'élévation, l'angle du parement de derrière. Pour le panneau, on prend sur les autres coupes, comme pour celle de devant, les distances, que l'on porte sur les obliques correspondantes, ainsi qu'il est indiqué par les mêmes chiffres; on abaisse en plan, comme à la précédente; on marque la saillie ou la retombée du panneau, et on a le développement en plan et en élévation, par conséquent l'épaisseur et la largeur du bois propre à la construction de cette courbe.

Pour marquer le joint du panneau, on mène de la figure 10 sur la perpendiculaire (*fig.* 9) des parallèles, et on prend sur les autres coupes la hauteur, que l'on porte sur chaque oblique; on élève du plan sur la ligne de base un point; on fait une ligne par ces points, et on a le joint du milieu du panneau ; ensuite on porte une largeur de champ sur la base des courbes, on coupe d'équerre au centre de chacune d'elles jusque sur l'arête externe, ce qui donne la hauteur de traverse d'embrasure avec sa retombée en plan, indiquant la grosseur du bois qu'il faut pour la construction. Ces traverses s'assemblent à tenon et à mortaise dans la courbe de devant et dans celle de derrière. On marque la languette du panneau, on fait les lignes; cela terminé, on divise l'élévation de manière à y placer les trois montants d'une largeur de champ et deux moulures à distance égale l'une de l'autre, comme il est indiqué en élévation (*fig.* 9); puis on fait leur développement par une coupe prise sur chaque côté du montant ; on l'abaisse en plan de la même manière que les autres coupes; on fait les lignes en élévation, qui donnent l'équerre ou le gauche du montant.

Pour couper le panneau dans les montants, on abaisse des perpendiculaires en plan de chaque point où les lignes de panneau se croisent en élévation ; ensuite on fait ces lignes, qui désignent les arêtes internes du panneau coupées dans le montant. Les arêtes externes se marquent de la même manière.

Pour exécuter le montant du milieu de cette voussure, il faut corroyer un morceau de bois de l'épaisseur et de la largeur de l'arrasement, en augmentant les tenons et les moulures, et pour la largeur, celle de la figure 9. Pour les montants de côté, suivant la figure 11 et de la largeur figure 9, on les trace comme il est indiqué par la coupe. Le reste se concevra facilement à la seule inspection des figures, sans qu'il soit nécessaire d'en faire l'explication.

ARTICLE 4.

ARRIÈRE-VOUSSURE DE MONTPELLIER D'ASSEMBLAGE, L'ÉLÉVATION CINTRÉE ELLIPTIQUE PAR DERRIÈRE, PLEIN CINTRE PAR DEVANT, ET EN COUPE DU MILIEU AVEC UNE ELLIPSE OU OVALE.

(Planche 72.)

Ainsi qu'il a été dit, on nomme arrière-voussure de Montpellier celle dont l'embrasement, la face antérieure et extérieure sont terminés par une ligne droite. Cette voussure ne diffère de celle en plein bois (*planche* 65, *fig.* 1 *et* 2) que par les assemblages et sa coupe du milieu.

On fait le plan évasé (*fig.* 1) divisé à volonté, l'élévation géométrale (*fig.* 2), la coupe du milieu (*fig.* 3) de la hauteur donnée, de la profondeur et des divisions du plan; on élève perpendiculairement, de la rencontre des lignes de division avec le côté du plan, des points que l'on prolonge en élévation sur l'embrasure; par ces points et par ceux menés de la coupe (*fig.* 3) sur la ligne D 3, on décrit les ellipses, qui sont autant de joints qui doivent concourir au développement. Cela terminé, on fait les lignes de cerce, que l'on tend du point de centre de la courbe du fond jusqu'à la ligne du milieu, et de la perpendiculaire suivant celle de devant. Ces lignes servent à faire des coupes qui donnent à leur tour les véritables dimensions des courbes de l'endroit où elles sont prises, ce qui se fait ainsi qu'il suit :

Pour la coupe (*fig.* 4) de la ligne 4, 5, on porte sur une horizontale la profondeur du plan C 3 en 4 C ; on élève une perpendiculaire de l'extrémité 4 de cette horizontale, dont la hauteur doit être prise sur la ligne de cerce 4, 5, tracée sur l'élévation (*fig.* 2) ; la hauteur de 4 à 6, portée en coupe sur sa correspondante de la base 4 C au point 6 ; on fait passer une ligne par ces points, à laquelle on marque une largeur de champ, que l'on coupe d'équerre jusque sur sa parallèle donnée par l'épaisseur ; on trace le panneau et on abaisse des perpendiculaires de l'angle du parement et du derrière, ainsi que du panneau. L'autre coupe (*fig.* 5) se trace de la même manière ; ainsi, il est inutile d'en parler.

On trace ensuite la coupe du milieu (*fig.* 3). Sur une horizontale donnée, on porte la profondeur du plan comme pour la coupe (*fig.* 4) ; ensuite, pour obtenir le développement de l'ellipse, on trace une oblique B C, puis on divise l'intervalle de cette ligne au fond du centre en deux parties égales par une ligne coupée d'équerre aux extrémités ; c'est sur cette dernière que l'on doit décrire l'intérieur de l'ovale ainsi que l'extérieur et le panneau.

Pour tracer l'extérieur de l'ovale, on fait de la même ouverture de compas qui a décrit la ligne du milieu, sur l'oblique prolongée, une courbe, sur laquelle on porte une largeur de champ, moulure comprise, et en dedans la languette du panneau ;

puis, des mêmes points de centre qui ont décrit l'intérieur de l'ovale, on trace l'extérieur de l'angle du parement, de l'extrados et du panneau.

Le diamètre de l'ovale étant déterminé, on le trace en élévation sur la ligne du milieu; on prend, perpendiculairement à l'oblique, l'espace de l'angle du parement, que l'on porte de même sur la perpendiculaire à la ligne du milieu, de ce point coupé d'équerre au centre sur sa parallèle; on marque une largeur de champ, y compris la moulure antérieure et extérieure; ensuite on trace de l'angle externe une ligne, puis de cette ligne à la perpendiculaire partagée en deux parties égales si l'on veut, c'est-à-dire en autant de parties que l'on veut avoir de coupes, et suivant l'épaisseur du bois que l'on veut employer à cet usage.

Pour tracer la coupe des panneaux dans l'ovale, on s'y prend ainsi qu'il suit : Au-dessous de chaque joint ou épaisseur on marque deux lignes, ou plus si l'on veut, que l'on conduit parallèlement sur la coupe, et à chaque point que ces lignes font avec l'oblique on marque des perpendiculaires, sur lesquelles on porte l'espace donné par ces lignes au-dessous du joint; pour celui du milieu, les distances sur la figure 2, que l'on porte sur chaque ligne correspondante; on fait passer une courbe par ces trois points. On opérera de la même manière pour les autres lignes, et on aura les cerces, qui donneront les points demandés.

Pour marquer la retombée de la coupe de l'ovale

et des panneaux, on abaissera, perpendiculairement en plan, sur chaque ligne correspondante à l'élévation, pour l'ovale et pour le panneau ; ce qui ne demande aucune explication, vu que chaque point de développement de cette voussure est, comme dans toutes les autres, indiqué par des lignes ponctuées, qui sont suffisantes pour toute démonstration.

Arrière-voussure, contre-partie de Montpellier, élévation droite par derrière, cintre surbaissé devant, et en coupe du milieu avec un ovale.

On donne à cette arrière-voussure le nom de contre-partie, parce qu'elle est inverse de celle de Montpellier, c'est-à-dire de forme droite par derrière et surbaissée devant; elle ne diffère de celle en plein bois (*planche* 65, *fig.* 1 *et* 2) que par ses assemblages et sa coupe du milieu.

On fait le plan évasé A B C D (*fig.* 6); on élève perpendiculairement sur la base (*fig.* 7) les deux extrémités des embrasures de A, de B, de C, de D ; on trace l'élévation, la coupe du milieu C 5 (*fig.* 9), de la hauteur donnée et de la profondeur du plan avec toutes ces divisions; puis on divise cette coupe en deux parties égales, et de là, parallèlement à la base, on mène sur la perpendiculaire C ce même point de coupe pris horizontalement, que l'on porte en plan, et du milieu de l'embrasure on fait passer une courbe par ces trois points, on élève ces points et on fait la courbe, qui est celle du milieu ou de joint en élévation; ensuite on divise la face antérieure et postérieure de l'élévation en parties égales pour avoir les lignes de coupe, lesquelles, comme pour les précédentes, servent à en former d'autres qui donneront à leur tour les dimensions des courbes et le joint des panneaux, ce qui s'opère de la manière suivante :

Pour la ligne de coupe 6, 3, sur une horizontale donnée, on porte la profondeur du plan de 5 à 2, de la ligne du milieu sur 6 C; on élève à ces points des perpendiculaires, puis on prend la hauteur en élévation de 6 à 3, que l'on porte sur celle (*fig.* 10) de 6 à 3, la hauteur de 6 à 2, que l'on porte de même de 6 à 2; on fait passer une ligne par ces trois points, qui sera l'interne surbaissée de la courbe, et de l'épaisseur de la courbe sa parallèle, qui sera celle externe; on marque une largeur à chaque extrémité, que l'on coupe d'équerre suivant le point de centre. On trace le panneau comme dans l'embrasure; on abaisse des lignes des angles des parements et du panneau sur l'horizontale et la perpendiculaire, lesquelles désignent la saillie ou la retombée des courbes et des panneaux.

Pour la ligne du fond, on prend perpendiculairement la hauteur de l'angle du parement, que l'on porte en élévation sur la même ligne qui a servi à former cette coupe; de l'angle de derrière, la hauteur du panneau, que l'on porte sur la même ligne; on prend et on porte de la même manière la base de l'autre coupe; puis on mène parallèlement de la coupe du milieu l'angle du parement sur la perpendiculaire de l'angle de derrière; pour le panneau et le joint, de la même manière; on fait passer une ligne par ces points, dont la pleine désigne l'arête interne de la courbe et la ponctuée l'arête externe pour les panneaux; on fait de même passer une ligne par les points indiqués, et on a le panneau dans la courbe postérieure en élévation.

Ce que l'on vient de faire donne bien la largeur du bois propre à la construction de cette courbe, mais n'en indique pas l'épaisseur; pour la trouver, on abaisse en plan des perpendiculaires de chaque point donné par la rencontre des lignes de coupe avec les arêtes internes et externes de la courbe et du panneau, de la même manière que pour les planches précédentes, ainsi que pour la courbe de devant; par conséquent, il est inutile d'en parler.

Le développement de la courbe d'embrasure (*fig.* 8) se fait de la même manière que pour l'arrière-voussure (*planche* 70); par conséquent, il devient inutile d'en parler.

Pour obtenir le développement de l'ovale dans la coupe du milieu, qui a été décrite pour la voussure se trouvant sur cette même planche, on trace des deux extrémités intérieures des champs une oblique, puis on divise l'intervalle de cette ligne au fond du cintre en deux parties égales, par une ligne coupée d'équerre des extrémités, et sur cette dernière on décrit l'intérieur de l'ovale ainsi que l'externe et le panneau. On tracera le reste de cet ovale comme pour la figure précédente.

Il deviendrait superflu d'augmenter la description de cette pièce, vu que l'inspection seule des figures et la construction de la précédente indiquent assez la manière de la tracer.

ARTICLE 5.

ARRIÈRE-VOUSSURE DE SAINT-ANTOINE D'ASSEMBLAGE, PLEIN-CINTRE EN ÉLÉVATION ET DANS SA PROFONDEUR, ET EN COUPE DU MILIEU AVEC UN OVALE.

(Planche 73.)

On observera que le plan horizontal de cette arrière-voussure est de la même profondeur que l'élévation, et que les côtés et le fond forment trois traverses qui s'assemblent par tenons avec la courbe, et à queue d'hirondelle coupée d'onglet sur la diagonale, vers les angles postérieurs, ainsi qu'il sera démontré.

Soit A B C D le plan proposé (*fig.* 1), on marque la largeur du champ et de la moulure sur le devant des traverses de côté, et on divise la profondeur en autant de parties égales que l'on juge à propos, c'est-à-dire suivant l'épaisseur du bois que l'on veut employer, que l'on conduit parallèlement à B D sur les côté du plan ; ensuite on élève perpendiculairement à B D, sur la ligne de base E F (*fig.* 2), les angles des champs et, du point H, comme centre, on décrit l'élévation de la courbe F G E, et des mêmes ouvertures de compas la coupe du milieu (*fig.* 3) ; on marque le champ et le panneau, puis on divise la profondeur en autant de parties que le plan, et par chaque point que les divisions font avec cette coupe, on conduit des parallèles ponctuées sur la figure 2, et par les mêmes points de division élevés du plan on décrit des lignes elliptiques, lesquelles désignent les joints qui servent au développement de chaque cerce.

On fera la même opération pour les panneaux que pour les bâtis, c'est-à-dire que l'on élévera perpendiculairement, du côté D C du plan, de 2 à 2, de 3 à 3, de 4 à 4, etc., et parallèlement de la coupe (*fig.* 3) sur l'élévation (*fig.* 2), de 3 à 3, de 4 à 4, etc.; puis on décrit l'élévation géométrale et les joints elliptiques.

Ensuite on trace les coupes (*fig.* 4, 5, 6 *et* 7), lesquelles donnent la retombée des traverses et des panneaux, ainsi que la concavité de la voussure, à l'endroit où elles sont prises; ce qui s'opère ainsi qu'il suit :

Perpendiculairement à B D, on élève des lignes de chaque point où la diagonale L C croise les divisions du plan, que l'on prolonge sur la figure 2; on abaisse les divisions de la coupe (*fig.* 3), sur lesquelles on porte les hauteurs prises à leur rencontre avec les joints elliptiques, de cette manière :

La hauteur Q R (*fig.* 2) se porte sur la figure 6 de Q R, celle Q 16 de 18 à 16, celle Q 17 de 19 à 17, et celle Q 18 de 2 à 18; on fait passer une courbe elliptique par les points R 16, 17, 18, X, et de la même ouverture de compas sa parallèle de l'épaisseur déterminée de la courbe ; on marque aux deux extrémités une largeur de champ et le panneau, que l'on coupe d'équerre au centre ; on mène parallèlement de l'angle du champ une ligne et sa perpendiculaire. On fait la même opération pour les autres coupes, et on a la largeur en saillie des traverses et des panneaux ainsi que leur hauteur, qui se portent en plan et en élévation.

On fait pour les panneaux la même opération que pour les bâtis, ainsi que l'indique la ligne qui désigne l'arête interne et inférieure du panneau.

Si l'on désire mettre un ovale au milieu de cette arrière-voussure, on s'y prendra comme pour celle de la calotte (*planche* 68, *fig.* 6), ainsi qu'on le marque sur la coupe (*fig.* 3), dont nous avons omis à dessein le développement afin de ne pas augmenter le nombre des lignes qui existent déjà dans cette pièce.

Arrière-voussure de Saint-Antoine d'assemblage, tour creuse en embrasure, surbaissée elliptique, plein cintre dans la courbe du fond, et de niveau dans sa coupe du milieu.

Cette arrière-voussure, comme la précédente, a autant de profondeur que d'élévation. Pour la dessiner, on fait le plan B V A (*fig.* 8), les embrasures quart de cercle ; on marque la largeur des champs et des moulures, ainsi que les panneaux ; puis on le divise sur le milieu de sa profondeur et de ses embrasures en deux parties égales, pour avoir la ligne E Q R, qui est par conséquent celle du milieu. Le plan horizontal ainsi disposé, on fait l'élévation géométrale ainsi qu'il suit :

Sur la ligne de base H H, on élève pour la courbe du fond de J à J, et du point E comme centre on décrit le demi-cercle J 1 J ; pour celle de devant, H G H et la ligne du milieu de E à G, puis, par les points H N G N H on décrit une ellipse et sa parallèle de l'épaisseur de la courbe. On fait une semblable opération pour la ligne du milieu ; on fait la coupe du niveau de la profondeur du plan, ainsi que l'indique la figure 10.

Pour trouver le gauche ou équerre des courbes des panneaux de cette arrière-voussure, on commence par diviser l'élévation géométrale en autant de parties que l'on juge à propos (il faut observer que plus on mettra de lignes de division, plus il y aura de lignes d'équerre, par conséquent plus de régularité pour les largeurs et le gauche), pour avoir des coupes sur les différentes hauteurs, lesquelles donnent à leur tour les largeurs et les épaisseurs, les gauches ou équerres des parties qui composent cette pièce.

Sur la ligne de la courbe du fond J 1 J, on divise en autant de parties que l'on veut, qui sont tendues du centre E à l'ellipse comme N N, O O, P O ; puis, de la rencontre de ces lignes avec celles du milieu, on abaisse des perpendiculaires sur le plan ; ensuite avec ces lignes on fait les coupes dont il a été parlé.

Soit l'horizontale M N (*fig.* 11) de la courbe J P du

plan, on prend les distances de P à Q, que l'on porte de N en 7, de Q en R, de 7 à 8, etc.; on élève des perpendiculaires, puis on prend sur la ligne de coupe N N la distance de N à 10, que l'on porte sur la figure 11 de N en 10, de même pour chaque distance prise sur cette ligne, qui doit être portée sur sa perpendiculaire correspondante; on fait passer une ligne courbe par ces points, et du même centre, sa parallèle de l'épaisseur de la courbe; on marque aux deux extrémités la largeur des champs, que l'on tend d'équerre au centre; le panneau, de l'épaisseur de celui d'une embrasure; on fait les lignes et on a la coupe, qui désigne le cintre et le gauche dans cette partie de la voussure.

Pour les coupes (*fig.* 12 *et* 13), on les trace de la même manière; ainsi, il est inutile d'en faire une seconde description; d'ailleurs, la vue du dessus est suffisante pour en faciliter l'intelligence.

Les coupes ainsi terminées, on porte leur développement sur les lignes qui les ont produites; ce qui se fait ainsi qu'il suit : On prend la hauteur de l'angle du parement du champ (*fig.* 11), que l'on porte en élévation (*fig.* 9) sur la courbe du fond; de même pour celle de l'extrados ou arête du derrière de la courbe. On porte les panneaux de la même manière. Les hauteurs des angles internes et externes, ainsi que des panneaux, sont portées sur la même ligne du côté opposé.

Pour la figure 13, les hauteurs sont porteés de même sur chaque correspondante. Quant aux panneaux, la hauteur des angles est aussi portée sur les mêmes lignes opposées. Ensuite on fait passer deux lignes : la pleine indique l'arête interne du parement de la courbe, et la ponctuée l'arête externe ; on fait aussi passer deux lignes par les panneaux afin d'avoir l'arête interne et l'externe.

Pour avoir l'équerre ou le gauche de la courbe du devant et le joint des panneaux, si toutefois on les fait en deux pièces, on prend aussi perpendiculairement la hauteur de chaque ligne, que l'on porte en élévation sur chaque correspondante.

On prend de la même manière les autres coupes, puis on abaisse de chacun de ces points autant de lignes perpendiculaires en plan, sur lesquelles on porte la largeur ou retombée des champs et des panneaux, prise parallèlement à chaque horizontale des coupes.

Pour la courbe de devant et du fond, on opère de la même manière, c'est-à-dire que l'on porte les distances sur chaque correspondante abaissée de l'élévation, ainsi que pour toutes les coupes de la même manière, que l'on porte aussi sur chaque correspondante qui leur est en rapport, et sur le milieu une largeur de champ ; on fait passer les lignes, dont l'une pleine désigne la largeur, et l'autre ponctuée désigne la longueur ou retombée du devant de la courbe.

On prend et on porte les panneaux de la même manière que les courbes ; il est par conséquent inutile d'en parler.

Lorsque la profondeur du milieu d'une arrière-voussure n'est pas d'une fort grande étendue, comme celle dont nous parlons, on peut orner son milieu d'un rond, d'un ovale ou d'un losange, ce qui fait très-bien dans ce genre d'ouvrage. Comme le développement est à peu près le même pour ces trois pièces, nous avons mis un rond dans celle-ci.

Sur le milieu de la coupe (*fig.* 10), et des deux extrémités internes des champs, on décrit un demi-cercle, au-delà duquel on ajoute une largeur de champ et une moulure, et on place les panneaux comme dans les courbes; le reste de l'opération se fait de même que pour la planche 71, figure 3. On marque ensuite un rond en élévation sur la ligne du milieu, on coupe les panneaux dans les courbes de ce rond, et on les abaisse en plan, ainsi qu'il est indiqué par les lignes courbes. Le reste du développement et de la démonstration est trop simple pour qu'il soit nécessaire de s'y étendre plus longuement.

Quant à l'exécution de cette voussure, elle n'est pas très-difficile. Lorsqu'on a corroyé du bois dans les dimensions données par le plan, l'élévation et les coupes, on trace sur ces pièces de bois de la même manière que sur le plan, ainsi que pour la coupe du milieu, les traverses et les panneaux, ce qui n'a besoin d'aucune autre explication, attendu que chaque point de développement est indiqué par des lignes ponctuées et que l'inspection seule des figures est suffisante pour montrer de quelle manière il faut s'y prendre.

ARTICLE 6.

PLAN ET DÉVELOPPEMENT D'UNE ARRIÈRE-VOUSSURE IMITÉE DE LA CONTRE-PARTIE DE CELLE DE MARSEILLE, PLEIN CINTRE PAR DEVANT ET EN S EN PLAN, SURBAISSÉE DERRIÈRE, TOUR CREUSE EN EMBRASURE, AVEC UN OVALE AU MILIEU, ET DROITE DANS SES COUPES.

(Planche 74.)

Cette arrière-voussure, appelée ordinairement *queue de paon*, cintrée en S, peut se faire de quelque forme qu'on juge à propos, sans que cela change en rien à la méthode de sa construction. Elle a été ainsi nommée à cause de sa ressemblance avec la queue d'un paon.

Soit le plan évasé en tour creuse A B C D (*fig.* 1); on divise la profondeur en deux parties, pour avoir la ligne du milieu ou de joint; ensuite on élève perpendiculairement l'élévation (*fig.* 2); on fait la courbe du fond surbaissée, celle de devant plein cintre et en S, en plan la coupe du milieu de la hauteur donnée et de la profondeur du plan, et celle de la hauteur des obliques; de même la profondeur en plan, les champs et les panneaux de cette manière.

Pour la courbe du fond, de l'angle du parement du plan (*fig.* 1), on mène sur la ligne de base A B, de l'élévation (*fig.* 2), l'épaisseur des angles et du panneau, la hauteur des angles du parement, que l'on porte en élévation sur la ligne qui a concouru à tracer cette courbe C D, la hauteur du derrière et celle des angles du panneau sur la même ligne du côté opposé; la base de la coupe se porte de la même manière sur sa correspondante; ensuite on élève perpendiculairement du plan la ligne de base, le parement de l'embrasure de l'angle de derrière, l'épaisseur du panneau, puis on fait passer une ligne pleine, qui désigne l'arête interne du parement de la courbe et une ponctuée qui marque l'arête externe.

Pour avoir la courbe de devant, on mène perpendiculairement à la base A B de l'élévation (*fig.* 2) les angles des embrasures A B du plan (*fig.* 1), la ligne du milieu E *b* et les angles du parement, et de la rencontre de la ligne E *b* du plan avec l'horizontale A B de l'élévation comme centre, on décrit la courbe A N B; ensuite on fait les obliques, qui servent à tracer les coupes (*fig.* 3, 4, 5, 6); on marque la saillie ou la retombée de la courbe et du panneau, et on a le développement en plan et en élévation, par conséquent l'épaisseur et la largeur du bois propre à la construction de cette courbe.

Pour tracer la coupe (*fig.* 4), on prend la profondeur du plan sur la ponctuée 1, 2, que l'on porte sur une horizontale à part de C à 2 (*fig.* 4); ensuite on prend la hauteur de l'oblique ponctuée C D sur l'élévation (*fig.* 2), que l'on porte perpendiculairement sur cette horizontale de C à D, et du point C comme centre on décrit le quart de cercle qui doit se terminer de part et d'autre aux points D et 2; on marque l'épaisseur des bâtis et le panneau; on prend ensuite sur l'élévation (*fig.* 2) la hauteur de C à 3, que l'on porte de

6 en 3, laquelle marque la retombée du panneau. On opérera de la même manière pour les coupes (*fig.* 5 *et* 6), qui sont prises sur les autres obliques, comme il est facile de le voir par les figures.

Pour le panneau, on fait aussi passer une ligne par les points 2, 3, 4, 5 et par ceux 3, 4, 5, 6, et on aura le panneau marqué dans sa courbe. (On a développé le panneau de côté afin de ne pas confondre les lignes avec celles des bâtis et pour donner plus de facilité à l'intelligence.)

Ayant ainsi disposé cette courbe en élévation, on marque en plan sa saillie ou retombée de cette manière :

De chaque point où les obliques se trouvent croisées par les arêtes externes et internes de la courbe et du panneau, on abaisse en plan des perpendiculaires pour la courbe du fond et pour le panneau; puis on prend sur la coupe (*fig.* 3) l'espace de la ligne horizontale, que l'on porte en plan sur la ligne E *b* du derrière, de 1 à 3 pour le panneau, que l'on porte sur la même ligne; les champs et les panneaux des coupes se prennent et se portent de la même manière sur chaque ligne correspondante abaissée de l'élévation (*fig.* 2), puis on fait passer une ligne par ces points, dont la pleine comme en élévation désigne l'arête interne de la retombée du parement, et la ponctuée l'externe.

Pour le panneau, on fait passer une ligne par les points 2, 3, 4, 5, et on a la retombée en plan du panneau et de la courbe, ce qui marque l'épaisseur du bois propre à sa construction, comme l'élévation désigne la largeur.

Pour la coupe (*fig.* 7), on prend la hauteur du point de centre qui a décrit la courbe de devant au point N, que l'on porte de E à N, et du point E comme centre on décrit le quart de circonférence et sa parallèle, ce qui donne l'épaisseur de la courbe N B de l'élévation (*fig.* 2).

Il est inutile de décrire le développement de l'ovale, vu que les planches précédentes et leur description donnent assez l'intelligence pour les tracer, tant pour leur cerce que pour leur panneau ; ainsi, nous ne nous étendrons pas davantage sur cette voussure, attendu que l'inspection des figures peut seule remplacer tout raisonnement à cet égard.

ARTICLE 7.

DÉVELOPPEMENT D'UNE ARRIÈRE-VOUSSURE IRRÉGULIÈRE SUR PLAN BIAIS ÉVASÉ, EN TOUR CREUSE PAR DEVANT ET DROITE DERRIÈRE, ÉLÉVATION ANTÉRIEURE, PLEIN CINTRE RAMPANT, RACHETANT UN BERCEAU, UN MUR DROIT, SURBAISSÉE INTÉRIEURE ET EN COUPE DU MILIEU.

(Planche 75.)

Non seulement il peut se trouver des arrière-voussures droites d'un côté comme celle dont on vient de parler, mais encore d'autres sur des plans biais évasés en S, concaves ou convexes, et des élévations différentes. Comme la théorie pratique n'est pas commune parmi les ouvriers, et qu'ils se trouvent souvent embarrassés par la rencontre d'un plan irrégulier, nous avons donné cette arrière-voussure, à l'aide de laquelle, et au moyen des connaissances acquises par la méditation des précédentes, ils pourront aplanir toutes les difficultés qui peuvent se rencontrer, et être à même de tracer et d'exécuter les arrière-voussures, quelle que soit la forme du plan et de l'élévation géométrale.

Pour dessiner cette voussure, on fait à volonté, mais seulement, les mesures qui en sont prises, le plan biais évasé, tour creuse par devant, A B C D (*fig.* 1) ; on marque l'épaisseur des embrasures, et à chaque extrémité une largeur de champ et les panneaux ; on divise les deux faces du plan en deux parties égales pour avoir la ligne du milieu ; ensuite on décrit le quart de cercle J G H, qui doit donner le rampant de la voussure. Pour cela, on fait à volonté la ligne de base A R, mais parallèle à A B du plan, sur laquelle on élève perpendiculairement les angles antérieurs des embrasures et la ligne du milieu de 4 à D, de 5 à 5, de 6 à 6, de 7 à D, de 1 à 1 ; et du point A comme centre on décrit le demi-cercle (*fig.* 2) ; puis on divise sur l'horizontale le devant du plan en un nombre quelconque de perpendiculaires, que l'on prolonge sur le demi-cercle (*fig.* 2) et sur la face rampante.

Pour avoir le cintre rampant de l'élévation antérieure (*fig.* 2), on fait l'oblique A C , de laquelle on porte sur les perpendiculaires les hauteurs prises sur le demi-cercle J G H de cette manière : de la base J H la hauteur de J à G, que l'on porte en suivant les perpendiculaires de 4 en 4, la hauteur O O que l'on porte de 3 en 3, la hauteur S S de 2 en 2, la hauteur O O de 5 en 5, la hauteur SS de 6 en 6. On porte de la même manière le derrière, et on fait passer une ligne par les points A 6, 5, 4, 3, 2, V C et sa parallèle, et on a l'arc rampant de la face antérieure de la courbe de devant.

Pour avoir la courbe du fond ou de derrière, on élève perpendiculairement sur la ligne D V (*fig.* 2) par des ponctuées les angles postérieurs des champs et la ligne du milieu; puis, d'un point de centre prolongé sur la ligne du milieu, on décrit de la hauteur donnée le cintre surbaissé D V, qui sera le dessous de l'élévation de la courbe du fond (*fig.* 2).

Lorsque cette opération est faite, on marque l'oblique du milieu et les lignes de coupe, que l'on abaisse perpendiculairement en plan de L à L, de Q à Q, de P à P, de M à M; pour la courbe de devant et pour celle du fond, de V à V, de X à X, de Y à 2, de 6 à D; on mène une ligne d'un point à l'autre, et on a en plan la retombée des cerces de coupe qui doivent concourir à former les coupes.

Ensuite on divise chaque côté du plan en autant de parties que l'on veut avoir de lignes de développement ou de joint ; on fait le même nombre de divisions sur chaque ligne de cerce, à cause de l'inégalité et de la concavité du plan, et on fait passer une ponctuée par les points 2 2 2 2 2 C, 3 3 3 3 3 3 ; puis on fait la projection géométrale de ces lignes de cette manière :

Perpendiculairement à l'horizontale A B, on élève de chaque point donné par la rencontre des cerces avec les lignes de division sur chaque cerce correspondante en élévation; la deuxième et la troisième s'élèvent de la même manière; on fait passer une courbe rampante par les points où elles se croisent, et on a les cerces rampantes marquées en élévation (*fig.* 2).

Pour avoir la largeur des courbes, leur gauche et les panneaux, on développe des coupes prises sur chaque cerce, tant en plan qu'en élévation; ce qui se fait de la manière suivante :

Pour la coupe du milieu (*fig.* 11), on prend la profondeur du plan et ses divisions sur l'oblique du milieu de E à 2, que l'on porte sur l'horizontale (*fig.* 11), de E à 2, l'espace de E à 2, la ligne de division, que l'on porte sur la même horizontale, l'espace de E à K à la ligne du milieu, que l'on porte de E à 1, l'espace de E à 3, que l'on porte de E à 3; on élève à ces points des perpendiculaires; puis on prend en élévation sur l'oblique du milieu de Y à P, que l'on porte sur la même figure de E à P, la hauteur de Y en V, de E à V à la ligne du milieu, de Y en A, de 1 à K, de Y à O, de 2 à O; on fait passer une ligne par ces points P V K O, sur les deux extrémités de laquelle on porte une largeur de champ, que l'on coupe d'équerre à cette ligne jusqu'à sa parallèle. On marque le panneau comme dans l'embrasure; on abaisse des perpendiculaires des angles des parements et de derrière, ainsi que des panneaux, qui désignent la hauteur et la saillie des champs.

Pour la coupe (*fig*. 12), on prend de même la profondeur du plan suivant la cerce P, que l'on porte sur l'horizontale les espaces des lignes de division, que l'on porte de même; on élève des perpendiculaires, puis on prend en élévation sur la cerce correspondante les hauteurs, que l'on porte sur la même figure, les hauteurs de lignes ou joints rampants, que l'on porte sur les perpendiculaires correspondantes; on fait passer une ligne par ces points, aux deux extrémités de laquelle on marque une largeur de champ, que l'on coupe d'équerre jusqu'à sa parallèle, qui est l'épaisseur de la courbe; on marque le panneau, on abaisse des perpendiculaires des angles comme à la précédente, et on a une coupe suivant les cerces. Les autres coupes (*fig*. 9 *et* 10) se font aussi suivant les cerces cotées des mêmes lettres.

On observera que l'on a fait des demi-coupes, c'est-à-dire de l'espace du milieu, tant sur le plan que sur l'élévation du côté, du plus cintré, du rampant, afin d'embrasser plus de profondeur et de corriger par ce procédé les irrégularités qui peuvent se trouver dans des pièces de trait de ce genre. La méthode pour développer ces coupes est toujours à peu près la même.

Pour la figure D, on prend en plan l'espace de *b* à 4, que l'on porte sur l'horizontale figure D, de 6 à 4, de l'espace *b* 2 à la ligne de division, que l'on porte de 6 à 2; on élève des perpendiculaires, puis on prend en élévation, sur la cerce correspondante, la hauteur de 6 à 7, que l'on porte sur la figure D, de 6 à 7, la hauteur de 6 à 4, la ligne rampante du milieu, que l'on porte sur sa correspondante, de 2 en O; on fait passer une ligne par ces points 7 O 4; on marque une largeur de champ coupée d'équerre à cette ligne jusqu'à sa parallèle; on trace le panneau et on abaisse des perpendiculaires des angles, comme on a fait pour les précédentes.

Les autres coupes (*fig.* 4, 5, 6, 7, 8) et celles de l'angle du rampant (*fig.* C) se développent de la même manière, suivant les cerces B O et C O du plan, de concert avec celles V et X de l'élévation (*fig.* 2).

Lorsqu'on a ainsi terminé les coupes, on porte le produit de leur développement en élévation et en plan sur les cerces qui les ont produites, ce qui donnera la largeur et le gauche des courbes, ainsi que des panneaux, de cette manière :

Pour la courbe du fond, à commencer par la coupe du milieu (*fig.* 11), on prend, perpendiculairement à l'horizontale E 2, la hauteur de l'angle des parements, que l'on porte en élévation sur la cerce du milieu de Y à G, la hauteur de l'extrados de Y à 8; pour le panneau, la hauteur de l'angle 6, 7, que l'on porte sur la même ligne de Y à G, du derrière 8, 9 de Y à G. On portera le joint de devant et de derrière de la même manière. On prend encore de même, sur les coupes (*fig.* 9, 10 *et* 12), pour porter leur développement sur leurs cerces correspondantes; puis on fait passer une ligne pleine et une ponctuée ; la ligne pleine désigne l'arête interne de la courbe, et la ponctuée l'arête externe. On fait aussi, pour le panneau, passer une ligne par les points, ainsi que pour le joint ; ensuite on marque en plan la retombée des courbes et des panneaux de cette manière :

Perpendiculairement à l'horizontale A B, on abaisse en plan autant de lignes qu'il y a de points donnés par la rencontre des cerces avec les arêtes internes et externes des courbes et des panneaux, sur lesquelles on porte la saillie des coupes. Pour celle du milieu (*fig.* 11), on prend, parallèlement à l'horizontale E 2, l'espace de 4 à 2, que l'on porte sur la même ligne en plan de 2 en 4, l'espace de E en 5, à l'angle de derrière, sur sa correspondante de 2 en 2. Quant aux panneaux, on les tracera de la même manière ainsi que les joints. La base des autres coupes de la courbe du fond se porte de la même manière, puis on fait passer une ligne par les points. Ainsi qu'en élévation, la pleine désigne la retombée de l'arête interne de la courbe, et la ponctuée l'arête externe. Pour le panneau, on fait aussi passer de même une ligne par les points, et on a la retombée en plan du panneau et de la courbe, ce qui donne l'épaisseur, l'élévation et la largeur du bois propre à son exécution.

Pour la courbe de devant ou rampante, à commencer aussi par la coupe du milieu (*fig.* 11), on prend sur la perpendiculaire de face E P les distances comme pour la courbe du fond.

On porte de la même manière le produit du développement des autres coupes (*fig.* 9, 10 *et* 12), sur chaque correspondante, puis on fait passer une ligne pleine et une ponctuée ; la ligne pleine désigne l'arête interne de la courbe rampante, et la ponctuée l'externe. Pour le panneau, on fait passer une ligne par les points, et on a le panneau et la courbe rampante tracée en élévation. Pour avoir leur retombée en plan, on abaisse, comme pour la courbe du fond, autant de perpendiculaires qu'il y a de points donnés par la rencontre des cerces avec les arêtes internes et externes de la courbe et du panneau, sur lesquelles on porte la saillie des coupes de la courbe de devant.

Pour celle du milieu (*fig.* 11), on prend, parallèlement à l'horizontale E 2, ou perpendiculairement à la ligne de face E P, l'espace N à P, l'angle du parement N J, que l'on porte en plan de N à J, l'espace du devant, que l'on porte sur sa correspondante. Pour le panneau, on procédera de la même manière que pour ceux de la courbe du fond ; on porte de même la saillie des autres coupes ; puis on fait passer une ligne pleine et une ponctuée par les points, de même pour le panneau, et on a la retombée du panneau coupée dans la courbe et l'épaisseur du bois propre à leur exécution.

Pour avoir le développement de la traverse oblique de l'embrasure droite, on suit la même méthode que pour celle des voussures précédentes. Du côté B C on élève des perpendiculaires de la rencontre des lignes de division b 3, 1 C O ; on prend en élévation (*fig.* 2) verticalement la hauteur de R à C, que l'on porte (*fig.* 3) ; de B à E on fait l'oblique C E, puis à ce même côté d'embrasure, les deux lignes 9 N, V X parallèles entre elles, desquelles on élève aussi autant de perpendiculaires qu'il y a de points par la rencontre de ces lignes avec celles de division b 3, 1 C O et C 3, 1, 2, O ; puis, perpendiculairement à l'horizontale, la projection en élévation sur chaque ligne de division ; on fait passer une ligne par ces points, ensuite on prend ces hauteurs de la base A R pour les porter sur chaque ligne correspondante, élevée des parallèles B O, C O sur la figure 3. On fait les lignes 9 N et V X, lesquelles déterminent la hauteur des lignes qu'il faut avoir pour développer les coupes de cette embrasure et les parallèles B O, C O. La largeur de ces coupes se fait de la même manière que pour les précédentes, en prenant les hauteurs de C à 9, de C à 8, de C à 6, de D à 4, de E à 2, que l'on porte sur chaque perpendiculaire donnée par la largeur des lignes de division ; on porte la hauteur des champs et des panneaux sur chaque ligne correspondante à la coupe ; puis on fait passer deux lignes, dont la pleine désigne l'arête interne d'embrasure, et la ponctuée l'externe. Pour le panneau, on fait aussi passer une ligne ; ensuite, de chaque point donné par la rencontre de ces arêtes internes et externes avec les cerces des coupes, on mène des perpendiculaires sur le côté du plan, sur lesquelles on porte la saillie des champs et des panneaux comme pour les voussures précédentes, et on fait passer deux lignes, dont l'une désigne l'arête interne de la courbe et l'autre, par conséquent, l'épaisseur du bois propre à la construction. Pour le panneau, on fait aussi passer les lignes. Lorsqu'on a ainsi tracé la retombée de l'embrasure, on en fait la projection en élévation sur chaque ligne de division correspondant à celle du plan; on fait passer une des lignes, ainsi que pour le panneau, et on a la courbe de la traverse et le panneau tracé en élévation. On marque les arrasements pour les assemblages, et la courbe est terminée.

Pour le côté biais de l'embrasure, on prend la hauteur de la traverse de base, qui est une largeur de champ en élévation sur les courbes et les lignes, que l'on coupe d'équerre à chaque point où elles rencontrent une ligne pleine de l'angle du parement à l'autre, et on arrête le panneau ainsi qu'il est démontré.

Pour obtenir le développement de la traverse oblique du milieu, on fait la même opération pour chaque côté du montant que pour la coupe (*fig.* 3) et la traverse oblique des arrière-voussures précédentes, ainsi qu'il est indiqué par les coupes, dont les lignes qui ont servi au développement sont cotées des mêmes lettres que celles où elles ont été prises.

Quant à la courbe de devant, tour creuse, on la fait ordinairement en deux pièces et quelquefois plus; mais quel que soit le nombre de pièces que l'on emploie à sa construction, la manière de les tracer et de les développer est la même, ce qui se fait de la manière suivante : De l'angle interne des embrasures à la ligne du milieu, on fait les obliques A P, P B, sur lesquelles, pour base, on élève des perpendiculaires de chaque point de rencontre des lignes de la courbe et des panneaux, sur lesquelles on porte les hauteurs de la courbe rampante.

On a développé la courbe de derrière suivant l'obliquité du plan dont la hauteur est prise en élévation, comme celle de devant sur la courbe du fond, ce qui n'a besoin d'aucune explication, attendu que les points de développement sont conduits par des ponctuées qui démontrent clairement d'où ils sortent, de manière que l'épaisseur du bois propre à la construction de cette courbe est déterminée en plan et en élévation pour sa largeur et sa longueur, ce qui se conçoit facilement.

Cette pièce de trait termine la série des arrière-voussures qui entrent dans la composition de cet ouvrage. On l'a placée la dernière parce qu'elle offre quelque difficulté de plus que les précédentes, et pour suivre l'ordre que nous avons adopté de s'élever graduellement du simple au composé.

FIN.

TABLE DES MATIÈRES

CONTENUES DANS CET OUVRAGE.

Première Partie.

CHAPITRE Ier. — NOTIONS PRÉLIMINAIRES DE LA GÉOMÉTRIE.

Définitions sommaires de la géométrie. . . . . *pages* 9
Des mesures en géométrie 10
Des points 11
Des lignes en général 11
Des lignes droites 12
Des lignes droites qui sont en rapport avec le cercle 13
Des lignes courbes 14
Des lignes courbes irrégulières 15
Des angles 15
Des triangles 16
Des quadrilatères 18
Des polygones 19
Des ovales et des ellipses 19
Des corps solides en général 20
Des corps irréguliers 21

CHAPITRE II. — DE LA GRAPHOMÉTRIE.

Des mesures ou échelles 23
De la toise 25
Du mètre 26
Méthode pour avoir des moyennes proportionnelles 29
Des perpendiculaires 30
Des parallèles 33
De la formation du cercle, de sa division et de ses usages. 34

De la construction des polygones 37
Manière de circonscrire les figures géométriques........ 39
Des polygones.. 40
Construire un polygone sur une ligne donnée.......... 42
Des ovales et des ellipses........................... 47
Manière de tracer l'ovale ordinaire 47
Manière de tracer un ovale utile à la construction des caves. 49
Des ovales bornés en longueur et en largeur.......... 49
Des ellipses... 52
Tracer mécaniquement une demi-ellipse ou ovale dite de jardinier....................................... 52
Méthode pour tirer une ellipse d'un demi-cercle ou de la moitié d'un cylindre 55
Méthode pour tracer les cintres surbaissés, anses de panier ou demi-ellipses, sans le secours du compas..... 55
De l'arc rampant, de l'hélice, du cône, de l'hyperbole, de la parabole, du cylindre, de la spirale, de l'ellipse et de la vis 57
De l'arc rampant 57
De l'hélice... 58
De la vis 59
Manière de tracer la vis de bois..................... 60
Tirer une hélice autour d'un cône droit 62
De l'hyperbole...................................... 65
Développement du cône et de la parabole............ 66
De l'ellipse dans un cylindre et de son développement .. 67
De la spirale 68

CHAP. III. — DE LA STÉRÉOGRAPHIE OU DÉVELOPPEMENT DES CORPS.

De l'hexaèdre....................................... 70
Du tétraèdre.. 71
De l'octaèdre....................................... 71
Du dodécaèdre...................................... 72
De l'icosaèdre...................................... 74
De l'hexagone inscrit à un cercle 75

Du cône droit. 76
Du cône oblique ou scalène. 77
Développement de l'ellipse dans un cône oblique 80
Développement du cylindre oblique et de l'ellipse. . . . 81
Du cylindre coupé triangulairement 82
Développement du cylindre droit polygonique. 82
Développement du cône droit. 84
Développement de la sphère. 84

CHAP. IV. — DE LA STÉRÉOTOMIE OU PÉNÉTRATION DES CORPS.

Pénétration d'un cylindre dans une sphère 87
    Id.   d'un cône dans une sphère 89
    Id.   d'un cône dans une sphère par des triangles et
        des demi-cercles. 91
    Id.   d'un cylindre dans un cône. 92
    Id.   d'un cylindre oblique dans un cône droit. . . 93
    Id.   d'un cône oblique dans un cône droit. 94

CHAPITRE V.

De la trigonométrie rectiligne. 96
Le carré du sinus droit d'un arc et le carré du sinus droit
    de son complément sont égaux au carré du rayon . . 101
La tangente d'un arc est au rayon comme le sinus droit de
    cet arc est au sinus droit de son complément. 102
Le rayon est moyen proportionnel entre le sinus droit d'un
    arc et la sécante de son complément.. 103

CALCUL DES TRIANGLES RECTILIGNES.

Du triangle rectangle. 104
Connaissant un côté et un angle aigu d'un triangle rectan-
    gle, connaître le reste 105
Deux côtés et l'angle droit d'un triangle étant connus,
    trouver les autres termes. 106
Manière de calculer les triangles rectangles sans avoir re-
    cours aux tables 107
Des triangles rectangles obliquangles 107

Les trois côtés étant connus, trouver les trois angles . . . 108
De l'altimétrie. 111
Mesurer géométriquement une hauteur inaccessible. . . . 112
    Id.   trigonométriquement une hauteur accessible. . . 113
    Id.   id.   une hauteur inaccessible. . 113
    Id.   une hauteur inaccessible par le carré de l'ombre au carré géométrique. 114

CHAPITRE VI.

Notions des voûtes et de leurs cintres. 115
Trouver l'épaisseur des pieds-droits d'une voûte en plein cintre, pour être en équilibre avec la poussée qu'ils ont à soutenir 118
Trouver l'épaisseur qu'il faut donner aux pieds-droits des voûtes surbaissées 120
Trouver l'épaisseur qu'il faut donner aux culées des ponts en maçonnerie, pour soutenir la poussée des arches. 121
Des cintres. 122

CHAPITRE VII.

Réduction des profils 129
Diminution d'un profil de corniche sur toutes ses dimensions 130
Du raccordement des moulures. 130
Raccord à angle droit. 131
    Id.   d'une partie cintrée avec une droite 132
Construction des colonnes. 133
Des bases. 134
Des chapiteaux 135
Des entablements. 136
Diminution des colonnes. 137

Deuxième Partie.

CHAPITRE Ier. — DES ESCALIERS.

De la situation. 141
De la grandeur. 143
Des différentes formes. 143

De la décoration 144
De la construction. 146
Règle générale pour la hauteur et le giron des marches. . 147
Des contre-marches. 151
Tracer le plan des escaliers droits. 152
Escalier à deux noyaux carrés avec un palier de communication à chaque volée, main courante et marches droites 157
Escalier à deux noyaux, dont l'un carré et l'autre rond dans son quartier tournant, avec balustrade et marches dansantes. 161
Escalier à marches massives contre-profilées par les bouts internes et palier de repos 164
Escalier à deux noyaux carrés, faisant quartier tournant avec palier de repos et marches dansantes 166
Escalier à deux noyaux, dont l'un concave et convexe, et l'autre en forme de volute. 170
Escalier à quatre noyaux carrés, quartier tournant sur l'angle, avec palier de repos et marches dansantes . . 176
Escalier à un quartier tournant, marches dansantes, contre-profilées par le bout interne, et limon à crémaillère. . 179
Escalier en forme de fer à cheval, avec faux limons et marches dansantes. 184
Escalier à limon croche avec palier de repos. 191
Escalier demi-elliptique par sa face antérieure, à deux montées, avec balustrade desservant l'entrée d'une maison. 195
Escalier à vis Saint-Gilles, sur plan circulaire, avec un noyau rond au centre. 198
Escalier de forme vis Saint-Gilles, sur plan circulaire, mobile et à chaînette, avec noyau formé par le collet des marches 202
Escalier de forme vis Saint-Gilles à deux montées. . . . 205
Escalier sur plan elliptique, suspendu à jour, marches contre-profilées par les bouts. 207

Escalier sur plan circulaire, avec noyau au milieu et à consoles assemblées dans des pilastres en forme de colonne, dont le collet des marches embrasse le noyau du fond, et par leurs bouts externes, les pilastres qui leur sont en rapport 211
Escalier de forme vis Saint-Gilles, à jour elliptique, extérieurement en fer à cheval, marches massives profilées par les bouts, avec plate-forme supportée par deux colonnes de l'ordre toscan. 215
Escalier sur plan circulaire suspendu, vis à jour, tournant sur son axe dans sa partie moyenne, droit à la base, et en arc rampant par-dessous, rachetant l'escalier, à marches massives contre-profilées par les bouts. ... 218
Courbe rampante sur plan circulaire 222
Développement des courbes rampantes sur plan irrégulier, avec la manière de tracer les cerces rallongées. ... 225
Escalier à noyau rond suspendu, appelé vis Saint-Gilles, à jour 230
Escalier à deux montées sur plan elliptique, dont les révolutions se font les unes sur les autres par limon à crémaillère. 233
Escalier suspendu, vis à jour, appelé vulgairement *à escargot*. 237
Escalier à deux limons cintrés en S. 240

Troisième Partie.

CHAPITRE Ier.

Plafond rampant en plein bois, par joints tendus au centre. 245
Escalier de chaire à prêcher à deux rampes. 248
Plafond rampant d'assemblage. 262
Plan et développement d'une chaire à prêcher. 266
Chaire à prêcher avec son escalier à rampe à raccords adoucis et à tombeau. 270
Plafond rampant d'assemblage 274

CHAPITRE II.

Plan et développement d'un pavillon carré. 275
       Id.   d'un arêtier pyramidal. 276
       Id.   d'un pavillon assemblé sur tasseaux. 278
       Id.   d'un pavillon formant cinq-épis, carré 280
       Id.   d'un pavillon cinq-épis, en tour ronde 282
       Id.   d'un pavillon biais et rampant, et
cintré en S dans son élévation 284

CHAPITRE III.

Courbe de chambranle cintrée, tour creuse en plan, plein cintre en élévation, ayant ses équerres perpendiculaires à la base du plan. 287
Courbe de chambranle cintrée, tour ronde en plan et plein cintre en élévation, ayant son épaisseur tendue au centre 289
Courbe de chambranle cintrée, tour creuse en plan, plein cintre en élévation, ayant son épaisseur tendue au centre 291
Courbe de corniche cintrée en S en plan et sur l'élévation, ayant ses équerres perpendiculaires à la base du plan. 292
Courbe cintrée en S verticalement et droite en plan vers sa partie inférieure, cintrée en S au fur et à mesure qu'elle approche de l'arête supérieure pour recevoir une corniche cintrée en S en plan et en élévation . . 294
Courbe de corniche cintrée, tour creuse en plan, et en S en élévation, ayant ses équerres tendues au centre du plan 296
Eventail cintré en plan et en élévation, dont les équerres tendent au centre du plan. 297
Croisée cintrée en plan et en élévation avec son éventail. . 302
Eventail cintré en plan et en élévation, biais et rampant, propre à être placé dans une tour creuse. 302
Plan et développement des courbes des voûtes d'arête et

en arc de cloître 304
Plan et développement d'une trompe sur l'angle. 309

CHAPITRE IV.

Autel à tombeau 312
Confessionnal cintré en plan et en élévation. 318

CHAPITRE V.

Calotte cintrée en plan et en élévation. 322
Calotte ou voûte demi-elliptique. 324
Des arrière-voussures en plein bois. 325
Plafond en plein bois, évasé en plan, plein cintre en élévation, par cerces parallèles, et droit en coupe. 327
Plafond en plein bois, évasé en plan, plein cintre en élévation, par claveaux tendus au centre, et droit en coupe du milieu. 328
Plafond gauche dit en *corne de bœuf simple* 331
Plafond gauche ou biais passé, dit en *corne de bœuf double*, par douelles à joints parallèles tendant au centre . . . 333
De l'arrière-voussure de Saint-Antoine surbaissée, évasée en plan et droite dans sa coupe du milieu. 335
Arrière-voussure de Saint-Antoine, sur plan évasé et concave, plein cintre en élévation, et elliptique dans sa coupe du milieu 336
Arrière-voussure faisant contre-partie de celle de Saint-Antoine, sur plan évasé, plein cintre en élévation, elliptique dans sa courbe du fond, et droite en coupe du milieu 338
Arrière-voussure, contre-partie de celle de Saint-Antoine, sur plan évasé, elliptique en élévation antérieure, et plein cintre dans la courbe du fond, de niveau en coupe du milieu 340
De l'arrière-voussure de Marseille. 341
De l'arrière-voussure de Montpellier, faisant contre-partie de celle de Marseille, elliptique dans sa courbe du fond, droite dans celle de devant et en coupe du milieu. . . 344

DES MATIÈRES.

CHAPITRE VI.

Plan et développement d'un plafond gauche d'assemblage, dit en *corne de bœuf simple* 346

Plan et développement d'un plafond gauche d'assemblage, dit en *corne de bœuf double*, ou biais passé. 350

Calotte d'assemblage cintrée, plein cintre en plan et en élévation, avec un montant au milieu et les panneaux par joints horizontaux 352

Calotte d'assemblage cintrée, plein cintre en plan et en élévation, avec un ovale dans sa coupe du milieu. . 354

Calotte d'assemblage avec des rayons montants, sur plan et coupe elliptiques, et plein cintre en élévation. ... 357

Arrière-voussure de Marseille, d'assemblage plein cintre dans sa courbe du fond, surbaissée par devant et en coupe du milieu. 362

Arrière-voussure de Marseille, d'assemblage plein cintre dans le fond et droite par devant, de niveau en coupe du milieu, avec un rond. 369

Arrière-voussure contre-partie de Marseille, d'assemblage avec des rayons montants, l'élévation plein cintre par devant, surbaissée par derrière, et droite dans ses coupes. 372

Arrière-voussure de Montpellier, d'assemblage, l'élévation cintrée elliptique par derrière, plein cintre par devant, et en coupe du milieu, avec une ellipse ou ovale. 376

Arrière-voussure contre-partie de Montpellier, élévation droite par derrière, cintre surbaissé devant, et en coupe du milieu............................ 379

Arrière-voussure de Saint-Antoine, d'assemblage, plein cintre en élévation et dans sa profondeur, et en coupe du milieu avec un ovale 382

Arrière-voussure de Saint-Antoine, d'assemblage, tour creuse en embrasure, surbaissée elliptique, plein cintre dans la courbe du fond, et de niveau dans sa coupe du milieu 384

Arrière-voussure imitée de la contre-partie de celle de Marseille, plein cintre par devant et en S en plan, surbaissée derrière, tour creuse en embrasure, avec un ovale au milieu, et droite dans ses coupes...... 389

Arrière-voussure irrégulière sur plan biais, évasé, en tour creuse par devant et droite derrière, élévation intérieure, plein cintre rampant, rachetant un berceau, un mur droit, surbaissée intérieure, et en coupe du milieu 392

FIN DE LA TABLE.

ERRATUM.

Page 18, ligne 13, au lieu de *figure* 18, lisez *figure* 11.

www.ingramcontent.com/pod-product-compliance
Lightning Source LLC
Chambersburg PA
CBHW050152230526
45470CB00001B/58